高职高专系列教材

CAPP技术与实施

主　编　祝勇仁
副主编　王循明　张　炜
参　编　邓劲莲　赵正平
主　审　屠　立

机 械 工 业 出 版 社

本书按照 CAPP 基础理论与 CAXA CAPP 软件（CAXA 工艺图表 2007 和 CAXA 工艺汇总表 2007）实践应用相结合的方式，根据必需、够用的原则进行编写，力求做到理论实践并重。同时，结合 CAPP 的技术热点进行介绍，使学生对 CAPP 能有较全面的理解。

本书第 1、2、3 章是 CAPP 基础理论部分，阐述了 CAPP 相关的基本概念、原理和实施过程，第 4～9 章是 CAXA CAPP 实践部分，详细介绍了 CAXA 工艺图表、CAXA 工艺汇总表的应用功能，并结合具体应用实例，系统讲解了工艺卡片的编制、工艺信息的汇总、工艺知识库的维护与使用等操作方法。

本书可作为高职高专院校机械类专业相关课程的辅助教材，也可作为 CAXA CAPP 用户及制造企业工艺设计人员、生产管理人员的培训用书。

图书在版编目（CIP）数据

CAPP 技术与实施/祝勇仁主编. —北京：机械工业出版社，2011.6（2022.1 重印）
高职高专系列教材
ISBN 978-7-111-34671-5

Ⅰ. ①C… Ⅱ. ①祝… Ⅲ. ①机械制造工艺－计算机辅助设计－高等职业教育－教材 Ⅳ. ①TH162

中国版本图书馆 CIP 数据核字（2011）第 105114 号

机械工业出版社（北京市百万庄大街 22 号　邮政编码 100037）
策划编辑：王海峰　于奇慧　责任编辑：王海峰　于奇慧　王丽滨
版式设计：霍永明　责任校对：纪　敬
封面设计：赵颖喆　责任印制：张　博
涿州市般润文化传播有限公司印刷
2022 年 1 月第 1 版第 9 次印刷
184mm×260mm · 11.25 印张 · 276 千字
标准书号：ISBN 978-7-111-34671-5
定价：35.00 元

电话服务	网络服务
客服电话：010-88361066	机　工　官　网：www. cmpbook. com
010-88379833	机　工　官　博：weibo. com/cmp1952
010-68326294	金　　书　　网：www. golden-book. com
封底无防伪标均为盗版	机工教育服务网：www. cmpedu. com

前　言

随着全球制造业向亚太地区迅速转移，我国已成为全球制造业的重要基地之一，正在向世界创造中心转变。从某种意义上来说，制造业信息化水平的提升会影响到我国国际地位的提升。随着产业结构的调整和加入 WTO，我国制造业进入了一个空前蓬勃发展的新时期，生产模式正发生着巨大的变化：大规模定制、多品种小批量生产、按订单生产等模式已成为制造业的主流；产品生命周期缩短、更新换代加速是每一个生产厂家必须面对的现实。为应对瞬息万变的市场需求，企业必须加快新产品的开发，缩短产品设计周期和生产准备周期。作为连接设计与生产、产品与管理的纽带以及 CIMS、MRP-Ⅱ、ERP 和 PLM 系统重要技术基础之一的 CAPP（Computer Aided Process Planning）技术与软件也因此进入了一个新的、突飞猛进的应用和发展阶段。普及应用和学习掌握 CAPP 技术成为当前制造业信息化进程中一个新的热点。编者编写本书的目的是为了提高机械类和近机类高职高专学生的 CAPP 理论水平和实际应用能力，普及、推广、应用和发展 CAPP 技术，促进技术进步。

本书按照 CAPP 基础理论与 CAXA CAPP 软件（CAXA 工艺图表 2007 和 CAXA 工艺汇总表 2007）实践应用相结合的方式，根据必需、够用的原则进行编写，做到理论实践并重。同时，结合 CAPP 的技术热点进行介绍，使学生对 CAPP 能有较全面的理解。CAXA CAPP 是集工艺设计、管理一体化的解决方案，为企业级工艺业务管理、工艺数据管理和工艺设计提供强大的支撑平台，可以帮助企业实现如下目标：①提高工艺设计和管理工作的效率与质量，缩短工艺准备周期，提高工艺设计的标准化、规范化程度；②以产品结构为核心，集中管理产品生命周期的工艺数据及工艺设计和更改过程，保证企业工艺信息的准确性、一致性和完整性；③为企业、个人及外来先进工艺知识提供长期积累的机能，从而不断提高企业的整体工艺设计水平，缓解工艺人员短缺和培养周期长的问题；④工艺数据是整个企业运营管理过程中的重要基础数据，统一的产品数据模型、工艺数据的结构化和单一的工艺数据源保证了 CAXA CAPP 系统可以向企业运行管理环节提供各类有效的工艺数据，并可根据业务流程控制工艺信息分发和流转，实现与产品设计部门和企业其他部门完全同步的工程更改控制，实现与 CAD、PDM、ERP 等系统的有效集成。

本书第 1、2、3 章是 CAPP 基础理论部分，阐述了 CAPP 相关的基本概念、原理和实施过程。第 4 ~ 9 章是 CAXA CAPP 实践部分，详细介绍了 CAXA 工艺图表、CAXA 工艺汇总表的应用功能，并结合具体应用实例，系统讲解了工艺卡片的编制、工艺信息的汇总、工艺知识库的维护与使用的操作方法。

本书可作为高职高专院校机械类专业相关课程的辅助教材，也可作为 CAXA CAPP 用户及制造企业工艺设计人员、生产管理人员的培训用书。

本书是浙江机电职业技术学院国家示范院校建设特色教材，在编写的过程中还得到了 2009 年度浙江省科协“育才工程”资助。本书由祝勇仁主编。第 2、3、6、7 章由祝勇仁编写；第 1 章(1.1 ~ 1.4)、第 5 章由王循明编写；第 1 章(1.5 ~ 1.6)、第 4 章由张炜编写；第 8 章由邓劲莲编写；第 9 章由赵正平编写。浙江机电职业技术学院的屠立教授任主审。屠立教授在审稿过程中提出了许多有益的建议和修改意见，在此表示衷心感谢。

由于编者水平有限、时间仓促，书中错误之处在所难免，诚请广大读者批评指正。

本书配有电子教案，凡使用本书作为教材的教师可登录机械工业出版社教材服务网 www.cmpedu.com 下载。咨询邮箱：cmpgaozhi@sina.com。咨询电话：010-88379375。

编　者

目　录

第 1 章　认识 CAPP

1.1　CAPP 的含义

计算机辅助工艺规程设计（Computer Aided Process Planning，CAPP），是指借助于计算机软硬件技术和支撑环境，利用计算机进行数值计算、逻辑判断和推理等功能来辅助工艺设计人员，以系统、科学的方法制定零件从毛坯到成品的整个机械加工工艺过程，即工艺规程。CAPP 是将企业产品设计数据转换为产品制造数据的一种技术，从 20 世纪 60 年代末诞生以来，其研究开发工作一直在国内外蓬勃发展，而且逐渐引起人们的重视。具体地说，CAPP 就是利用计算机信息处理和信息管理的优势，采用先进的信息处理技术和智能技术，帮助工艺设计人员完成工艺设计中的各项任务，如选择定位基准、拟订零件加工工艺路线、确定各工序的加工余量、计算工艺尺寸和公差、选择加工设备和工艺装置、确定切削用量、确定重要工序的质量检测项目和检测方法、计算工时定额、编写各类工艺文件等，最后生成产品生产所需的各种工艺文件和数控加工编程、生产计划制定与作业计划制定所需的相关数据信息，作为数控加工程序的编制、生产管理与运行控制系统执行的基础信息。CAD/CAM 向集成化、智能化方向的发展及并行模式的出现都对 CAPP 提出了新的要求，因此，产生了 CAPP 的广义概念，即 CAPP 的一头向生产规划最佳化及作业计划最佳化发展，作为物料需求计划（Material Requirement Planning, MRP）的一个重要组成部分；而另一头则向自动生成数控指令扩展。

借助于 CAPP 系统，可以解决手工工艺设计效率低、一致性差、质量不稳定、不易优化等问题。智能化的 CAPP 系统可以继承和学习工艺专家的经验和知识，用于指导工艺设计，在一定程度上可以弥补技术熟练、具有丰富生产经验的工艺专家数量不足的缺憾。所以，自 CAPP 诞生以来，一直受到工业界和学术界的广泛重视，国际生产工程科学院（CIRP）、美国机械工程师协会（ASME）等组织的重要学术会议均把 CAPP 研究作为重要的议题。CAPP 是将产品设计信息转换为各种加工制造、管理信息的关键环节，是连接 CAD、CAM 的桥梁，是制造企业信息化建设的信息中枢，是支撑 CIMS（Computer Integrated Manufacturing System）的核心单元技术，作用和意义重大。

1.2　CAPP 的发展历程

CAPP 系统的研究和发展经历了较为漫长曲折的过程。自从 1965 年 Niebel 首次提出 CAPP 思想，迄今已经 40 多年，CAPP 领域的研究得到了极大的发展，经历了检索式、派生式、创成式、混合式、专家系统、开发工具（平台）等不同的发展阶段，并涌现了一大批 CAPP 原型系统和商品化的 CAPP 系统。世界上最早研究和开发 CAPP 的国家是挪威，即从 20 世纪 60 年代后期就开始研究开发 CAPP。1969 年，挪威发表了第一个 CAPP 系统——AutoPROS（自动工艺规程设计系统），它根据成组技术原理，利用零件的相似性去检索和修改标准工艺过程，从而形成相应零件的工艺规程。AutoPROS 系统的出现，引起了世界各国的普遍重视。1976 年，美国的 CAM-Ⅰ公司也研制出了自己的 CAPP 系统，它是一种可在微机上运行的结构简单的小型程序系统，其工作原理也基于成组技术原理。到目前为止，已研制出很多 CAPP 系统，而且有不少系统已投入生产实践。在已应用的 CAPP 系统中，针对回转类零件的 CAPP 应用比较成熟，而且多应用于单件小批量生产类型。

早期的 CAPP 系统为检索式 CAPP（Retrieval CAPP）系统。它事先将设计好的零件加工工艺规程存储在计算机中，在编制零件工艺规程时，根据零件图号或名称等检索出存有的工艺规程，从而获得工艺设计内容。这类 CAPP 系统的自动决策能力差，但最易建立，简单实用，对于现行工艺规程比较稳定的企业比较实用。检索式 CAPP 系统主要用于已经标准化的工艺设计。

随着成组技术（GT）的推广应用，变异式或派生式 CAPP（Variant CAPP）系统得到了开发和应用。派生式 CAPP 系统以成组技术为基础，按零件结构和工艺的相似性，将零件划分为零件族，并给每一族的零件制定优化的加工方案和典型工艺过程。挪威早期推出的 AutoPROS 系统、美国麦克唐纳·道格拉斯自动化公司与 CAM-Ⅰ开发的 CAPP-CAM-Ⅰ系统、英国曼彻斯特大学开发的 AutoCAP 系统等都是典型的派生式 CAPP 系统。派生式 CAPP 系统实质上是根据零件编码检索出标准工艺，并在此基础上进行编辑修改，系统构建容易，有利于实现工艺设计的标准化和规格化，而且有较为成熟的理论基础（如成组技术等），故开发、维护方便。变异设计的思想与实际手工工艺设计的思路比较接近，故此类系统比较实用，发展较快，取得了一定的经济效益。

20 世纪 70 年代中后期，美国普渡大学的 Wysk 博士在其博士论文中首次提出了基于工艺决策逻辑与算法的创成式 CAPP（Generative CAPP）系统的概念，并开发出了第一个创成式 CAPP 系统原型——APPAS（Automated Process Planning And Selection）系统，CAPP 的研究进入了一个新的阶段。创成式 CAPP 系统能根据输入的零件信息，通过逻辑推理、公式和算法等，作出工艺决策，从而自动地生成零件的工艺规程。创成式 CAPP 系统是较为理想的系统模型，但由于制造过程的离散性、产品的多样性和复杂性、制造环境的差异性、系统状态的模糊性、工艺设计本身的经验性等因素，使得工艺过程的设计成为相当复杂的决策过程，实现有一定适应面的、工艺完全自动生成的创成式 CAPP 系统具有相当的难度。已有的系统多是针对特定的零件类型（以回转体为主）、特定的制造环境的专用系统。

鉴于创成式 CAPP 系统设计开发中的困难，随后，研究人员提出了混合式 CAPP（Hybrid CAPP）系统，它融合了派生式和创成式两类 CAPP 系统的特点。混合式 CAPP 系统常采用派生的方法首先生成零件的典型加工顺序，然后再根据零件信息并采用逻辑推理决策的方法生成零件的工序内容，最后，再人机交互式地编辑修改工艺规程。目前，混合式的 CAPP 系统应用较为广泛。

进入 20 世纪 80 年代，研究人员探讨将人工智能（AI）技术、专家系统技术应用于 CAPP 系统中，促进了以知识基（Knowledge-based）和智能化为特征的 CAPP 专家系统的研制。CAPP 专家系统与创成式 CAPP 系统的主要区别在于工艺设计过程的决策方式不同。创成式 CAPP 是基于“逻辑算法+决策表”进行决策，CAPP 专家系统则以“逻辑推理+知识”为核心，更强调工艺设计系统中工艺知识的表达、处理机制以及决策过程的自动化。1981 年，法国的 Descotte 等人开发的 GARI 系统是第一个利用人工智能技术开发的 CAPP 系统原型，该系统采用产生式规则来存储加工知识，并可完成加工方法选择和工序排序等工作。目前，已有数百套 CAPP 专家系统问世，其中较为著名的是日本东京大学开发的 TOM 系统，英国 UMIST 大学开发的 XCUT 系统及扩充后的 XPLAN 系统等。

20 世纪 80 年代中后期，随着 CIM 概念的提出和 CIMS 在制造领域的推广应用，面向新的制造环境的集成化、智能化及功能更完备的 CAPP 系统成为新的研究热点，进而涌现出了集成化的 CAPP 系统，如德国阿亨工业大学 Eversheim 教授等开发的 AutoTAP 系统；美国普渡大学的 H.P.Wang 与 Wysk 在 CAD/CAM 和 APPAS 系统的基础上，经扩充推出的 TIPPS（Totally Integrated Process Planning System）系统以及清华大学开发的 THCAPP 系统等都是早期集成化的 CAPP 系统的典范。

进入 20 世纪 90 年代，随着产品设计方式的改进、企业生产环境的变化及计算机技术的进步与发展，CAPP 系统的体系结构、功能、领域适应性、扩充维护性和实用性等成为新的研究热点。例如，基于并行环境的 CAPP 系统、可重构式 CAPP 系统、CAPP 系统开发工具、面向对象的 CAPP 系统、CAPP 与 PPS 集成均成为 CAPP 体系结构研究的热点。人工神经网络（ANN）技术、模糊综合评判方法、基因算法等理论和方法也已应用于 CAPP 的知识表达和工艺决策中。与此同时，CAPP 系统的研究对象也从传统的回转体、箱体类零件扩大到焊接、铸造、冲压等领域中，极大地丰富了 CAPP 的研究内涵。

在国外，经过十多年的努力，特别是以美国、法国为代表的西方制造厂商，如 Boeing、Airbus 等著名公司在工艺与过程管理集成及优化方面，开发和集成了大量的 CAPP 工程应用软件和制造数据管理软件，建立了各类工程数据库、材料库、设计和制造特征数据库、典型工艺库、典型零件库等，初步解决了产品技术准备阶段的信息集成与共享问题（如 CAD/CAPP/CAM 集成），制定了相应的企业标准规范，并成功地应用于新型飞机的研制和型号技术改造中，大大提高了设计质量、缩短了研制周期、降低了开发成本。

我国对 CAPP 的研究始于 20 世纪 80 年代初，虽然起步较晚，但发展很快，特别是在国家 863/CIMS 计划的支持和指导下，近年来 CAPP 技术已取得了很大的成绩，出现了大量的学术性和实用性的各类 CAPP 系统。在国内得到一定程度应用的 CAPP 系统有华中理工大学的开目 CAPP，浙江大学的 GS-CAPP，清华大学的 TH-CAPP，以及在企业和高校得到广泛应用的北京数码大方科技有限公司开发的 CAXA CAPP 软件等。

同国外 CAPP 软件比较，国内的软件符合国际 CAPP 技术发展的潮流，且在知识处理与智能化方面具有自己的特色。其主要经历了以下四个阶段的发展历程：

（1）第一代产品　1982～1995 年期间——基于智能化和专家系统思想开发的 CAPP 系统。此类 CAPP 系统片面强调工艺设计的自动化，但因工艺设计的特点决定了自动化的 CAPP 系统存在很大的局限性，无法满足企业对通用 CAPP 系统平台的需求。

（2）第二代产品　1995 年至今——基于低端数据库(FoxPro 等)开发的 CAPP 系统。这类 CAPP 软件已经注意到 CAPP 需要以工艺数据为对象解决企业的工艺设计问题，不再以卡片(一般的解决途径是采用 CAD 技术，是一个文件系统)为基础。但因开发技术所限，很难做到“所见即所得”，系统的实用性很差。因此，工艺卡片的生成是由程序来完成或是在 CAD 中生成。

这类 CAPP 软件具备了数据库系统的特点，符合工艺数据管理的要求。但因为不是交互式设计方式，所以，不能作为平台类软件。这类 CAPP 软件实用性不强，推广和使用受到了很大的限制。

（3）第三代产品　1996 年至今——基于 AutoCAD 或自主图形平台开发的 CAPP 系统。为了解决基于 FoxPro 等低端数据库的 CAPP 系统实用性差的缺点，一些 CAD 软件公司采用 CAD 技术开发了一些 CAPP 系统，它解决了实用性问题，但却忽视了最根本的问题，即工艺是以相关的数据为对象的，而不是以卡片（图形数据）为对象的。此类 CAPP 系统是基于文件系统的 CAD 技术开发的，特别是自主 CAD 平台软件，文件格式采用了非标准的自定义格式，信息的交换存在严重的问题。

（4）第四代产品　1998 年至今——综合式平台类 CAPP 系统。此类系统完全基于数据库，采用交互式设计方式满足实用化要求，同时注重数据的管理与集成，它集中了第二、第三两代系统的优点，是国内外 CAPP 学者公认的最佳开发模式，开放的体系结构同时满足了特定企业、特定专业的智能化专家系统二次开发的需要。

1.3　CAPP 的现状

目前我国开发应用的 CAPP 系统按其工作原理可以分为以下五大类：交互式 CAPP 系统、派生式或变异式 CAPP 系统、创成式 CAPP 系统、综合式 CAPP 系统和 CAPP 专家系统。企业所用真正起到 CAPP 作用的系统大多为变异式 CAPP 和在创成式与变异式这两种类型基础上开发出的综合式 CAPP 系统，交互式和智能式 CAPP 系统在少数企业也有应用。下面分别介绍各系统的特点及具体应用情况。

1. 变异式 CAPP 系统（在国内企业应用比较普遍）

无锡机床厂、杭州汽轮机厂、成都飞机工业（集团）有限责任公司等单位采用的都是该类 CAPP 系统，其中以杭州汽轮机厂应用效果最佳。首先，该厂所有工艺人员均用 CAPP 系统编制工艺，包括校对、审核全部在计算机上进行，不存在手工编写工艺的现象，确保 CAPP 应用持续不断地坚持下去。其次，该厂的基础工作相当出色，各种工艺技术标准全部进机上网，各种物料资料全部编码建库。第三，该厂产品特殊，零件种类不多，分类较简单，相似性零件所占比重大。该厂采用的是典型的检索式 CAPP 系统，工艺库分为标准工艺库和用户工艺库，零件由 11 位编码分类，新零件编制工艺时既可按编码由标准工艺库检索出同组零件的标准工艺，也可按编码从用户工艺库中检索出已存在的同组零件工艺，必要时也可根据零件名称、编制者姓名、编制日期等，从用户工艺库中检索出所要查看、借用的工艺。根据当前零件图样，对检索出的工艺内容进行必要的修改后，即可按新零件代号存入用户工艺库中。由于该厂产品系列程度高，检索出的工艺一般稍加修改或不需修改即可直接使用。对于极个别改动大或检索不出同组工艺的零件的工艺编制，可选用系统内的标准工艺术语进行工艺编制。该厂工装刀具都已编码入库，编制工艺时可根据编码选用。值得一提的是，该厂根据本厂零件系列，对于一些像机壳、叶片等典型零件的标准工时库，零件工艺检索编制完成后，通过人机对话，输入必要的零件参数（或通过计算机网络由 CAD 系统直接调入），计算机即可自动查表给出该零件各工序的工时定额。

无锡机床厂的 CAPP 思路也很好，他们首先把零件按功能分成十几个大类，每大类内的零件再按工艺特征分组。每组零件有一个简单的四位编码，由每组选出一个有代表性的零件，在该零件上增加一些必要的同组内其他零件具有而该零件所没有的元素，把这样组成的一个复合零件作为该组的典型零件，再将该典型零件的工艺存入标准工艺库作为该组零件的标准工艺。编制新零件工艺时，首先根据零件的功能和工艺特征确定组编码，然后根据所在零件组，通过人机问答的形式，输入该零件所包含的可选元素，由计算机在该组典型工艺基础上自动取舍而合成该零件的工艺，再经工艺员审核确认或修改后存入用户工艺库。

2. 创成式CAPP系统

西安交通大学为秦川机床厂开发的用于动力转向液压泵工艺编制的CAPP系统，技术水平相对较高，该系统主要由以下模型组成：

（1）控制模块　控制模块的主要任务是协调各模块的运行，采用人机交互窗口，实现人机之间的信息交流，控制零件的信息获取方式。

（2）零件信息输入模块　零件信息既可以通过与CAD系统的集成直接获得，也可通过人机对话交互输入。

（3）工艺设计模块　工艺设计模块进行加工工艺流程的决策，产生工艺过程卡，供加工及生产管理部门使用。

（4）工序决策模块　工序决策模块的主要任务是生成工序卡，对工序间的尺寸进行计算，并生成工序图。

（5）工步决策模块　工步决策模块对工步内容进行设计，包括确定切削用量，提供形成数控（NC）加工控制指令所需的刀位文件。

（6）NC加工指令生成模块　NC加工指令生成模块依据工步决策模块提供的刀位文件，调用NC代码库中适应于具体机床的NC指令系统代码，产生NC加工控制指令。

（7）输出模块　可输出工艺流程卡，工艺、工步卡，工序图及其他文档，输出也可从现有工艺文件库中调出各类工艺文件，利用编辑工具对现有工艺文件进行修改得到所需的工艺文件。

（8）加工过程动态仿真　对所产生的加工过程进行模拟，检查工艺的正确性。

该系统的局限性在于只能解决动力转向油泵的工艺编制，若要推广应用，需针对不同种类的零件组分别开发，系统开发工作量太大。

3. 综合式CAPP系统

鉴于上述两种系统特点，人们在以上两种系统基础上发展了CAPP系统的设计方法，将其进行了综合与发展，从实际出发并及时应用其他学科的最新发展成果，产生了多种类型的CAPP系统，如综合式、交互式、智能式等CAPP系统。综合式CAPP系统也称半创成式CAPP系统，它将变异式与创成式结合起来，利用变异式及创成式两者的优势，在系统开发过程中，将工艺设计过程中一些成熟的、变化少的内容用变异式原理设计，将经验性很强、变化大的内容用创成式原理进行决策，避免了变异式系统的局限性和创成式系统的高难度。我国发展的CAPP系统多为这种系统。

沈阳第一机床厂的CAPP系统是典型的综合式CAPP系统，系统包括：SI-CAPC、SI-CAPRP、SI-ZPT、CAPP，该系统是吸收了国内开发CAPP的经验开发成功的，其简介如下：

（1）SI-CAPC系统（计算机辅助零件编码）　SI-CAPC系统是三套系统的基础，该系统的应用目标是企业的全部技术和生产活动。该系统信息设置完整，用途广泛，不同的技术部门和管理部门都可以根据业务的需要，从零件编码获取有价值的信息。

（2）SI-CAPRP系统（计算机辅助零件的工艺路线编制）　SI-CAPRP系统是在SI-CAPC

系统的基础上，为解决该厂零部件专业化生产和成组加工制造环境下零件工艺路线编制的一致性和正确性而研究开发的。该系统将先进的专家系统理论和方法应用于零件工艺路线编制这一具体的工程技术实践中，该系统的应用目标为该厂品种线各成组加工车间的全部零部件。本系统与前期开发的SI-CAPC系统能实现数据共享，在编码分类基础上，快速而准确地自动生成零件的工艺路线。

（3）SI-ZPTCAPP系统（计算机辅助轴、盘、套零件工艺规程编制）　SI-ZPTCAPP系统是在先期开发的两套系统的基础上开发研制的。该系统是以专家的理论和方法为指导，开发专家式的计算机辅助工艺规程设计系统，其工作原理是计算机模拟专家设计工艺规程的一般思维的过程，依据设计工艺规程决策推理，并结合工厂的实际情况，最后设计完整的工艺规程。

（4）SI-CAPP2000系统　SI-CAPP2000系统是在以上三套系统的基础上扩充完善的，该系统包括材料定额系统，交互式的电气工艺、装配工艺、热加工工艺系统，数据统计分析工艺文件管理，工艺资源管理，工艺数据汇总，报表预览输出系统，从而形成了比较完整的CAPP系统。

目前该系统已在工艺设计中进行应用，通过运行情况可以看到，零件可编码率为100%；零件可分类率为99.8%,正确率为95%；工艺路线编制率为100%，正确率为95%；工艺规程可编制率为95%，正确率为75%；达到并超过了预期的经济和技术指标。

4. 其他类型CAPP系统

（1）交互式CAPP　上海第二纺织机械厂应用的即是交互式CAPP系统，该系统以人机交互为主要的工作方式，使用人员在系统的提示引导下，回答工艺设计中的问题，对工艺过程进行决策。该系统通用性强，但不同工艺人员编制的工艺文件一致性差。

（2）利用交互式CAPP平台自行开发的专用系统　东方锅炉厂的CAPP系统是利用HT-CAPP（交互式CAPP）平台自主开发的，大量的工作是东方锅炉厂既懂工艺又懂计算机的人员完成的。一套工艺的生成需要的相关知识较多，逻辑推理复杂，需要开发人员具有丰富的工艺知识与一定的计算机技术知识，要把工艺技术和计算机技术结合起来。由于企业的工艺技术在不断变化，企业只有培养懂工艺的计算机人才，才能适应CAPP应用的需要。

通过以上介绍可知，目前开发及应用的CAPP系统都必须建立在工艺标准化、规范化的基础上，图1-1所示是CAPP系统开发道路的分析示意图。

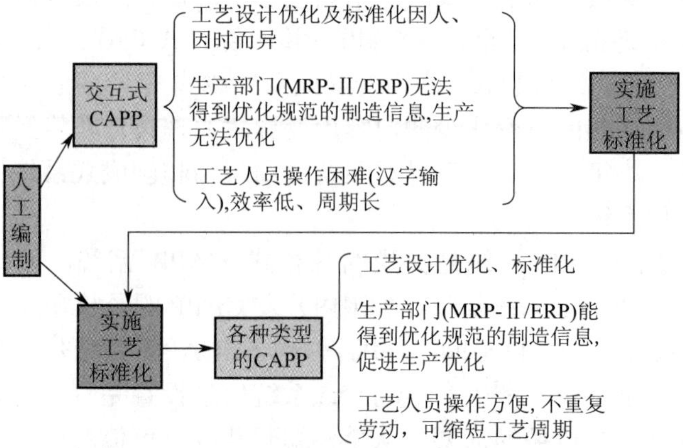

图1-1　CAPP系统开发道路的分析示意图

纵观 CAPP 发展的历程，可以看到 CAPP 的研究开发始终围绕着两方面的需要而展开：一是不断完善自身在发展中出现的不足，二是不断满足新的制造技术、制造模式对其提出的新的要求。国内外高等院校和研究机构发表了数以千计的研究论文，取得了不少研究成果，大大地推动了 CAPP 的发展，部分研究成果已经应用于具体实际，取得了较好的社会效益和经济效益。但不可否认的是，从总体上看,CAPP 的应用和工程化的问题，至今并没有得到很好的解决，这与层出不穷的新技术、新方法、新概念很不相称。CAPP 的研究仍然面临着许多问题，其应用的广度和深度与企业的实际需求还相差较远。

工艺设计受诸多因素的影响和制约，个性很强，不同的生产类型、制造资源环境等，都影响工艺设计的结果。在一个企业行之有效的工艺计划到另一个企业可能根本就不适用。就一个企业而言，随着新材料的出现、设备的更新，工艺也会跟着发生变化，因此很难有一个通用的 CAPP 系统可以满足所有企业的所有需求。

传统的 CAPP 系统及其构造方法，存在着以下主要的不足：

1）CAPP 系统的体系结构缺乏柔性、适应性。传统的 CAPP 系统绝大多数是针对特定产品零件和特定制造环境开发的。当零件的种类和制造环境发生变化时，系统需要重新设计和构造。

2）CAPP 系统开放性差，大多是封闭系统，不支持用户的修改和二次开发。

3）CAPP 系统可重用性差，存在大量低水平的重复工作。传统的 CAPP 系统绝大多数采用结构化程序分析方法和结构化设计方法，使得 CAPP 系统的可维护性差、可重用性、继承性差。大多数的 CAPP 系统的开发完全从零开始，功能模块存在大量的低水平的重复工作，起点低，系统研制周期长，效率低。

4）开发人员对 CAPP 系统的实用性、产业化重视不够，忽略对 CAPP 系统中的人机工程技术的研究。

由于忽略了从客户使用的角度验证 CAPP 的功能实用性、完备性，使得大多数的 CAPP 系统为实验室产品或原型产品，无法真正在企业中应用。随着网络、数据库技术的应用，原有单机模式的 CAPP 已不能满足实际需求。针对工艺设计个性很强的特点以及上述传统 CAPP 系统的不足，研究和开发 CAPP 工具系统是解决问题、迎接挑战的一条有效的途径。工艺设计虽然“因厂而异”，但也遵循一些公共的规范，有规律可循。将工艺设计中的共性提取出来，创建系统总体结构框架和设计模型；针对工艺设计中的个性问题，开发可重用、可维护的功能组件对象，通过功能组件对象的实例重用、继承重用、多态性重用，提高系统的开放性和灵活性；通过不同功能组件的拼装、升级、重用，避免不必要的、低水平的重复开发，实现 CAPP 系统开发和维护的高效。实践证明，这是开发 CAPP 系统的一种很有效的方法。

长期以来，CAPP 系统开发的目标一直是开发代替工艺人员的自动化系统，而不是辅助系统，过分强调了工艺决策的自动化。在此目标指导下开发出的“自动化”CAPP 系统，虽然融入了人类专家的知识和经验，但在运行时通常需要用户按规定描述方法交互输入零件信息（尽管有不少系统从技术上实现了 CAD/CAPP 集成，但远未达到工程化），然后由系统进行自动决策。这种 CAPP 系统一般只提供简单的人机界面，决策过程中很少考虑人的有效参与。以自动化为唯一目标的 CAPP 系统的发展状况已经使人们对 CAPP 研究与开发现状产生怀疑。A.M.Luscombe 和 D.J.Toncich 在针对计算机数字控制（CNC）机床进行的 CAPP 研究中，强调“辅助（Aid）”而不是“自动化（Automatic）”。G.VanZeir 提出了交互式工艺设计

(Interactive Process Planning)的概念，并开发了基于交互式的 CAPP 原型系统。AliK.Kamrani 等认为，CAPP 是将工艺设计人员从许多工艺设计工作中解脱出来的一种工具，但能代替熟练工艺人员的 CAPP 系统仍未开发出来，现有的 CAPP 系统不能成为企业的解决方案。

1.4　CAPP 的应用和发展趋势

1.4.1　CAPP 的应用趋势

随着企业信息化在制造企业中的深化，“甩图板”工程已经取得实效，CAPP 系统的应用开始大规模铺开，经过近几年的发展，CAPP 的应用逐渐呈现出以下趋势：

1. CAPP 注重与 CAD/CAM 系统的集成

自 20 世纪 80 年代中后期，CAD、CAM 的单元技术日趋成熟，随着机械制造业向 CIMS 或 IMS(Intelligent Manufacturing System)发展，CAD/CAM 集成化的要求是亟待解决的问题。CAD/CAM 集成系统实际上是 CAD/CAPP/CAM 集成系统。CAPP 从 CAD 系统中获取零件的特征信息、工艺信息，并从工程数据库中获取企业的生产条件、资源情况及企业工人技术水平等信息，进行工艺设计，形成工艺流程卡、工序卡、工步卡及 NC 加工控制指令，在 CAD、CAM 中起纽带作用。

2. CAPP 成为基础信息化的重要组成部分，市场应用急剧增加

现在制造企业实施信息化比以前更成熟、更理性，基础信息化是企业信息化的基础工作和源泉，是实施企业级管理软件系统的前提，已被大多数企业所接受。工艺设计作为生产制造的关键环节，CAPP 的应用急剧增加，市场需求旺盛，成为“甩图板”工程之后的又一个基础工程，简称为“甩钢笔”工程。

3. 行业 CAPP 系统需求明显增加

个性化服务成为企业信息化的重要服务方式，工艺设计作为生产中最活跃的因素，具有更多的可变性和个性，企业在应用大量通用 CAPP 平台的过程中，逐渐发现通用平台的不足，迫切需要针对行业特点开发行业 CAPP 系统。

1.4.2　CAPP 的发展趋势

随着国家对制造业信息化政策的制定和落实，制造技术的进展，近年来商品化 CAPP 系统的普及应用，对 CAPP 系统提出了更高的要求。在这样的形势下，CAPP 技术和系统的发展呈现以下趋势：

1. 知识化、智能化

CAPP 系统不会停留在以解决事务性、管理性工作为主的阶段。基于知识的 CAPP 系统除了作为工艺设计的辅助工具，还有将工艺专家的经验和知识积累起来并加以充分利用的任务。在知识化的基础上，CAPP 系统应从实际出发，在工序、特征形体层面或在全过程提供备选的工艺方案，并根据操作者的工作记录进行各种层次的自学习、自适应。

2. 工具化、工程化

各企业的工艺环境、管理模式千差万别，CAPP 既要适应各企业的具体情况，又要控制针对具体企业的实施工作量、提高通用性，这就需要加强 CAPP 系统的工具化和工程化。将 CAPP 系统的功能分解成一个个相对独立的工具，用户或软件公司的实施服务人员根据企业

具体情况输入数据和知识，形成面向特定的制造和管理环境的 CAPP 系统；用户可以在实施服务人员指导下进行二次开发。

在工程化方面，不加考虑地完全服从用户原有的环境和模式，去构建具体的 CAPP 系统并不完全合理，有必要根据对国家、国际标准和先进制造技术的分析，结合各类企业工艺的根本需求，引导企业的工艺活动，促进工艺活动的规范化，从而规范 CAPP 系统的实施过程，使大部分企业使用的 CAPP 系统是主体相似的工程产品，而不是个性独特的艺术品。

3. 集成化、网络化

CAPP 是 CAD 与 CAM 之间的桥梁，是 CAQ（计算机辅助质量管理）、PDM（产品数据管理）及 ERP（企业资源规划）的重要产品信息来源，同时也需要由 CAD 提供产品设计模型的特征信息。这些系统的发展可以相对不平衡，但必须在并行工程思想的指导下实现 CAPP 与 CAD、CAM 等系统的全面集成，发挥 CAPP 在整个生产活动中的信息中枢和功能调节作用，包括与产品设计实现双向的信息交换与传送；与生产计划调度系统实现有效集成；与质量控制系统建立内在联系。

网络化是现代系统集成应用的必然要求，CAPP 对内进行各种角色、工种的并行工艺设计，对外与 CAD 的双向数据交换，与 CAQ、CAM、PDM 等的集成应用都需要网络技术支撑，才能实现企业级乃至更大范围的信息化。

4. 交互式、渐进式

CAPP 系统是用来帮助而不是取代工艺设计人员的，实用、通用的 CAPP 工具系统不宜追求完全的自动化。操作者要有足够的工艺知识和判断能力，关键决策要由操作者做出。决策、判断对具备足够工艺判断能力的工艺人员来说不是很困难、繁琐的工作，但对计算机而言可能难以胜任。知识库及其使用法则需要逐步建立、验证、完善，商品化的、基于知识的 CAPP 工具系统需要有目标、有计划的渐进式发展。

5. 其他

也有学者根据多年 CAPP 开发和实践的经验提出了其他观点，如中国工程院院士李培根教授认为，CAPP 的研究应深入到制造业底层，着重解决微观的工艺设计问题。他认为未来 CAPP 发展的趋势有以下三个方面：

（1）定量化 CAPP——注重解决微观工艺问题　CAPP 研究可以分为三个层次：①宏观层——包括工艺设计信息管理、工艺设计流程及系统集成等；②中观层——包括工艺方案评价、工艺路线决策、工艺设计等；③微观层——包括公差确定、工序图生成及切削用量确定等。宏观层关注的对象往往是整个企业或者系统，注重系统模型的建立；中观层关注的是产品或者零部件，注重工艺路线与工艺方法的确定；微观层关注的则是以工序为单位的具体的工艺问题，注重工艺参数的确定。前两者研究的问题往往是定性的，而后者需要定量化。早期的 CAPP 研究侧重中观问题，当前研究的重点则是宏观和中观问题。对于微观的工艺设计问题却始终没有解决，而越是这些微观的问题，越是工艺设计的本质问题，越需要综合利用制造技术、信息技术和智能技术进行定量化解决。

（2）基于三维模型的 CAPP——与 CAD/CAM 一体化　在当前的制造信息系统中，CAD/CAM 通常是建立在统一的信息平台的基础上（例如三维设计软件）。由于 CAPP 缺乏通用性，因而是专门的、单独运行的系统；信息集成往往是通过中间文件进行的；随着产品更新换代的加快，产品设计与工艺设计的并行化要求越来越高，这种方式已经越来越不适应现代产品开发的要求，尤其是当前的 CAPP 注重文本数据的处理，而不是图形数据的处理，对于解决微观的工艺设计问题（例如公差及工序图生成等）构成了巨大的障碍。因此，研究与开发基于三维模型的 CAPP 系统，使 CAD、CAPP 及 CAM 共享统一的三维产品模型，并充分利用 CAD/CAM 的设计与分析功能，将是 CAPP 发展的一个重要方向。

（3）车间级 CAPP——注重与车间信息化紧密结合　在当前车间信息化不够充分的情况下，由工艺设计确定制造设备的类型、工艺路线和工艺方法；车间调度则确定具体的制造设备，并根据车间实际情况对工艺路线和工艺方法进行微调（实际上完成了部分工艺设计工作）。随着车间信息化工作的深入，CAPP 有可能依据实时的车间制造资源信息（资源类型及使用状况等）、制造过程信息（生产计划及在制状态）等，生成更加符合实际制造状态的工艺文件；车间调度也可以利用 CAPP 提供的辅助工具进行工艺调整。车间信息化一个主要的研究方向是制造执行系统（Manufacturing Execution System，MES），它面向车间的生产过程管理与实时信息系统，填补了计划管理与底层控制的“鸿沟”，是车间信息化的核心。目前在这方面已经开展了部分研究工作，在 MES 信息系统建模、车间调度与决策算法、车间制造资源集成及敏捷化系统开发等方面，取得了初步成果。随着 MES 的深入研究和推广应用，CAPP 对连接工程设计、生产管理与制造执行将发挥更大的作用。

我国制造业的整体加工水平一般，CAPP 还有很强的生命力。我国制造企业需要提高工艺信息化意识，推广 CAPP 的应用。尽管存在应用水平浅、应用范围窄等问题，CAPP 必然将向全生命周期、基于知识和三维模型等方向快速发展。

1.5　工艺设计的特点和要求

1.5.1　工艺设计的特点

工艺设计是一个极其复杂的过程，它包含了分析、选择、规划、优化等不同性质的各种功能，所涉及的范围十分广泛，用到的信息量相当庞大，又与具体的生产环境及个人经验水平密切相关。生产环境不同(不同的工厂，甚至同一工厂内的不同车间)、产品对象不同、生产批量不同，生产设备、工艺方法和工艺习惯都不一样，使得产品的工艺差别很大。

工艺设计是企业生产活动中最活跃的因素，因为，工艺设计对其使用环境的依赖必然会导致工艺设计的动态性和经验性，工艺设计必须分析和处理大量信息。因此，有必要利用计算机强大的数据处理能力进行辅助工艺设计。

随着计算机在制造企业中的应用，通过计算机进行工艺的辅助设计已成为可能。计算机辅助工艺设计的应用将提高工艺文件的质量，缩短生产准备周期，并为广大工艺人员从繁琐、重复的劳动中解放出来提供了一条切实可行的途径。选取一个适宜本企业生产及管理环境的 CAPP 系统不但能充分发挥计算机辅助工艺设计的优越性，更能为企业数据信息的集成及管理打下良好的基础。

目前，计算机辅助工艺设计在机械加工制造领域已经有了较大的应用，在锅炉压力容器的工艺设计中也得到了一定的应用。例如，四川省某锅炉(集团)股份有限公司的水冷壁 CAPP 系统的实施，使原来需要一个半月才能完成的水冷壁综合工艺编制工作，只需要几天就能完成，工效提高数倍。在工艺编制中，水冷壁工艺编制实现了 100%的计算机化，其他部件的工艺计算机化也达 70%。近年来，工艺处工作量逐步增加、人员反而减少，这充分说明了采用计算机辅助编制工艺发挥了很大作用。为推进企业信息化建设步伐，某些厂家也在努力引进 CAPP 系统软件，以实现工艺设计的计算机化。如哈尔滨锅炉厂采用天河公司的 TH-CAPP2002 软件进行工艺编制和管理工作；上海锅炉厂引入了武汉开目信息技术有限责任公司的 CAPP 系统。

这些 CAPP 系统的实施提高了企业信息化应用的水平，为后续的企业管理信息化建设打下了坚实的基础。这些都说明了应用计算机进行辅助工艺设计的可行性。但这些 CAPP 系统采用的开发方法单一，有些只是检索现有工艺，运用成组技术进行工艺派生的少，工艺的创成达到实用化的也不多。这些专用型的 CAPP 系统的开发方向仍偏向于结合具体的企业进行，在解决不同企业的相同问题时（例如工艺文档的输出，工艺图形的编辑等），没有为不同的企业提供一个通用的工具，导致了软件开发的重复建设，每次都要根据不同的企业特点来解决相同的问题，二次开发的工作量大。这种开发模式已经与当前 CAPP 系统的发展方向不相适应，必须采用新的开发模式来解决这个问题。

1.5.2　企业工艺设计的要求与管理现状

1. 企业工艺设计的要求

为了适应极其错综复杂的制造环境，企业工艺设计对 CAPP 系统提出了以下要求：

（1）基于产品结构　在企业中，一切生产活动都是围绕产品而展开的。产品的生产过程也就是产品属性的生成过程。工艺文件作为产品的属性，应在工艺设计计划指导下，围绕产品结构（基于装配关系的产品零 / 部件明细表）展开。基于产品结构进行工艺设计，可以直观、方便、快捷地查找和管理工艺文件。

（2）工艺管理　在工艺工作中，工艺管理是非常重要的一部分，它包括产品级的工艺路线设计、材料定额汇总等。工艺管理对工艺设计和成本核算起着指导性的作用。

（3）工艺设计　工艺设计是工艺工作的核心，CAPP 系统应高效率、高质量地保证工艺设计的完成。工艺设计一般包括：工艺过程卡和工序卡的编制、工序图的绘制等。

（4）资源的利用　在工艺设计的过程中，常常需要用到资源，所谓资源就是工艺设计需要支配的工艺资源数据（设备、工装物料和人力等）。工艺设计需要应用工艺技术支撑数据（工艺规范、国家或企业技术标准），需要参考工艺技术基础数据（工艺样板、工艺档案）。各个企业的资源是不同的，并且使用资源的方式也是不同的，CAPP 系统应广泛而灵活地提供资源内容和资源使用方式。

（5）工艺汇总　工艺汇总也是工艺工作的一部分。工艺汇总卡片中的数据基于工艺规程，工艺规程中的工艺数据修改后，必须修改汇总卡片中的相关内容。

（6）工艺设计管理　诸如“工艺设计目录”、“工艺设计文件封面”、“工夹具申请单”等的填写对于规范工艺文件管理有着极为重要的意义。

（7）流程　工艺设计要经过设计、审核、批准、会签的工作流程。CAPP 系统应能实现这种工艺工作中的流程作业。

（8）工艺设计的后处理　工艺设计的后处理包括对定型产品的工艺进行分类归档及归档后的有效利用。

（9）标准工艺　CAPP 系统中应有标准或典型工艺的存储。在工艺设计中，根据相似零件具有相似工艺的原理，常常有进行类似工艺设计的参考或模板。手工设计时，称其为“哑工艺”。

各类企业工艺设计的基本要求是大同小异的。作为一个实用的CAPP系统，必须能够适应这些基本功能的要求，甚至还要包括一些更智能的功能，如实现工艺设计所需信息的描述和代码化（特征信息标识和工艺知识）；合理制定工艺设计所需信息的数据结构形式等。

2. 企业工艺管理现状

（1）传统企业工艺管理现状　几十年计划经济体制下，国有工业企业工艺管理工作形成了以下几方面的特点：

1）稳定可行的模式　传统企业在计划经济体制下形成了一整套完整的工艺工作模式，在宏观调控、局部计划的企业生产氛围中，为社会创造了财富，同时也创造了许多市场条件下无法实现的奇迹。工艺工作的科学性更多地体现在指导生产实践的技术性作用，而对企业总体的经济运行并不起决定作用。几十年一贯制的产品，照计划做就没有错，技术生产与市场经营被分隔开来。

2）传统企业中工艺工作过分依赖人的经验　在很多国企中形成了高学历的工科学生不如一个较熟悉工厂情况的普通工人胜任工艺工作的局面。刚毕业的学生做工艺工作很被动，最后有些人改行，造成了工艺水平不能提高，企业整体技术水平停滞不前。企业在简单重复中生产，适应市场的能力越来越差。“新技术、新工艺、新材料和新产品”不能应用，有时靠行政命令引进的新设备、好技术也无法吸收为己所用。

3）人为因素造成工艺工作无法贯穿企业生产全过程　在计划经济体制全盛时期，企业工艺工作的设计思想是企业生产经营的主线。但在简单重复的生产状态下，由于物资、人事、分配等权利原因，工艺工作成了技术部门一家的责任，工艺工作的职能也仅剩下纯技术的部分，造成企业物流、资金流及劳动力配置的混乱状况。

4）工艺工作与已实现的CAD设计工作无法接口　设计实现了CAD化后，所产生的图形及数据信息必须以图样和报表等纸件形式进入工艺设计阶段，工艺设计还要补充大量图形和数据信息，至此，企业生产的主流信息已形成。从工艺阶段进入手工操作开始，信息流从空中一下子又回到了地面。工艺设计人员从设计中争取来的有限时间资源，在传统工艺及管理中消耗殆尽。且由于市场多变及设计工作的提速，工艺工作显得捉襟见肘，忙于应付。另外，企业绝大部分信息的手工操作、人工采集，造成最终统计结果不真实。

（2）传统工艺管理与CAPP技术的有机结合　工艺工作必须贯穿企业生产的全过程。工艺工作在企业生产中起着承上启下的作用，是实现从构思到现实的关键环节。借助CAPP技术，以工艺工作为龙头构筑企业管理工作的软环境，以跟上不断发展变革的现代制造技术。CAPP技术的基本原理是基于人工设计的过程及需要解决的问题而提出的。首先，产品的设计信息应能利用，并建立零件信息数据库；其次，工艺人员的工艺经验、工艺知识能够得到充分利用和共享；第三，制造资源、工艺参数以适当的形式建立制造资源和工艺参数库；第四，充分利用标准（典型）工艺生成新工艺。CAPP所产生的工艺参数及制造资源数据是企业生产计划、资金物流控制、劳动力配置的基础数据。

1）充分肯定现有模式　传统企业工艺工作对生产实践的技术性指导作用，是毋庸置疑的。人工设计的过程也正是CAPP系统需要模拟的最基本的功能。各企业工艺工作各有特点，CAPP系统应能充分满足企业的个性需求，适应企业现有工艺管理模式，而不是让企业改变模式来适合CAPP系统，否则系统就不会有生命力。

2）把工艺知识、经验变成企业财富　过去工艺知识、经验集中在少数工艺员脑子里，参数的摸索、设备、气候、原辅材料甚至操作者的情绪都可造成工艺因素的不稳定，这些既要求工艺人员具有良好的业务基础，又要求工艺人员具备善于思考、勤于动手的素质。随着市场经济的不断深化，人才流动逐渐频繁，企业只有打破内部的技术垄断，依靠 CAPP 技术，充分利用企业的智力资源并使其具有可继承性，才能减少人才流动给企业造成的风险。这就要求 CAPP 系统必须同时具备图形及数据存储处理能力，不断向工艺人员学习工艺知识及经验并具有一定分析容错功能。同时，注意企业工艺管理不是按线性顺序进行的，系统必须具备多角度全方位检索能力。对标准（典型）工艺的积累，系统能做到关键工艺因素的关联检索即可，不强调计算机能生成新工艺，即提供给工艺员典型类似工艺、辅助工艺设计足已。

3）CAPP 系统必须贯穿企业生产全过程　我们把产品设计和工艺技术准备中产生的所有信息看做是将要附于产品的属性，产品的制造过程也就是产品属性的生成过程。现代制造技术认为机械制造业是信息借助物质和能量的力量生产出价值。对生产而言，CAPP 系统必须集成生产计划、调度指挥、质量监控分析及与劳资、财物、供应部门信息共享交换的能力，达到生产经营全过程在先进工艺技术控制下“一网打尽”的目的，使决策者能够根据真实的统计信息，做出正确的判断。

4）完善设计管理，进一步提高设计效率　在很多企业，CAD 技术仅仅是一种绘图工具，其技术优势没有充分发挥，CAPP 是企业深化 CAD 应用的一条有效途径。设计绘图在总体设计任务中只占一半以下的工作量，而电子图档管理、设计协调（尺寸协调、标题栏/明细表数据的自动协调）、明细表数据处理（汇总、分类、统计、报表输出等）都与企业的工艺规程密切相关。以工程制图国家标准为依据，以 CAPP 技术规程为要求，在 CAPP 系统中补充 CAD 后处理功能，这将大大提高设计效率及实用性。CAD 技术为企业信息化建设起了步，CAPP 技术是高新技术与产业化之间的信息桥梁，通过它企业才能向 CAM、CAE 等深层次信息化迈进，有一个良好的 CAPP 平台才能最终实现企业信息与制造全面集成的目标。这就要求 CAPP 系统与现有 CAD 系统有一个良好的图形及数据接口，以便实现信息资源共享、更改互动。

总之，随着时代的进步，经验主义占主导地位的工艺学研究方法必将被注重实验与分析相结合的制造工程学所替代。CAPP 工艺设计是企业信息化建设中必不可少的一步，也为现代工程学提供了基本手段。企业要最大限度地利用现有智力资源，要注重基础技术的稳固与发展、人员素质的提高及基础数据的准备，为企业电子商务及 CIMS 系统集成留有充分的余地。

1.6　CAPP 的实施

1.6.1　CAPP 实施的认识误区

在国内，尽管 CAPP 提出至今已有二十多年的历史，应用情况却是不尽如人意，用户满意度低，使用效果差甚至被弃之不理。造成 CAPP 系统实施不成功可能涉及多种原因，但对 CAPP 实施的正确认识与否是关系 CAPP 系统能否顺利实施的关键因素，因此不容忽视。对 CAPP 的实施认识主要有以下几个误区：

（1）误区之一　用户认为CAPP无须实施，可以像CAD系统一样即装即用。

分析：CAD系统与CAPP系统没有可比性。CAD主要用来进行产品的辅助设计，其设计功能是用户关注的焦点。而CAPP系统不仅仅是工艺设计软件，更是工艺管理系统。由于受到长期使用CAD的影响，用户认为CAPP系统应该像CAD系统那样拿来即用，而忽略了CAPP系统是需要用户化的一面。各个企业的工艺格式和工艺方式不尽相同，只有经过用户化才能形成用户需要的系统，才能在用户应用系统后产生根本效益。一套完整的工艺设计与管理系统，涵盖了工艺卡片设计、工艺文件管理、材料定额、工装明细汇总、系统集成等多个方面，不通过系统实施，不可能生成切合企业实际、满足用户需求的系统，因此，不需要任何实施量的CAPP系统几乎是不存在的。

解决方法：提高系统柔性，减少CAPP实施量。

由于不同企业工艺的个性化差异，很难有一套“放之四海皆准”的系统。目前，市场上很多较为成熟的CAPP系统都提供了一个应用平台。CAPP的平台化并不是否定个性化，随着CAPP向柔性化、并行化、集成化和智能化的方向发展，真正实用、适用才是系统的最终目的。

柔性化系统应该能够提供灵活、易操作的系统建模工具，用户可以根据自己的需求进行构建。CAPP要适应不同企业和产品不断变化的要求，通过各种方便的系统工具，定制用户自己的工艺流程、设计方式及卡片模板。CAPP系统柔性提高的同时也将大大缩短CAPP实施周期，减少实施工作量。

（2）误区之二　用户认为CAPP实施是软件提供方的事情，与企业无关。

分析：很多用户认为系统提供者应该根据其经验推出符合自己需要的系统，而用户只需拿来成熟的系统直接使用即可，或者只是提供本企业的模板，其他工作完全可以交付系统实施人员完成。这样产生的系统很难完全满足用户需求，导致用户在使用过程中不断提出各式各样的问题，使系统无休止地更改下去。

解决方法：双方共同努力。企业与软件提供商之间各有所长，前者深切了解企业工艺设计及管理的现状和特点；后者具备专业的软件研发和系统实施经验，两者相辅相成。

作为企业一方，首先，要有明确的实施目标。针对本企业的工艺设计与管理现状提出CAPP实施目标，有针对性地提出在现行工作方式中感到比较复杂或者大量重复性的工作，将这部分工作交由CAPP系统完成，使系统能够确实解决实际问题，提高工作效率。其次，基础数据的准备。基础数据是各类信息系统运行的基础，CAPP系统也不例外。基础数据的完整性及准确性是CAPP系统实施的关键，但往往也是实施过程中最薄弱的一环。再次，企业参与实施的力度。CAPP系统的应用是以计算机方式和规范化管理代替手工或者现有系统。新的管理方式对于人员素质提出了更高的要求，在这种情况下企业领导必须要有出坚定不移的态度，加强管理力度，从而保证实施工作的顺利进行。

作为软件提供一方，则应起到CAPP系统有力的保驾护航作用。基于丰富的实施经验，帮助企业制定明确的实施目标，建立各类基础数据库，协调各方人员关系，推进CAPP系统实施。

（3）误区之三　认为CAPP项目较小，无须投入过多精力。

分析：相对于PDM与ERP系统，CAPP系统功能相对简单。但CAPP作为设计与生产之间的桥梁和连接CAD与PDM系统的纽带，其承上启下的重要作用是不可或缺的。而且工艺系统涉及相关部门较广，上至设计技术部门，下到生产采购部门，一环脱节，就会影响系统的实施效果，因此 CAPP 的实施难度不亚于以上两个系统。

解决方法：双方充分重视，规范系统实施。

无论项目大小，软件提供方都应该有规范的实施方案，以引导企业。CAPP 实施规范一般包括：需求分析与系统调研，系统设计与定制开发，系统试运行与运行维护，系统验收几个阶段，在每个阶段制订阶段性目标与监督控制措施，直至项目成功。而企业也要充分配合，以有效的管理手段促使 CAPP 项目的成功实施。

总之，无论何种系统，成功与否的决定因素在于人的参与。只要企业与软件提供方本着相互理解，共同进步的态度，就一定会走出 CAPP 实施过程中的各种误区。

1.6.2　CAPP 的实施步骤

为确保 CAPP 能够顺利地实施，需要遵循以下步骤：

1. 必须作好可行性分析

详细分析企业工艺设计与工艺管理方面存在的问题，找出症结所在，确定工艺设计与管理方面的需求，提出通过实施 CAPP 所要达到的目标。然后结合现状分析，计算差距，依据企业的经济承受能力决定实施范围和投资强度，制定投资计划，这既要本着效益驱动的原则，又要立足于长远的发展。在可行性分析中，还要进行方案论证（如确定选用成熟软件还是自行开发），软硬件投资估算，对方案的投资风险分析等，制定一个切实可行的实施进度计划也是必不可少的。

2. 组织好设计与开发工作

自行开发 CAPP 或在商业 CAPP 系统上进行二次开发是继可行性分析与需求分析后的重要一步。它包括初步设计、详细设计、编程调试等。

3. 人才培训

培训在某种程度上决定了 CAPP 实施的成败。培训工作首先是促使有关人员思想观念上的转变、工作管理方式的调整等，然后才是软件系统的使用方法的培训。

4. 有计划有步骤分阶段地实施

一方面是基础数据的整理应该早做准备，包括机器设备、工装设备、材料、毛坯、工艺用语、切削参数、工时、成本、消耗定额、部门人员等。由于牵涉面广，数据量大，整理起来费工费时，录入计算机的过程可以集中进行，也可以逐步进行，不断丰富，但数据要规范；另一方面是工艺逐步计算机化，在这一过程中可使基础数据不断丰富，同时又为新工艺设计提供参考。

1.6.3　CAPP 的实施方案

CAPP 系统的实施主要有以下三种方案：

1. 单项应用

这里讲的单项应用有两种意义，一是指在实施 CAPP 时，可按工艺类型，如机加工、装配、锻造、焊接等，一项一项地进行；二是可以按 CAPP 系统的内容，即 CAPP 系统的模块（子系统），如工艺路线、工艺规程、材料定额、工时定额等，一个一个地实施。但要注意的是，这些单项应用的系统结构、数据结构、应用程序必须在统一的总体设计规划中开发或引进。要保证 CAPP 系统内部与外部的集成，单项应用必须做好以下几方面工作：

（1）单项应用前　必须开展企业信息化的整体规划与设计。

（2）单项应用中　各类各项工艺规范化、标准化内容必须互相协调、配合，既要遵守工艺规范化、标准化体系的要求，也要符合企业信息化的总体要求。

（3）单项应用后　在每项单项应用后，不但要分析单项应用的效果，而且要分析问题，防止由于这些问题影响企业信息集成运行。

2. *局部集成应用*

（1）CAPP 系统局部集成应用的主要内容

1）CAD 与 CAPP 的集成。CAPP 系统需要 CAD 输出的图形信息、图样属性信息，以及产品、部件结构信息，CAD 也需要 CAPP 输出的工艺信息。

2）CAPP 系统内部的集成。CAPP 系统内部的集成是指工艺路线、工艺规程、材料定额、工时定额及工装设计各模块之间的集成。

3）CAPP 系统中工艺路线、工艺规程、材料定额、工时定额及工装设计与 ERP 之间的集成。

4）CAPP 系统与 CAM 间的集成。

（2）局部集成应用方案

1）在 PDM 技术的支持下，完成以上各种局部集成的内容，是最佳方案。不但可以解决以上各种局部集成的内容，而且可保证整个系统逐步走向全面集成。要实施这一方案必须在局部开发应用 CAPP 系统的同时引进 PDM 有关模块，如数据管理模块、工艺数据处理模块、特征编码模块和零部件管理模块，并要求 CAPP 与 PDM 系统具有良好接口及统一的数据定义和数据格式（或转换格式）。为了解决与 CAD 系统的集成，还必须要求 CAD 系统也必须对共享的数据进行统一的定义，并转换为统一的数据格式。

2）没有 PDM 技术的支持，企业全面使用、部分使用或将要使用 MRP-Ⅱ/ERP 系统。如图 1-2 所示，是无 PDM 技术支持的局部集成应用方案，可以按照 MRP-Ⅱ/ERP 系统数据库及数据管理系统规定的数据定义、数据格式，规范 CAPP 系统的输入、输出信息，以求得 CAPP 与 MRP-II/ERP 的集成，为 MRP-Ⅱ/ERP 系统自动提供工艺数据，消灭部分“孤岛”问题。

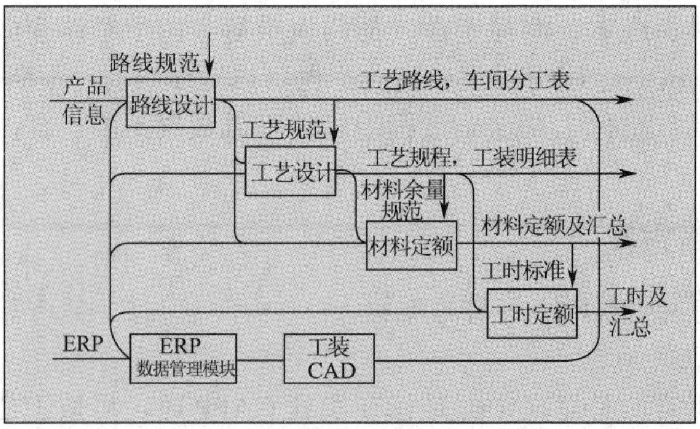

图 1-2　无 PDM 技术支持的局部集成应用方案

3）CAPP 系统内部集成方案。在既没有 PDM 系统的支持，也没有实施 MRP-Ⅱ/ERP 系统的情况下，实现 CAPP 系统内部集成必须在 CAPP 系统内建立共享的属性数据管理系统，把 CAPP 系统内几个模块共享的属性数据进行统一的定义，并采用统一的数据格式，这个属性数据就是产品工艺数据库；要设置统一数据管理模块，集中管理。如图 1-3 所示，是 CAPP 系统内部集成方案，这样可以保证 CAPP 系统中工艺路线、工艺规程、材料定额、工时定额及工装设计数据的共享。

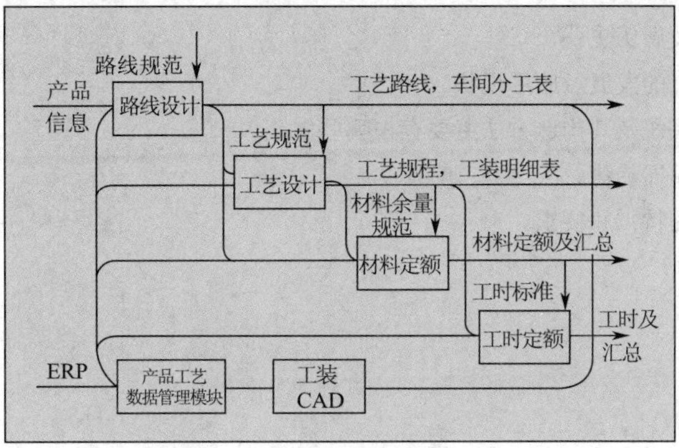

图 1-3　CAPP 系统内部集成方案

4）CAD 与 CAPP、CAPP 与 CAD/CAM 之间的集成。如果没有 PDM 系统的支持，或引进 PDM 系统没有特征编码模块和零部件管理模块，就必须开发特征编码模块和零部件管理模块，而这些模块的输入、输出属性信息必须与 MRP Ⅱ/ERP 系统数据库及数据管理系统的定义和格式一致，以便企业信息全部集成。

（3）各种局部集成应用方案的实施

1）局部集成应用前。局部集成应用是由于企业历史上信息化情况不同，以及全面实施 CAPP 工作量大而采取的分步实施方案。为了保证分步实施方案的系统性，在集成前必须做好总体规划，再把总体规划目标分解到每一局部应用阶段，并制定各局部集成应用互相约束的条件。

2）局部集成应用中。根据局部应用阶段目标，做好达到目标必须进行的规范化、标准化工作。

3）局部集成应用后。在每项局部应用后，不但要分析局部应用的效果，而且要分析与发现问题，防止由于这些问题影响企业信息集成运行。

3. 全部集成应用

（1）按“CAPP 应用三部曲”制定实施计划　“CAPP 应用三部曲”是完全按 CAPP 应用内容划分的步骤。每一部曲的工作内容单一，系统性强，容易实施。效果则是根据每一步骤内容获得的，首先见效的是工艺规范化、标准化部分，最后才是计算机应用部分。

（2）局部集成应用基础上的全部集成应用　各种局部集成应用都建立了各种范围内的数据库，这些数据库虽然内容不同，但都是准确按照统一数据定义、统一的数据格式建立的，为全部集成创造了条件。在这种情况下，最佳方案是采用面向企业的 PDM 系统（如 PDM 系统功能不十分完善，需要进行二次开发），将各种数据集中到 PDM 系统的统一数据库内，适当修改各模块与数据库的接口，系统就能实现数据共享。按照生产技术准备程控，运行 CAD/PDM/CAPP/ERP/CAM 各模块，系统就能够集成运行了。

（3）单项应用基础上的全部集成应用　在这种条件下的全部集成应用与局部集成应用

基础上的全部集成应用方法相同，宜采用面向企业的 PDM 系统，实现数据共享和集成运行。

思考及练习

1-1　什么是 CAPP?

1-2　简述 CAPP 的发展历史。

1-3　简述我国 CAPP 的发展及应用现状。

1-4　传统的 CAPP 系统及其构造方法主要存在哪些缺陷？

1-5　简述 CAPP 的发展趋势。

1-6　简述工艺设计的特点和要求。

1-7　如何实施 CAPP？

第 2 章 成 组 技 术

2.1 概 述

随着我国经济的高速发展，社会对机械产品需求多样化的趋势也越来越明显。这使传统的针对小批量生产的组织模式产生了一些矛盾，如生产计划、组织管理复杂化，零件从投料到加工完成的总生产时间较长，生产准备工作量大、产量小，也使先进制造技术的应用受到限制。国际上为了能改变多品种小批量生产企业的落后状况，提高生产率，充分利用设备，降低产品成本，制造技术的研究者提出了成组技术的科学理论及实践方法，它能从根本上解决生产中由于品种多、产量小带来的矛盾。成组技术（Group Technology，GT）是一门生产技术科学，即把相似的问题归类成组，寻求解决这一组问题相对统一的最优方案，以取得所期望的经济效益。它研究如何识别和发掘生产活动中有关事务的相似性，并对其进行充分利用。成组技术应用于机械加工，是将多种零件按其工艺的相似性分类成组，以形成零件组，把同一零件组中零件分散的小生产量汇集成较大的成组生产量，从而使小批量生产能获得接近于大批量生产的经济效果。这样，成组技术就巧妙地把品种多转化为“少”，把生产量小转化为“大”。由于主要矛盾有条件地转化，这就为提高多品种、小批量生产的经济效益提供了一种有效的方法。

成组技术可以作为指导生产的一般性方法。实际上，人们很早就在应用成组技术的原理指导生产实践，诸如生产专业化、零部件标准化等皆可以认为是成组技术在机械工业中的应用。经过发展的成组技术已广泛应用于设计、制造和管理等各个方面，并取得了显著的效益。

零件统计学不仅为成组技术的创立提供了可以信赖的科学依据，也是实施成组技术过程中充分认识和利用有关事物相似性的有用的科学方法。成组技术的基本原理要求充分认识和利用客观存在的有关事物的相似性，所以按一定的相似标准将有关事物归类成组是实施成组技术的基础。

成组技术从 20 世纪 50 年代提出至今已经历了 50 多年的发展和应用。作为一门综合性的生产技术科学，成组技术是计算机辅助设计（CAD）、计算机辅助工艺设计（CAPP）、计算机辅助制造（CAM）和柔性制造系统（FMS）等方面的技术基础。对机械制造工艺而言，成组技术的应用显得比零件设计更重要。不仅结构特征相似的零件可归并成组，结构不同的零件仍可能有类似的制造过程。例如，大多数箱体零件都具有不同的形状和功能，但它们都要求镗孔、铣端面、钻孔等。因此，可以得出它们都相似的结论，这样可以把具有相似加工特点的零件也归并成组。由此出发，工艺设计工作便可得到简化。由于同组零件要求类似的工艺过程，于是可建立一个加工单元来制造同组零件。而对每个加工单元只需考虑具有类似加工特点的零件加工，可使生产计划、工艺准备、生产组织和管理等工作的水平得以提高。

虽然国内外各种文献对成组技术都有介绍，但尚没有统一的定义。根据成组技术的实质，一般可以认为成组技术是机械制造过程中一种先进的科学的生产和组织管理方法，它旨在识别和开发机械制造过程中各环节诸种信息间的相似性，并采取适当的组织形式和先进技术，实现其工作的合理化、科学化，使多品种、中小批和单件生产的企业获得较好的经济和社会效益。

2.2 零件分组常用的方法

目前，常用的零件分组的方法有以下几种：

1. 视检法

视检法是由有生产经验的人员通过对零件图样仔细阅读和判断，把具有某些特征属性的一些零件归结为一类。它的效果主要取决于个人的生产经验，带有主观性和片面性。

2. 生产流程分析法

生产流程分析法（Production Flow Analysis，PFA）是以零件生产流程及生产设备明细表等技术文件为依据，通过对零件生产流程的分析，把工艺过程相近的，即使用同一组机床进行加工的零件归结为一类。采用此法分类的正确性与分析方法和所依据的工厂技术资料有关。采用此法可以按工艺相似性将零件分类，以形成加工组。

3. 编码分类法

按编码分类，首先需将待分类的诸零件进行编码，即将零件的有关设计、制造等方面的信息转译为代码（代码可以是数字或数字、字母兼用）。为此，需选用或制定零件分类编码系统。由于零件有关信息的代码化，就可以根据代码对零件进行分类。采用零件分类编码系统使零件有关生产信息代码化，将有助于应用计算机辅助成组技术的实施。

分类是一种根据特征属性的有无，把事物划分成不同组的过程。编码是对不同组的事物给予不同代码。成组技术的编码是对机械零件的各种特征给予不同的代码。这些特征包括：零件的结构形状，各组成表面的类别及配置关系、几何尺寸，零件材料及热处理要求，各种尺寸精度、形状精度、位置精度和表面粗糙度等要求。对这些特征进行抽象化、格式化，就需要用一定的代码（符号）来表述。所用的代码可以是阿拉伯数字、拉丁字母甚至汉字，以及它们的组合。最方便、最常见的是数字码。对于工艺设计，希望代码能唯一地区分产品零件组。当设计或确定一种编码方案时，有两种性质必须保证，即代码必须是：①不含糊的；②完整的。这就需要对代码所代表的意义作出明确的规定和说明，这种规定和说明就称为编码法则，也称为编码系统。将零件的各种有关特征用代码表示，实际上也对零件进行分类，所以零件编码系统也称为分类编码系统。目前使用的成组技术编码系统中，有三种不同类型的代码结构：层次式、链式（矩阵式）及混合式。层次式也称为单元码，每一代码的含义都由前一级代码限定。其优点是用很少的码位能代表大量信息；缺点是编码系统很复杂，所以难于开发。链式又称多元码，码位上每一位码值都代表某种信息，与前面码位无关。在代码位数相同的条件下，链式结构容量比层次式的少，但编码系统较简单。混合式是层次式和链式的混合。大多数编码系统采用混合式。目前已有一百多种成组技术编码系统应用于工业生产。JLBM-1 系统是我国机械工业部门为机械加工中推行成组技术而开发的一种零件分类编码系统。这一系统经过先后四次修订，于 1984 年成为我国机械工业部门的技术指导资料。JLBM-l 系统的结构可以说是 OPITZ 系统和 KK3 系统的结合。图 2-1 所示是 JLBM-1 分类编码系统的基本结构。

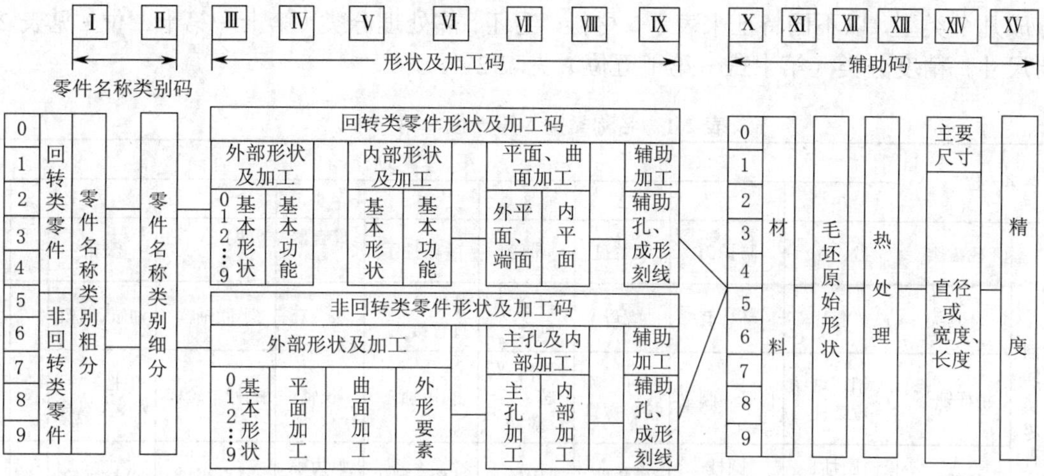

图 2-1　JLBM-1 分类编码系统的基本结构

JLBM-1 分类编码系统是在 OPITZ 和 JCBM(机床零件分类编码系统)的基础上结合我国机械行业的具体情况发展起来的，适用于产品设计、工艺设计、加工制造和生产管理等方面。该编码采用主码和副码的分段混合式结构，共 15 个码位。JLBM-1 分类编码系统构成，如图 2-2 所示。

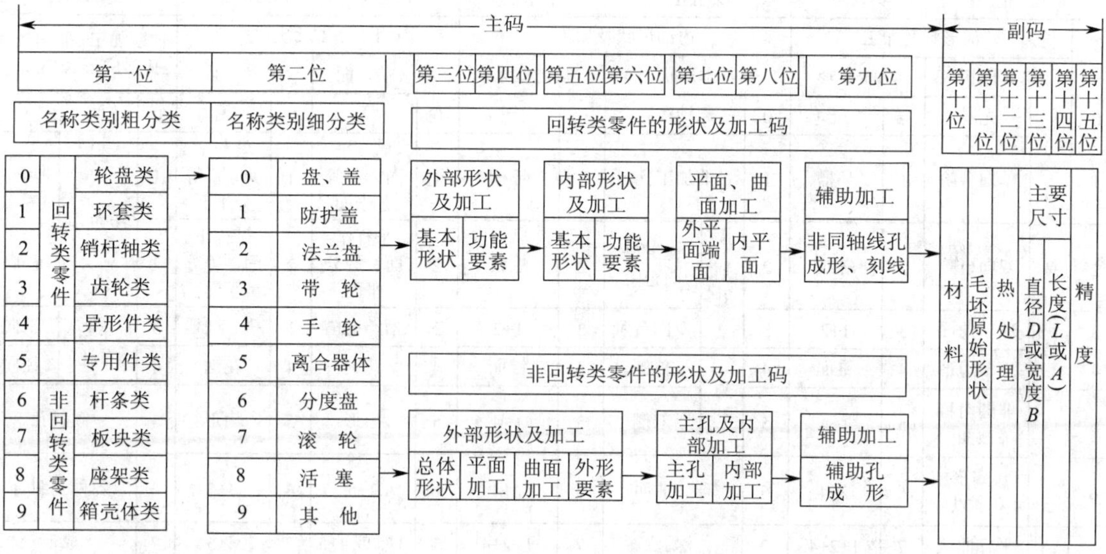

图 2-2　JLBM-1 分类编码系统构成

该系统的第一、第二位码表示零件的名称类别，它采用零件的功能和名称作为标志，以便于设计部门检索。名称类别（第一位、第二位）见表 2-1。第三～第九位码是零件形状及加工码，见表 2-2，分别表示回转类零件的外部形状、内部形状、平面、孔及其加工与辅助加工的种类。第十～第十五位码是辅助码(副码)，表示零件的材料、毛坯、热处理、主要尺寸和精度的特征。尺寸码规定了大型、中型和小型三个尺寸组，分别供仪表机械、一般机械和重型机械等三种类型的企业参考使用。精度代码规定了低精度、中等精度、高精度和超高精度四个档次。在中等精度和高精度两个档次中，再按有精度要求的不同加工表面的组合而细分成几个类型，以不同特征来表示，材料、毛坯、热处理分类（第十～第十二位）见表 2-3，主要尺寸、精度分类（第十三～第十五位）见表 2-4。

表 2-1　名称类别（第一位、第二位）

第一位			第二位									
			0	1	2	3	4	5	6	7	8	9
0	回转类零件	轮盘类	盘、盖	防护盖	法兰盘	带轮	手轮捏手	离合器体	分度盘、刻度盘、环	滚轮	活塞	其他
1		环套类	垫圈片	环、套	螺母	衬套、轴套	外螺纹套、直管接头	法兰套	半联轴器	油缸、气缸		其他
2		销杆轴类	销、堵、短圆柱	圆杆、圆管	螺杆、螺栓、螺钉	阀杆、阀芯、活塞杆	短轴	长轴	蜗杆、丝杠	手把、手柄、操纵杆		其他
3		齿轮类	圆柱、外齿轮	圆柱内齿轮	锥齿轮	蜗轮	链轮、棘轮	弧齿锥齿轮	复合齿轮	圆柱齿轮		其他
4		异形件	异形盘套	弯管接头、弯头	偏心件	扇形件、弓形件	叉形接头、叉轴	凸轮、凸轮轴	阀体			其他
5		专用件										其他

表 2-2　回转类零件分类（第三～第九位）

第三位			第四位		第五位			第六位		第七位		第八位		第九位		
项目	外部形状及加工				内部形状及加工					平面、曲面加工				辅助加工（非同轴线孔、成形、刻线）		
	基本形状		功能要素		基本形状			功能要素		外（端）面		内　面				
0	单一轴线	光滑	0	无	0	无轴线孔		0	无	0	无	0	无	0	无	
1		单向台阶	1	环槽	1	非加工孔		1	环槽	1	单一平面、不等分平面	1	单一平面、不等分平面	1	均布孔	轴向
2		双向台阶	2	螺纹	2	通孔	光滑单向台阶	2	螺纹	2	平行平面、等分平面	2	平行平面、等分平面	2		径向
3		球、曲面	3	1+2	3		双向台阶	3	1+2	3	槽、键槽	3	槽、键槽	3	非均布孔	轴向
4		正多边形	4	锥面	4	盲孔	单侧	4	锥面	4	花键	4	花键	4		径向
5		非圆对称截面	5	1+4	5		双侧	5	1+4	5	齿形	5	齿形	5	倾斜孔	
6		弓、扇形或4和5以外	6	2+4	6	球、曲面		6	2+4	6	2+5	6	3+5	6	各种孔组合	
7	多轴线	平行曲线	7	1+2+4	7	深孔		7	1+2+4	7	3+5或4+5	7	4+5	7	成形	
8		弯曲、相交轴线	8	传动螺纹	8	相交孔、平行孔		8	传动螺纹	8	曲面	8	曲面	8	机械刻线	
9	其他		9	其他	9	其他		9	其他	9	其他	9	其他	9	其他	

表 2-3　材料、毛坯、热处理分类（第十～第十二位）

项　目	第十位	第十一位	第十二位
	材料	毛坯原始形状	热处理
0	灰铸铁	棒材	无
1	特殊铸铁	冷拉材	发蓝

（续）

项目	第十位	第十一位	第十二位
	材料	毛坯原始形状	热处理
2	普通碳钢	管材（异形管）	退火、正火及时效
3	优质碳钢	型材	调质
4	合金钢	板材	淬火
5	铜和铜合金	铸件	高、中、工频淬火
6	铝和铝合金	锻件	渗碳+4或5
7	其他有色金属及其合金	铆焊件	渗氮处理
8	非金属	注塑成型件	电镀
9	其他	其他	其他

表 2-4 主要尺寸、精度分类（第十三～第十五位）

项目	第十三位			第十四位			第十五位		
	主要尺寸						项目	精度	
	直径或宽度（*D* 或 *B*）/mm			长度（*L* 或 *A*）/mm					
	大型	中型	小型	大型	中型	小型			
0	≤14	≤8	≤3	≤50	≤18	≤10	0	低精度	
1	>14-20	>8-14	>3-6	>50-120	>18-30	>10-16	1	中等精度	内、外回转面加工
2	>20-58	>14-20	>6-10	>120-250	>30-50	>16-25	2		平面加工
3	>58-90	>20-30	>10-18	>250-500	>50-120	>25-40	3		1-62
4	>90-160	>30-58	>18-30	>500-800	>120-250	>40-60	4	高精度	外回转面加工
5	>160-400	>58-90	>30-45	>800-1250	>250-500	>60-85	5		内回转面加工
6	>400-630	>90-160	>45-65	>1250-2000	>500-800	>85-120	6		4-15
7	>630-1000	>160-440	>65-90	>2000-3150	>800-1250	>120-160	7		平面加工
8	>1000-1600	>440-630	>90-120	>3150-5000	>1250-2000	>160-200	8		或5或6加7
9	>1600	>630	>120	>5000	>2000	>200	9	超高精度	

如图 2-3 所示是按照 JLBM-1 对回转零件进行分类编码的实例。

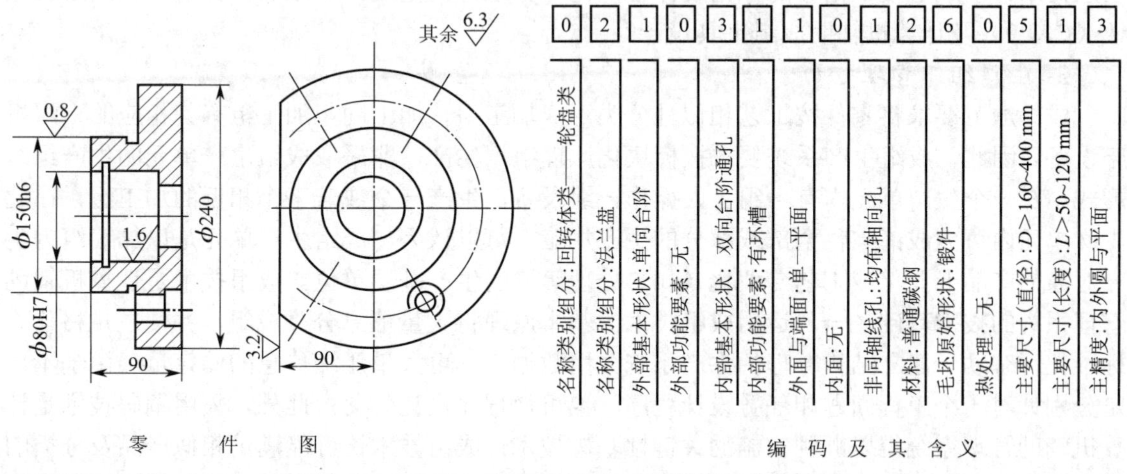

图 2-3 按照 JLBM-1 对回转零件进行分类编码的实例

2.3　成组技术的应用

目前发展的成组技术以应用系统工程学的观点，把中、小批生产中的设计制造和管理等方面作为一个生产系统整体，统一协调生产活动的各个方面，全面实施成组技术，以提高综合经济效益。以下将从产品设计、制造工艺及生产组织管理等方面简述成组技术的应用。

1. *产品设计方面*

由于用成组技术指导设计，赋予各类零件以更大的相似类，这就为在制造管理方面实施成组技术奠定了良好的基础，使之取得更好的效果。此外，由于新产品具有继承性，使往年累积并经过考验的有关设计和制造的经验再次应用，这有利于保证产品质量的稳定。以成组技术为指导的设计合理化和标准化工作也为实现计算机辅助设计（CAD）奠定了良好的基础；为设计信息最大程度地重复使用，加快设计速度，节约时间作出了贡献。据统计，设计一种新产品时，往往有 3/4 以上的零件设计可参考借鉴或直接引用原有的产品图样，从而减少新设计的零件，这不仅可免除设计人员的重复性劳动，也可以减少工艺准备工作和降低制造费用。

2. *制造工艺方面*

成组技术在制造工艺方面最先得到广泛应用。成组技术开始是用于成组工序，即把加工方法、安装方式和机床调整相近的零件归结为零件组，设计出适用于全组零件加工的成组工序。成组工序允许采用同一设备和工艺装置，以及相同或相近的机床调整加工全组零件。这样，只要能按零件组安排生产调度计划，就可以大大减少由于零件品种更换所需要的机床调整时间。此外，由于零件组内诸零件的安装方式和尺寸相近，可设计出应用于成组工序的公用夹具——成组夹具。只要进行少量的调整或更换某些零件，成组夹具就可适用于全组零件的工序安装。成组技术亦可应用于零件加工的全工艺过程。为此，应将零件按工艺过程相似性分类以形成加工组，然后针对加工组设计成组工艺过程。成组工艺过程是成组工序的集合，能保证按标准化的工艺路线采用同一组机床加工全加工组的诸零件。应指出，设计成组工艺过程、成组工序和成组夹具皆应以成组年产量为依据。因此，成组加工允许采用先进的生产工艺技术。以成组技术指导的工艺设计合理化和标准化为基础，不难实现计算机辅助工艺设计（CAPP）及计算机辅助成组夹具设计。

3. *生产组织管理方面*

成组加工要求将零件按工艺相似性分类形成加工组，加工同一加工组有其相应的一组机床设备。因此，成组生产系统要求按模块化原理组织生产，即采取成组生产单元的生产组织形式。在一个生产单元内有一组工人操作一组设备，生产一个或若干个相近的加工组，在此生产单元内可完成诸零件全部或部分的生产加工。可以认为，成组生产单元是以加工组为生产对象的产品专业化或工艺专业化（如热处理等）的生产基层单位。成组技术是计算机辅助管理系统的技术基础之一。运用成组技术的基本原理将大量信息分类成组，并使之规格化、标准化，有助于建立结构合理的生产系统公用数据库，可大量压缩信息的储存量。由于不再是分别针对一个工程问题和任务设计程序，也可使程序设计优化。此外，采用编码技术是计算机辅助管理系统得以顺利实施的关键性基础技术，成组技术恰好能满足相似产品及分类的编码需求。

2.4　成组技术的发展现状

成组技术从 20 世纪 50 年代提出至今已经历了近 60 年的发展和应用。

在国外，成组技术已经得到了广泛的应用。美国有些企业在 20 世纪 90 年代所采用的三项新技术之一就是成组技术，现已广泛用于产品的工程设计、制图、材料管理、制造工程、质量控制、生产计划、采购、工具管理、价格估算等各个环节。从美国陆军的《鼓励工业现代化计划》可以知道，早在 20 世纪 80 年代实施的四个现代化项目中，第一项就是基于成组技术的原理。

据报道，前苏联某工厂铣削加工 800 种零件，采用成组技术后，从生产准备到加工完毕，时间减少 30%～40%，劳动生产率提高 25%～30%。另一个工厂的机械加工车间，将 65%的设备改为成组加工，两年后车间费用下降 42%，五年后产品成本降低 46.6%。在对英国、德国的调查结果表明，采用成组加工后，利润平均增加 40%以上。

我国早在 20 世纪 60 年代初就在纺织机械、飞机、机床及工程机械等机械制造业中推广应用成组技术，并初见成效。我国沪东造船厂在实施成组技术过程中，将原有近千个杆轴类零件进行分析归纳后，仅采用 10 个样件工艺就可进行参考设计，工艺设计周期缩短到原来的 1/8 左右。近年来，为适应我国社会主义市场经济建设的需要，要求机械工业加快技术改造的步伐，尤其是对占重要比例的中、小型企业引进生产技术和组织管理的革新工作，成组技术再度受到国家有关部、局、工厂企业、研究所及高等院校的重视。目前，国家有关单位正在积极开展这一方面的科学研究、人才培训和推广应用等工作。原机械部设计研究院负责组织研制的全国机械零件分类编码系统 JLBM-1，对我国推广应用成组技术起到积极推进作用。近几年来，一些工厂实践经验表明，应用成组技术的经济效益是十分显著的。我国不少高等工业院校结合教学和科研工作，在成组技术基本理论及其应用方面，如零件分类编码系统、零件分类成组方法和计算机辅助编码、分类、工艺设计、零件设计、生产管理的软件系统等方面都开展了许多研究工作，并取得了不少成果。随着应用推广和科研工作的持续开展，成组技术对提高我国机械工业的制造技术和生产管理水平将发挥日益重要的作用。

我国有部分企业已经开始采用成组技术，但是应用不如国外广泛。原因是，我国的多品种小批量机械制造企业多数是按照产品专业化原则建立的大而全、小而全的产品生产企业，这种全能型模式使企业无法采用先进的制造工艺和生产设备，制造技术落后，生产水平低，它与专业分工的社会化协作生产是不相适应的。成组技术作为一种专门针对多品种、中小批量生产而提出的组织管理技术，是多品种、中小批量生产企业进行批量生产有效的组织管理手段，是现代集成制造系统（CIMS）的基础。针对成组技术，早在“六五”期间不少行业就进行了试点攻关，在“七五”期间被列为重点攻关技术。1984 年，国家经济委员会将成组技术正式列入 18 项现代管理方法。事实和经验表明，成组技术是解决我国多品种小批量机械制造企业产品开发水平、制造技术和方式落后等问题的重要基础性技术。

思考及练习

2-1　什么是成组技术?

2-2　常用的零件分组方法有哪些？

2-3　成组技术主要应用在哪些方面？

第 3 章　CAPP 系统的类型和工作原理

3.1　CAPP 系统的工作过程与组成

自从第一个 CAPP 系统诞生以来，各国对使用计算机辅助工艺设计进行了大量的研究，开发了许多的 CAPP 系统，这些 CAPP 系统的组成与其开发环境、产品对象及其规模大小等有关。下面从 CAPP 系统的工作过程与组成结构来分析 CAPP 系统的类型和工作原理。

1. CAPP 系统的工作过程与步骤

CAPP 系统的工作过程与步骤如图 3-1 所示。

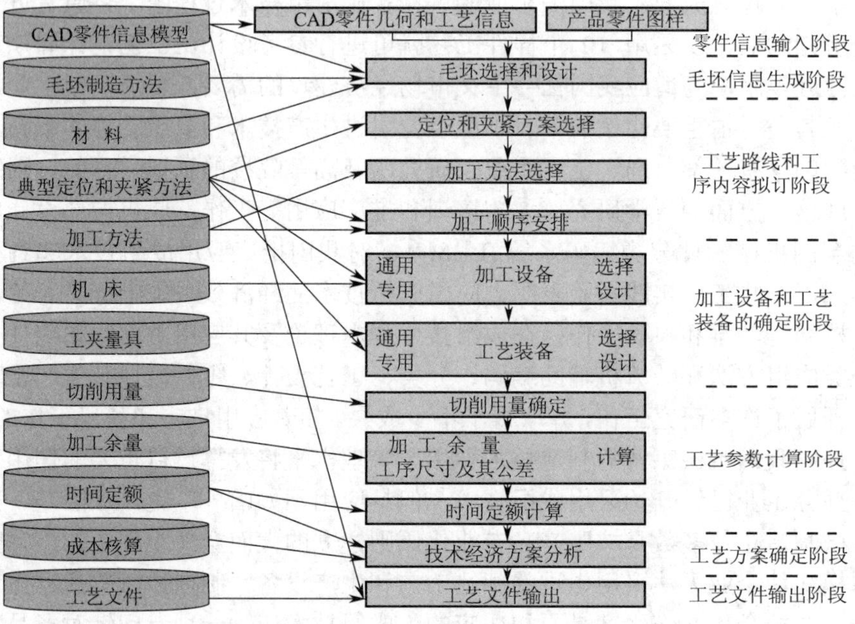

图 3-1　CAPP 系统的工作过程与步骤

2. CAPP 系统的组成与基本结构

CAPP 系统的组成与基本结构如图 3-2 所示。

CAPP 系统的分类方法很多，可以按工作原理分，也可以按实现方式来分，还可以按 CAPP 系统使用的平台来分，也可以依据 CAPP 系统的功能来分。根据工作原理结合 CAPP 系统的发展分类，基本可以分成检索式 CAPP 系统、派生式 CAPP 系统、创成式 CAPP 系统和知识基 CAPP 系统。CAPP 系统的分类方法是随着 CAPP 技术的发展不断变化的。

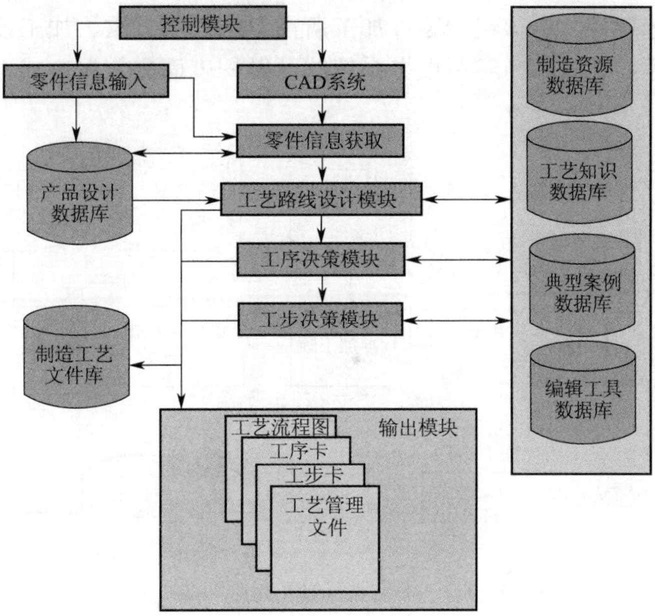

图 3-2　CAPP 系统的组成与基本结构

3.2　检索式 CAPP 系统

检索式 CAPP 系统是将企业现行各类工艺文件，根据产品和零件图号，存入计算机数据库中；进行工艺设计时，可以根据产品或零件图号，在工艺文件库中检索类似零件的工艺文件，由工艺人员采用人机交互方式进行修改；最后，由计算机按工艺文件要求进行打印输出。检索式 CAPP 系统的原理，如图 3-3 所示。

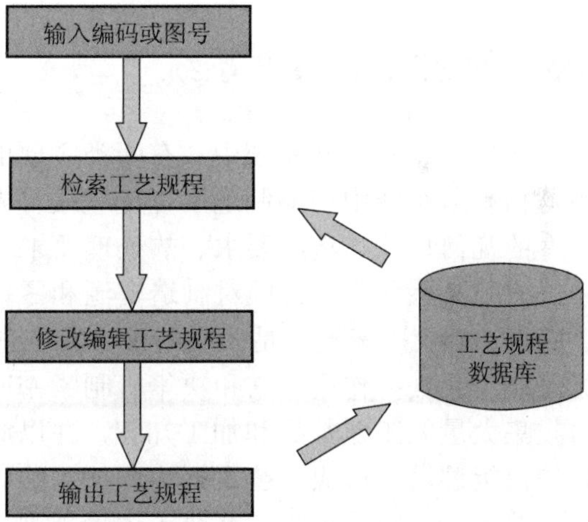

图 3-3　检索式 CAPP 系统的原理

3.3　派生式 CAPP 系统

派生式 CAPP 系统是检索式 CAPP 系统的发展，它利用零件 GT（成组技术）代码（或企业现行零件图编码），根据结构和工艺相似性对零件进行分组，然后针对每个零件组编制典型工艺，又称主样件工艺；工艺设计时，首先根据零件的 GT 代码或零件图号确定该零件所属的零件组，然后检索出该零件的典型工艺文件，最后根据该零件的 GT 代码和其他有关信息对典型工艺进行自动化或人机交互式修改，生成符合要求的工艺文件。

1. 派生式 CAPP 系统的基本原理

派生式 CAPP 系统是利用零件的相似性来检索现有的工艺规程的一种软件系统，该系统是建立在成组技术的基础之上，按照零件几何形状或工艺的相似性将零件归类成组，并建立该组零件的典型工艺规程，即该组中零件加工所需要的加工方法、加工设备、工具、夹具、量具及其加工顺序等，其具体内容可根据系统的开发程度而定。派生式 CAPP 系统的原理，如图 3-4 所示。

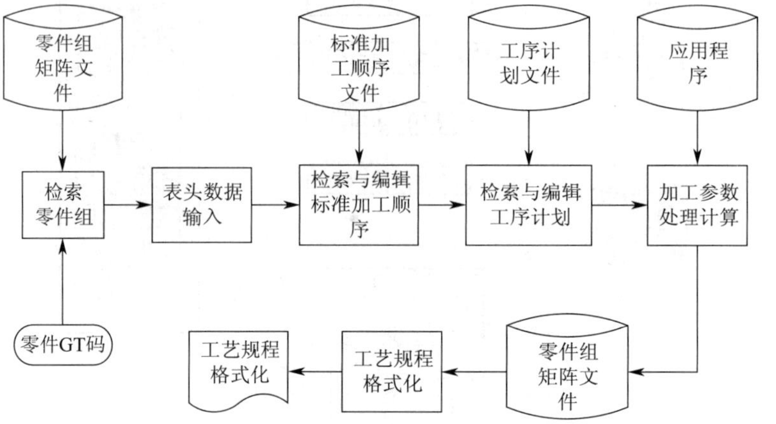

图 3-4　派生式 CAPP 系统的原理

2. 派生式 CAPP 系统的特点

由于以成组技术为理论基础，理论上比较成熟，应用范围比较广泛，有较好的适用性，在回转类零件中应用普遍，同时继承和应用了企业较成熟的传统工艺；但柔性较差；对于复杂零件和相似性较差的零件难以形成零件组。

3.4　创成式 CAPP 系统

在创成式 CAPP 系统中，有两类主要的信息要输入，即制造资源和零件信息。制造资源是指制造企业中产品制造所需的软硬件及其制造能力和相关信息的总和；零件信息是指零件的几何形状、精度要求、热处理要求等与零件制造过程相关的所有信息的总和。在创成式 CAPP 系统中，必须对制造资源和零件信息进行全面明确的定义，决策模块才能进行正确的决策。决策模块是系统的核心，它进行条件匹配和优化；制造资源既是决策的约束，又对决策起支持作用，它和决策机制紧密联系；工艺规程由系统中的决策逻辑生成。系统需收集大量的工艺数据和加工知识，并以此规程为基础，在计算机软件的基础上建立一系列的决策逻辑，形成工艺数据库和加工知识库。在输入新零件的有关信息后，系统可以模仿工艺人员，应用各种工艺决策逻辑规则，在没有人工干预的条件下，自动生成零件的工艺规程。

目前，用派生法原理生成工艺规程的方法已经比较成熟，创成法原理还不完善。现在所谓的创成式 CAPP 系统只是在部分功能上应用创成原理，所以，只能称为半创成式 CAPP 系统。创成式 CAPP 系统的原理如图 3-5 所示，一般包括如下几个模块：

（1）控制模块　协调各模块的运行，实现人机之间的信息交流，控制产品设计信息获取方式。

（2）零件信息获取模块　用于产品设计信息输入。

（3）工艺设计模块　进行加工工艺流程的决策，生成工艺过程卡。

（4）工序决策模块 选定加工设备、定位安装方式、加工要求，生成工序卡。

（5）工步决策模块 选择刀具轨迹、加工参数，确定加工质量要求，生成工步卡及提供形成 NC 指令所需的刀位文件。

（6）输出模块 输出工艺流程卡、工序和工步卡、工序图等各类文档。

（7）产品设计数据库 存放由 CAD 系统完成的产品设计信息。

（8）制造资源数据库 存放企业或车间的加工设备、工装工具等制造资源的相关信息。

（9）工艺知识数据库 用于存放产品制造工艺规则、工艺标准、工艺数据手册、工艺信息处理的相关算法和工具等。

（10）典型案例库 存放各零件组典型零件的工艺流程图、工序卡、工步卡、加工参数等数据，供系统参考使用。

（11）编辑工具库 存放工艺流程图、工序卡、工步卡等系统输入输出模板，手工查询工具和系统操作工具集等。

（12）制造工艺数据库 存放由 CAPP 系统生成的产品制造工艺信息，供输出工艺文件、数控加工编程、生产管理与运行控制系统使用。

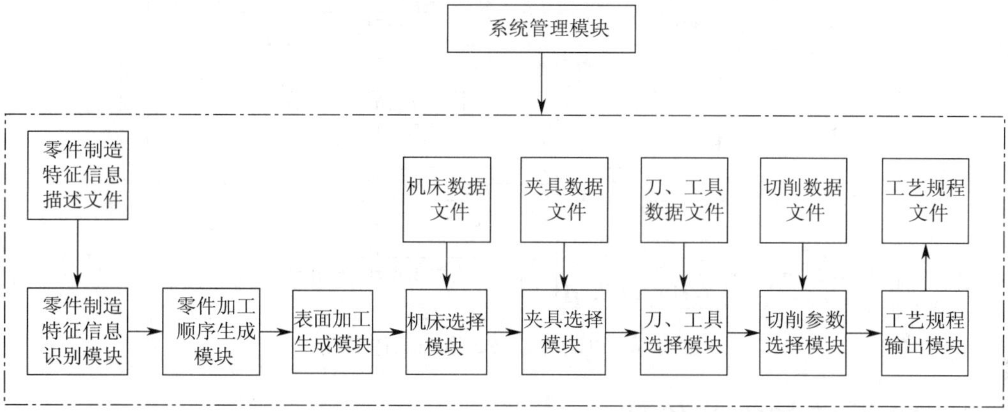

图 3-5 创成式 CAPP 系统的原理

3.5 知识基 CAPP 系统

传统的创成式 CAPP 系统由于决策逻辑嵌套在应用程序中，系统结构复杂，不易修改。目前的研究工作主要已转向知识基 CAPP 系统（专家系统）。在知识基 CAPP 系统中，工艺专家编制工艺的经验知识存放在知识库中，可以通过专用模块进行增删和修改，这就使系统的适应性和通用性大大提高。知识基 CAPP 系统的工作原理如图 3-6 所示。知识库中的工艺生成逻辑可以通过查询和解释模块以树形等方式显示，便于查询和修改。以自然形式存放的工艺增删通过知识编译模块，成为一种直接提供推理机使用的数据结构，以加快运行。推理机按输入模块从文件库中读取零件制造特征信息，经过逻辑推理生成工艺文件，由输出模块输出并存入文件库。

从 CAPP 系统工艺文件产生的方式可以看出，派生式 CAPP 系统利用了成组技术的原理，必须有复合工艺（样板文件），因此，它只能针对某些具有相似性的零件产生工艺文件。而对于找不到复合工艺的零件，派生式系统就无法生成工艺。创成式 CAPP 系统和知识基

CAPP 系统都利用了决策算法，自动生成工艺文件。但这些需要输入全面的零件信息，系统要确定零件的加工路线、定位基准、装夹方式等，从工艺设计的复杂性分析，这些知识的表达和推理都无法很好地实现。正是由于知识表达的“瓶颈”与理论推理的“匹配冲突”至今无法很好地解决，自学习、自优化和自完善功能差，因此，创成式 CAPP 系统和知识基 CAPP 系统仍停留在理论研究和初步应用的阶段。在 CAPP 系统的开发和应用过程中，许多 CAPP 系统既应用了派生式原理，同时又引入了较多的决策算法，通常，我们称这类系统为半创成式或混合式 CAPP 系统。例如，零件组的复合工艺只有一个工艺路线（加工方法和加工顺序），而各加工工序的内容（包括机床和工夹具的选择、工步顺序和内容、切削参数的确定）则通过逻辑决策方式生成，这样的系统就是半创成式或混合式 CAPP 系统。

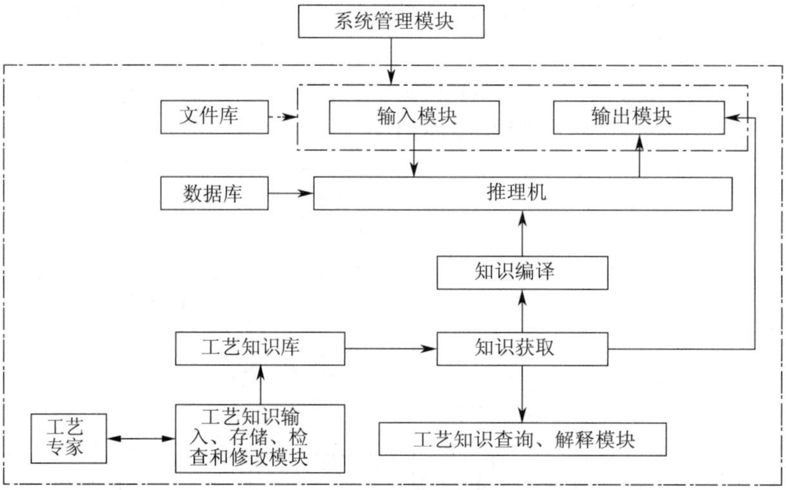

图 3-6　知识基 CAPP 系统工作原理

3.6　CAPP 系统的集成价值

现代集成制造系统（Contemporary Integrated Manufacturing System, CIMS）将信息技术、管理技术和制造技术相结合，并应用于企业产品全生命周期的各个阶段；通过信息的共享与集成、过程与资源的优化，实现物质流、信息流、价值流、知识流的集成和优化运行，从而提高工作效率和设计水平，最终提升企业的市场应变能力和核心竞争能力。

制造企业集成是在计算机网络技术、数据库技术和系统技术的支撑下，实现从设计、管理到制造的数据共享和过程集成。基于信息共享的 CAD/CAPP/CAM/PDM/ERP 等的集成是现阶段企业集成应用实施的重点。系统间的集成方法主要有 4 种：①统一数据库，实现系统层的数据通信；②开发各自接口，互相访问对方；③采用动态数字交换技术（DOE）；④采取中性文件的方式。第一种方法最为理想，但开发实施难度也最大。PDM 把设计的 BOM（D-BOM，物料清单）以规定格式的 Excel 文件输出，CAPP 系统对其进行父子关系调整后，再转换成自己的工艺 BOM（P-BOM），该方法需要解决更改同步问题。CAPP 系统的材料基础库采用与物流材料数据库自动同步的方法，实时获取材料信息，这要求物流数据库使用统一标准的信息模型，以保证信息的复用。CAPP 系统向 PDM、ERP 开放自己的数据结构，PDM、ERP 就可以通过接口程序读取 CAPP 的工艺路线、工时定额及统计汇总等信息。

产品数据管理（Product Data Management，PDM）是一门用来管理所有与产品相关的信息（包括零件信息、配置、文档、CAD 文件、结构、权限信息等）和所有与产品相关的过程（包括过程定义和管理）的技术。它以网络和分布式数据库技术为支持，采用面向对象的建模方法，能够管理产品全生命周期内的所有数据和所有产品的相关过程，提供了一个企业范围内的产品开发和制造的并行化的协作环境。PDM 明确定位为面向制造企业，以产品为管理的核心，以数据、过程和资源为管理信息的三大要素。PDM 进行信息管理的两条主线是静态的产品结构和动态的产品设计流程，所有的信息组织和资源管理都是围绕产品设计展开的，这也是 PDM 系统有别于其他的信息管理系统，如企业管理信息系统（MIS）、物料需求计划（MRP-Ⅱ）、项目管理系统（PM）、企业资源计划（ERP）的关键所在。

一般来说，PDM 系统都具有数据仓库、文档管理、工作流/过程管理、产品结构与配置、应用程序封装与集成等主要功能，其强大的功能为开发适应并行工程的 CAPP 系统提供了有力的支持。目前越来越多的企业选择 PDM 进行 CAPP 系统的集成，它具有以下特点：

1. 开放性

PDM 技术以网络和分布式数据库技术为基础，在保证产品数据源的单一性、产品数据的安全性和完整性的前提下，通过中性接口，提供了对各种异构计算机环境的支持，同时又通过面向对象的方法为用户定制或二次开发提供了开发工具或接口，且有良好的开放性。CAPP 系统可以利用 PDM 开发工具透明地访问各异构环境下的数据，既满足了 CIMS 中复杂环境对开放性的要求，又减轻了开发难度，缩短了开发周期。

2. 集成性

作为 CIMS 信息集成平台，PDM 系统能够方便地实现对各种应用程序的封装或集成，在不同层次上支持各种应用系统之间或者应用系统与 PDM 系统之间的信息交流，不仅能够实现信息集成，还能实现功能集成和过程集成。由于共享一个统一的数据仓库，CAPP 系统和其他的系统之间的数据交换可以不再依赖于开发专用接口，而只需要针对共享数据库操作即可。而且由于 PDM 对关系数据库进行了面向对象的封装，CAPP 系统可以用直接操作产品对象的方式处理数据。产品设计的 BOM 可以直接在数据仓库中通过 CAD 系统产生的产品结构树获得，并通过单一数据对工艺视图的映射形成工艺 BOM，以供工艺设计和生产管理之用。

3. 对企业用户组织和工作流程的支持

过程管理是 PDM 的特点，企业功能的实现就是围绕着各类信息的各种过程的启动来进行的。PDM 提供了对企业中最常见的发放和工程更改过程的支持，也允许用户自定义过程，以实现对企业过程的灵活重组。利用用户组织功能可以组建工艺设计人员小组，结合工作流程功能可以分配工艺设计任务、协调工作进度，实现简单的项目管理，还可以支持组内工艺设计结果的在线审批，从而严格工艺设计程序、及时反馈和解决设计制造中的问题，加快设计节奏，提高设计质量。

4. 对并行工程的支持

并行工程是集成地、并行地设计产品及其相关过程的系统方法，实质上是一个合作、协调信息及时交流与反馈的过程。它强调基于信息集成基础上的功能集成和过程集成，组建产品开发团队，对产品开发过程进行有效的监控和协调，以及各单元之间信息的及时交流与反馈。PDM 的上述特点实际上已经构建了一个满足并行工程各单元信息交流需求的协作环境。通过并行化工作流程，可以实现工艺人员之间、工艺人员和其他部门人员之间的并行工作；唯一的共享仓库提供了信息预发布的基础，从而能够对产品设计做出决策和工艺评价，以及实现与其他系统之间的快速信息交流。

PDM 的核心思想是设计数据的有序、设计过程的优化和资源的共享。PDM 技术的发展可以分为以下三个阶段：配合 CAD 工具的 PDM 系统、专业 PDM 产品和 PDM 的标准化阶段。目前国内外已开发有许多 PDM 软件，如 SDRC 公司的 Metaphase、EDS 公司的 IMAN、PTC 公司的 Windchill、IBM 公司的 Product Manager、开目公司的开目 PDM 等，它们基本上代表了国内外在 PDM 技术上的最高水平。当前 PDM 产品大多采用分布式的客户机/服务器（Client/Server）结构，服务器端负责公共数据的存储、多用户的同步等功能，客户端主要负责与用户的交互、客户私有数据的管理等。

CAPP 系统与 PDM 系统的集成主要体现在数据集成、功能集成（主要包括项目管理、流程管理、版本管理、权限管理等的集成）和过程集成上，解决系统之间的信息共享、交流与传递，以有效地实现产品的数据管理。CAPP 从 PDM 中获取 CAD 三个主要方面的数据：①产品设计信息。它是指 CAPP 能够从 PDM 中获取产品设计属性信息，如零件名称、代号、材料等；②产品图形信息。它是指 CAPP 能够通过 PDM 获取产品当前版本的图形信息；③产品结构信息。它是指 CAPP 能从 PDM 中获取产品结构树信息，并对该信息进行处理，生成相应的产品工艺树。而 CAPP 最终生成的产品工艺文件和产品工艺结构树信息存储在 PDM 共享数据库中，CAM 等应用系统直接从 PDM 共享数据库中获取所需工艺信息，从而有效地实现了企业产品信息集成。CAPP 与 PDM 集成的方式有中间接口式、封装组件式、一体化集成等多种方式。CAPP 与 PDM 之间除了文档交流，还要从 PDM 系统中获取设备资源信息、原材料信息等，而 CAPP 产生的工艺信息也需要分成基本单元存放于工艺信息库中，所以 CAPP 与 PDM 之间的集成需要接口交换。由于中间接口式允许 CAPP 和 PDM 可以有独立的数据库和操作界面，只需面向中间数据库或中间文件开发相应的接口，不但易于实现 CAPP 与 PDM 的集成，而且也易于实现与其他相关系统的集成。由于 CAPP 系统的多样性与异构性，很难找出一个统一的接口。目前采用中间接口的集成方式，并运用基于 STEP 与 XML 的技术，通过接口交换 STEP/XML 的中性文件实现 CAPP 与 PDM 的信息集成是一个研究的主要方向。

在企业 PDM 应用中，流程管理是最大的难点，实施风险很大。因此，企业在 PDM 应用中应重点实施产品数据管理、产品配置管理，简化流程管理，以产品结构树为中心实现 PDM/CAD/CAPP 的集成，统一管理 CAD、CAPP 文档及有关的产品数据，紧紧围绕产品结构树展开管理功能。PDM 系统的功能框架为：项目负责人在 PDM 系统中利用产品配置功能建立产品结构树根节点，再根据设计要求在根节点下建立部件节点，并将部件节点分发给责任工程师。产品配置可以手工建立，也可利用标准部组件建立。任务分派及流程管理以节点授权方式，在结构树上可视、灵活地进行。责任工程师进入 PDM 系统后，显示任务清单，并可在相应节点下进行部件设计，建立组件节点，并分发组件节点。在组件节点下可进行组件设计，建立支组件节点、零件节点，进行支组件、零件设计。CAD 软件由 PDM 系统启动，产生的数据文件直接“挂”在结构树的相应节点上，上下节点数据互相关联，自动协调。工艺设计在相应节点进行，由 PDM 系统激活 CAPP 软件，产生的数据文件也“挂”在结构树的相应节点上，通过结构树，可直接共享 CAD 产生的设计图样、设计 BOM 等信息。在设计过程中，结构树、图样、工艺文件、计算书、说明书等电子文档全部存储在服务器中，并与结构树上有关节点相关联。PDM 系统应具备功能强大的分类查询功能，提供产品结构树多视图管理，如设计视图、工艺视图、标准件视图、借用件视图、按专业组显示、按设计人员显示等，不同的文档、不同状态的文档用不同的图标、不同的颜色表示。按节点显示图示化进度信息，能提示脱期预警信息。经过审批流程的文档自动提交入库，入库文档的修改具备严格的流程控制，并提供版本管理功能，能保存文件的不同版本。系统应具有严格的权限控制，保证数据的完整性、一致性和正确性。有权限者可随时查看、共享设计图样、工艺文件，了解工程设计进度、任务分派情况。图样设计完成后，由设计 BOM 模块在相应节点自动生成零件清单、组件清单、总清单等，工艺卡片编制结束后，由工艺 BOM 模块在相应节点自动生成材料定额、工装一览表、各类明细表等。通过节点，可以方便地找到与该节点有关的所有信息。系统中预先建立标准件库、材料供应目录，提供方便快速的在线查询、调用功能、借用设计功能。设计、工艺完成后，将产生一棵完整的结构树，在树上层次分明地存储一项工程或产品的所有设计图样、工艺卡片、设计清单、工艺清单，甚至可以包括计算书、说明书等产品技术资料，同时提供丰富的分类查询统计功能，技术信息可以方便地流转到下道工序。完工的节点数据提交档案部门管理，档案部门进行归档登记，并将节点数据复制到归档介质（如光盘），实现产品技术文档的电子化归档。原有的 CAD、CAPP 文档应用 BOM 展开功能，自动进入 PDM 系统，由 PDM 系统根据 BOM 信息生成产品结构树。

应用 PDM 系统集成 CAD/CAPP，可以提高 CAD/CAPP 应用水平和应用效益，逐步实现技术部门信息化，为企业信息化提供源头信息。同时也必须清晰地认识到，PDM 系统的实施也存在很大的难度，必须慎重对待。对于 CAD 应用比较深入，应用水平较高的企业，对于已经实施或正准备实施 CAPP 系统的企业，可以考虑实施 PDM 系统，提高系统集成水平，稳步推进企业信息化建设。图 3-7 所示是一个基于 PDM 的网络化 CAPP 体系结构。

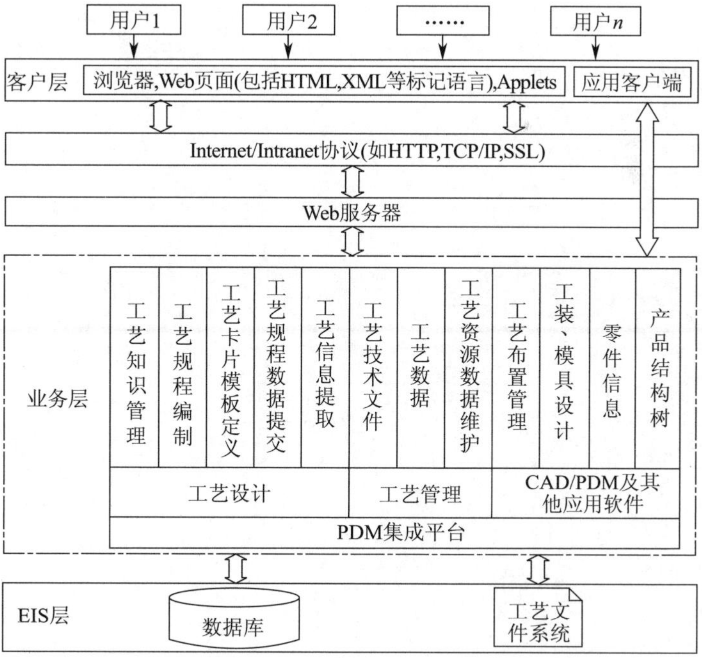

图 3-7　一个基于 PDM 的网络化 CAPP 体系结构

思考及练习

3-1　根据 CAPP 的工作过程与组成结构，CAPP 系统有哪些类型？分别描述其工作原理。

3-2　什么是现代集成制造系统？

3-3　系统间集成有哪些方法？

3-4　什么是 PDM？它有哪些特点？

3-5　CAPP 系统与 PDM 的集成主要有哪几个方面？

3-6　在 PDM 中如何实现以产品结构树为中心的流程管理？

第 4 章　CAPP 行业应用概况

随着科学技术的发展和社会进步，CAPP 成为改善多品种、小批量生产状况的有效途径。CAPP 被公认为是 CAD/CAM 真正集成的关键，是许多先进制造系统的技术基础之一。近年来，随着计算机集成制造系统（CIMS）、并行工程（CE）、智能制造系统（IMS）、虚拟制造系统（VMS）、敏捷制造（AM）等先进制造系统的发展，无论从广度上还是从深度上，都对 CAPP 的发展提出了更新更高的要求。

4.1　工艺软件在企业中的应用情况

在制造业方面，我国已经成为一个大国。在家电等部分产品上，无论产品质量还是产能，在全球范围内都已经达到强国的标准，海尔的防电墙技术、科龙领先的节能技术都是家电业在技术上突破的标志。但从制造业总体来看，我国还不是制造业强国，存在最基础的三大缺陷——原材料、热处理和生产制造工艺。其中，原材料和热处理本身的问题也源于没有完善的工艺。

工艺规划和设计是企业生产制造的重要环节，在整个产品设计制造周期中占有相当大的比例，并且耗费很多人力、物力。在激烈的市场竞争环境下，企业迫切需要建立增强工艺快速反应能力、提高企业的工艺标准化水平和工艺管理水平、缩短工艺技术准备周期的高度信息化的工具。

目前国内企业从事的工艺工作主要采用以下四种方法，工艺软件应用情况统计如图 4-1 所示。

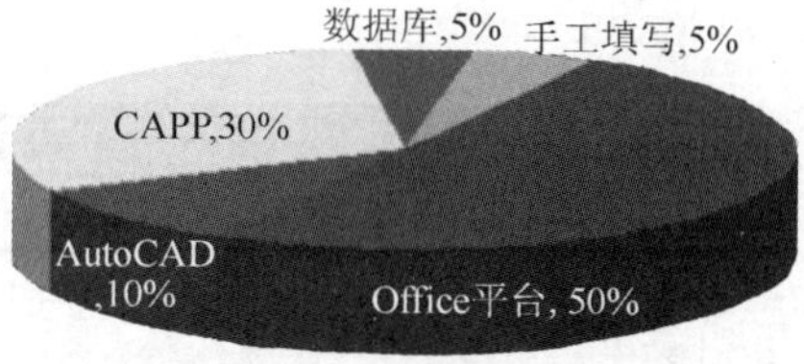

图 4-1　工艺软件应用情况统计

（1）手工来填写　从事工艺工作的是一些有经验的工程师，他们大多专业知识很高，但利用计算机的程度较低。

（2）采用设计类软件进行工艺设计　采用这类做法进行工艺图形处理非常方便，但工艺卡片的定制并不方便，而且其工艺数据不能再利用，数据的汇总需要手工操作。

（3）采用文本类软件进行工艺设计　采用这类做法可以很方便地处理文本，但无法绘制矢量图形，一旦设计发生更改，需要重新设计图形，同样需要手工处理数据。

（4）采用工艺软件　工艺软件的出现主要是为了弥补国内企业员的工艺素质。目前国营、集体改制而来的企业大部分都开始应用工艺软件。

4.2 国内主要工艺软件简介

我国对 CAPP 的研究始于 20 世纪 80 年代初，1982 年上海同济大学正式推出了我国第一个 CAPP 系统—— TOJICAP。在此之后，国内掀起了研究 CAPP 的热潮。特别在“九五”期间，随着机械设计“甩图板”工程和计算机辅助技术的应用，企业对 CAPP 的需求更加迫切。近几年来，我国市场上出现了几种有代表性的 CAPP 软件，包括北京北航海尔软件有限公司开发的 CAXA 工艺图表/CAXA 工艺汇总表，武汉开目 CAPP 软件，上海思普 SIPM/CAPP 软件系统和清华天河 CAPP 软件系统等，这在一定程度上满足了国内企业的需求。下面简单介绍国内主要的工艺软件及其特点。

1. CAXA 工艺图表/CAXA 工艺汇总表

CAXA 是我国领先的 CAD/CAM/PLM/PDM 供应商，其开发的系列化的 CAD、CAPP、CAM、DNC、PDM、MPM 等 PLM 软件产品和解决方案，覆盖了制造业信息化设计、工艺、制造和管理四大领域。其中，CAPP 软件是国内最先进的 CAPP 软件之一。CAXA CAPP 工艺图表和汇总表软件的部分工作界面如图 4-2 所示，其主要特点如下：

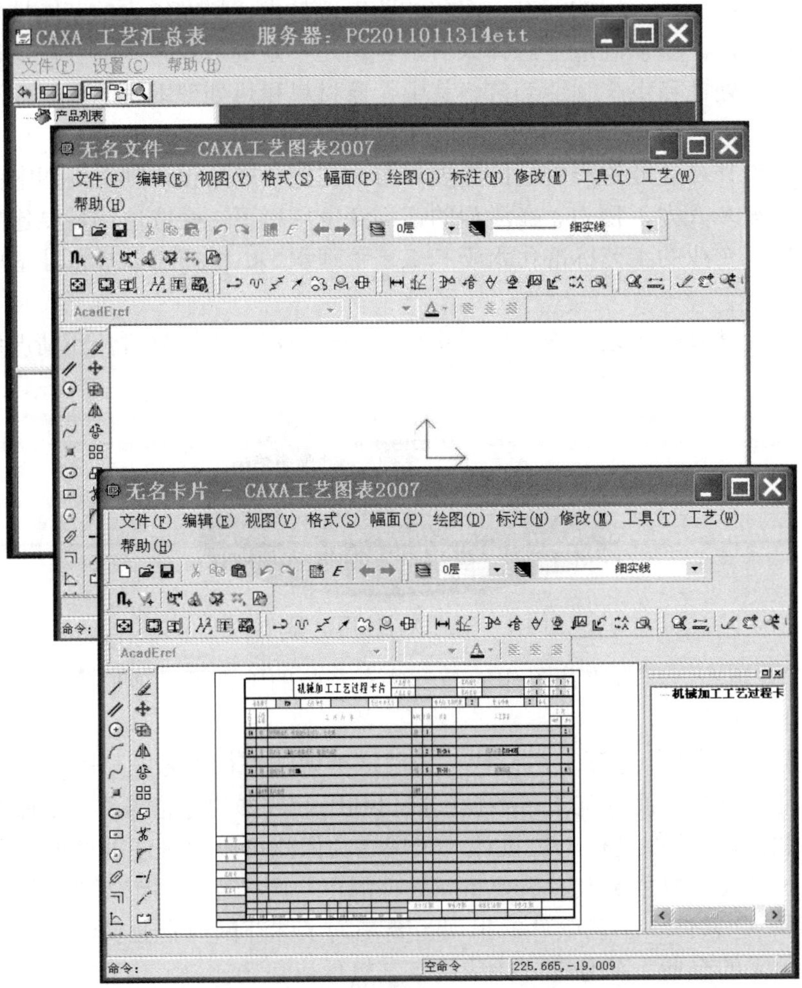

图 4-2 CAXA CAPP 工艺图表和汇总表软件部分工作界面

（1）基于知识重用与再用的新思维　CAXA 工艺图表是高效快捷的工艺卡片编制软件，它可以方便地引用设计的图形和数据，同时为生产制造准备各种需要的管理信息。CAXA 工艺图表以工艺规程为基础，针对工艺编制工作繁琐、重复的特点，以“知识重用和知识再用”为指导思想，提供了多种方便实用的快速填写和绘图手段，可以兼容多种 CAD 数据，真正实现“所见即所得”的操作方式，符合工艺人员的工作思维和操作习惯。

（2）适用于广泛应用领域的新工具　CAXA 工艺图表适合于制造业中所有需要工艺卡片的场合，如机械加工工艺、冷冲压工艺、热处理工艺、锻造工艺、压力铸造工艺、表面处理工艺、电器装配工艺、质量跟踪卡和施工记录等。利用它提供的大量标准模板，可以直接生成工艺卡片，也可以根据需要定制自己的工艺卡片和工艺规程。

（3）致力于解决现实问题的新方案　CAXA 工艺解决方案系统能大大缩短工艺设计周期，对新产品设计、改型产品和变更设计能快速做出响应；可以使工艺人员的经验得到充分的积累和继承，劳动强度大大减轻；而且还可以加强工艺标准化，减小编制工艺文件的工作量和产生错误的可能性，并为建立集成的数字化制造系统打下基础。

2. 开目 CAPP

开目 CAPP 为武汉开目信息技术有限责任公司开发的工艺设计软件，它可以实现企业产品工艺设计的数字化。通过开目 CAPP 系统，可以创建企业产品工艺数据和信息，可提交 PDM 系统统一存储和管理，和 CAD 的设计信息等一起构成完整的企业产品数据信息，并为后续的企业成本分析、生产计划安排等提供工时定额、材料定额、工艺路线等基础信息。开目 CAPP 工艺软件部分工作界面如图 4-3 所示，其主要特点如下：

1）开目 CAPP 可以提供完备的系统工具，企业可以自定义、自扩充，充分满足工艺个性化的需求。

2）开目 CAPP 支持文件、数据库等多种工艺信息存储形式，提供 XML 国际通用标准格式，支持基于 Web 的应用。

3）开目 CAPP 提出并实现基于知识的工艺设计思想，提供独特的工艺参数化设计模块；通过可视化的工艺知识建库工具，可有效总结企业工艺知识和经验，显著提高工艺设计的效率和水平。

4）开目 CAPP 与各种主流 CAD、PDM、ERP 软件具有良好的集成性。

5）开目 CAPP 提出了 CAPP 工具化思想。

3. XTCAPP

XTCAPP 为北京艾克斯特信息技术有限公司开发的 CAPP 工艺规划系统。它可自动输出各种工艺报表，可以编制各种工艺文件、汇总工艺数据、管理工装设备、自动生成产品结构树、配置工艺 BOM、提供 PDM/ERP 的数据接口等。艾克斯特 XTCAPP 工艺软件部分工作界面如图 4-4 所示。

（1）XTCAPP 提供的工艺数据管理权限

1）组件化的用户权限管理功能，为每个角色设定权限。

2）提供工作流程管理功能，管理项目划分、工艺任务、评审及更改等各过程。

3）提供可嵌入式浏览器，支持网上远程浏览和在其他系统上浏览工艺文件。

（2）标准版 XTCAPP 的组成模块

1）工艺文件模板定制与管理。

2）工艺文件编辑。

3）工艺数据统计与汇总。
4）工艺图册。
5）工艺 BOM 管理。
6）工艺基础数据维护。
7）典型工艺管理。

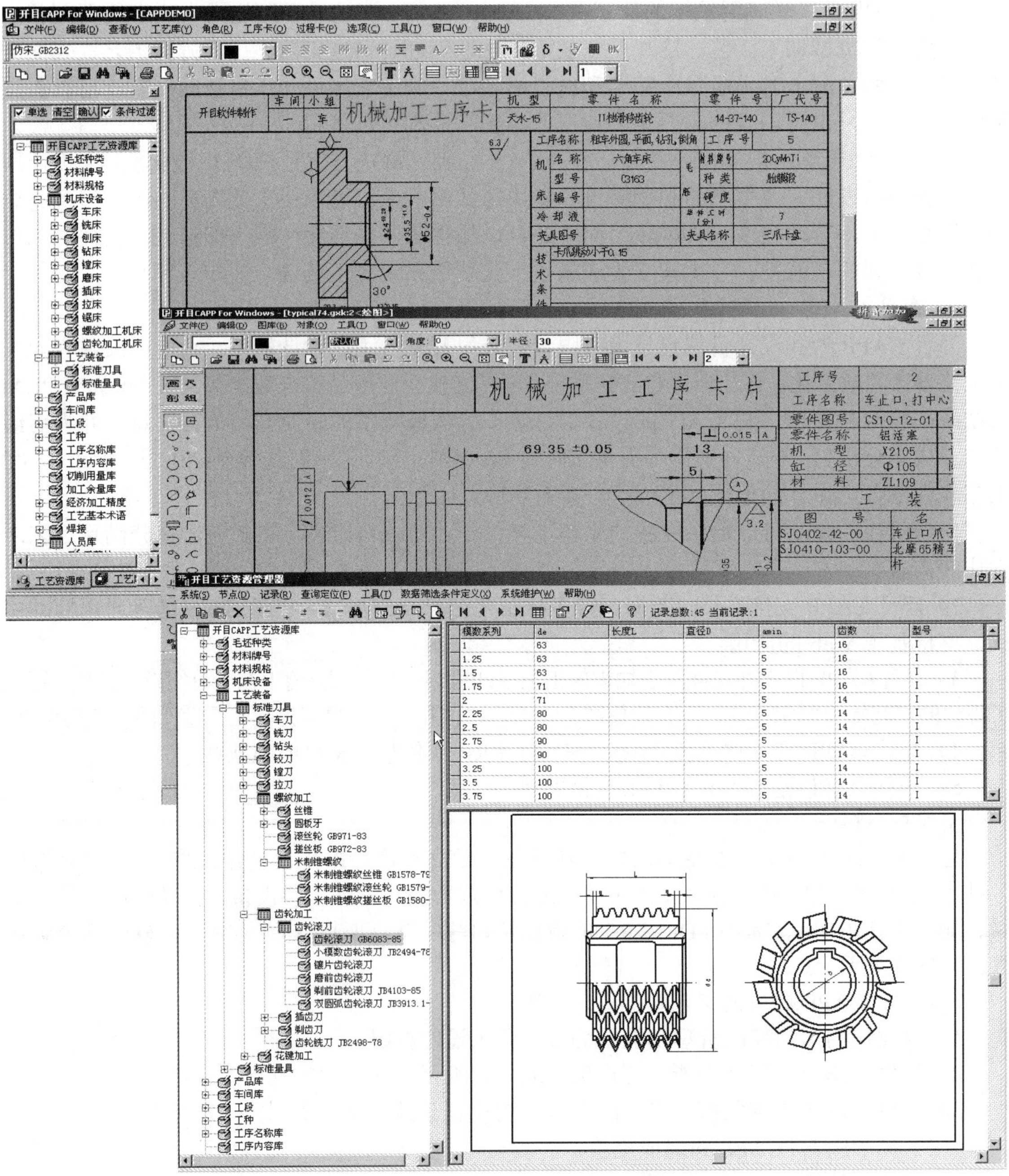

图 4-3　开目 CAPP 工艺软件部分工作界面

图 4-4　艾克斯特 XTCAPP 工艺软件部分工作界面

（3）XTCAPP 包括的增值模块

1）工艺文件版本管理。

2）材料定额辅助计算。

3）工时定额辅助计算。

4）工艺文件评审。

5）工艺路线管理。

6）图示化装配工艺设计。

7）TS16949（国际汽车行业规范）支持模块。

8）编码中心。

4. 天河 CAPP（TH-CAPP）

天河 CAPP（TH-CAPP）工艺软件部分工艺界面如图 4-5 所示。

（1）交互式工艺设计

1）交互式工艺设计基于任务树进行工艺文件的编制。

2）交互式工艺设计的工艺文件基于产品结构进行管理。

3）交互式工艺设计是基于产品结构的集成应用平台。

4）交互式工艺设计可以进行工艺数据库定义、工艺卡片定义、卡片填写和打印输出。

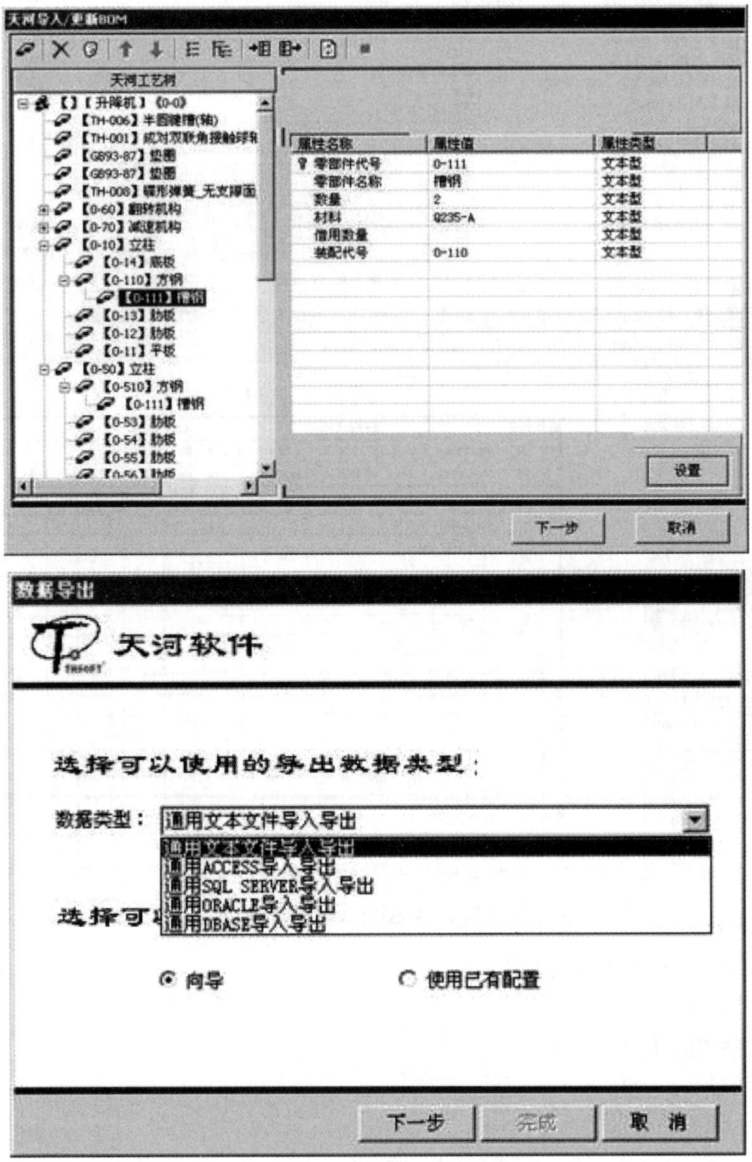

图 4-5　天河 CAPP（TH-CAPP）工艺软件部分工作界面

（2）增强功能　天河 CAPP 可以实现数据导出、导入，符号库、系统资源库、用户资源库、单元工艺库维护及使用，汇总定义及汇总服务，归档工艺库、典型/标准工艺库，还具有查询检索系统、帮助系统、数据集成工具，通用资源库，打印中心等。

（3）网络功能　天河 CAPP 可以更改、浏览批注，支持版本控制、权限控制和任务流程管理。

5. CAXA 工艺解决方案相对于其他 CAPP 系统的优势

1）具有 CAD 绘图功能，既可做工艺也可做设计。

2）有自己的文件格式和浏览器控件，同时也可输出 PDF（便携文件格式）文件。

3）支持历史数据的迁移。

4）工艺知识库扩充方便，使用简单。

5）工艺模板的定义更加快速、方便、灵活。

6）管理平台不仅可有效管理工艺文件，同时也可有效管理设计文件及 Office 文件等电子文档。

7）在企业中的实施周期短，见效快。

思考及练习

4-1　目前国内企业从事工艺工作主要采用哪些方法？其优缺点是什么？

4-2　工艺软件的发展趋势是什么？

4-3　国内各主要 CAPP 系统的特点是什么？

第 5 章　CAXA 工艺图表概述

在企业的实际工作中，普遍存在工艺设计重复度高、信息统计汇总多样化的问题，CAXA 工艺解决方案适合于制造业中所有需要工艺卡片与生成 BOM 信息的场合，可以解决企业工艺编制效率低、信息统计汇总难的问题。

CAXA 工艺解决方案是基于“知识重用和知识再用”的思想，将软件功能集中在如何利用企业已有知识，快速大量地处理各种工艺信息，从而汇总出用户需要的各种 BOM 信息，具有高效性、灵活性。

CAXA 工艺解决方案充分考虑到企业信息化集成的重要性，留有充分的可扩展的设计和数据接口，可以与其他产品紧密集成，在企业信息化建设中可紧密地连接其他环节，并可平滑地过渡到 CAXA 工艺数据管理系统。CAXA 工艺解决方案是针对企业部门级的工艺整体解决方案。

CAXA 工艺图表软件是 CAXA 工艺解决方案系统的重要组成部分；是高效快捷的工艺卡片编制软件。它可以方便地引用设计的图形和数据，同时为生产制造准备各种需要的管理信息。它以工艺规程为基础，针对工艺编制工作繁琐重复的特点，以“知识重用和知识再用”为指导思想，提供了多种方便实用的快速填写和绘图手段。它可以兼容多种 CAD 数据，真正实现“所见即所得”的操作方式，符合工艺人员的工作思维和操作习惯。

CAXA 工艺图表不仅包含了 CAXA 电子图板的全部功能，而且专门针对工艺技术人员的需要开发了实用的计算机辅助工艺设计功能，是一个方便快捷、易学易用的 CAD/CAPP 集成软件。由于 CAXA 工艺图表集成了电子图板的所有功能，因此也可以用来绘制二维图样。

CAXA工艺图表提供了大量的工艺卡片模板和工艺规程模板，如机械加工工艺、冷冲压工艺、热处理工艺、锻造工艺、压力铸造工艺、表面处理工艺、电器装配工艺、装配工艺及质量跟踪卡、施工记录票等。利用其提供的大量标准模板，可以直接生成工艺卡片，也可以根据需要定制工艺卡片和工艺规程。CAXA工艺图表可以帮助技术人员提高工作效率，缩短产品的设计和生产周期，还有助于促进产品设计和生产的标准化、系列化、通用化。

5.1　CAXA 工艺图表系统功能特点

1. CAD 图形的重用和工艺简图绘制

CAXA 工艺图表是 CAD/CAPP 集成软件，该软件能够充分利用现有 CAD 系统的图形文件，如 DXF、DWG、EXB 等格式文件；可绘制和编辑各种工艺简图、工艺模板；并提供工艺简图中需要的定位夹紧符号库等。插入的图形文件如图 5-1 所示。

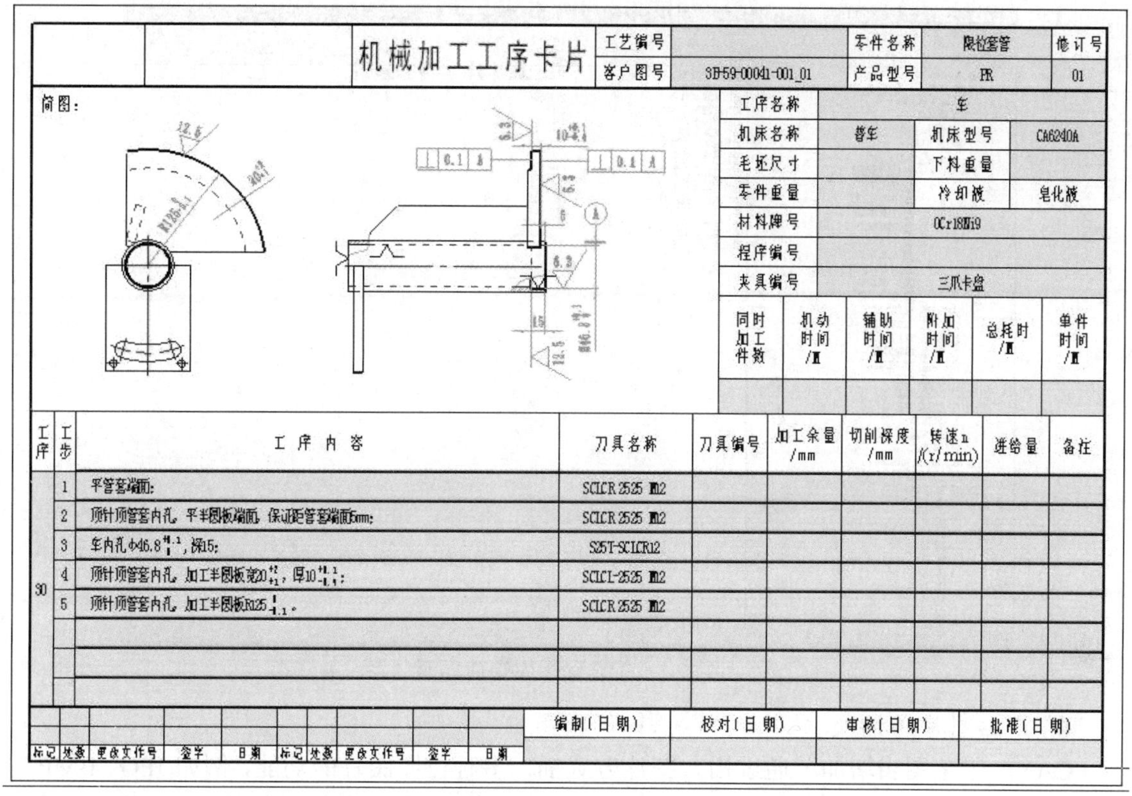

图 5-1　插入的图形文件

2. 所见即所得的卡片填写方式

CAXA 工艺图表遵循“所见即所得”的填写方式，用户不仅可以定义表格、填写表格，而且还可以复制、粘贴 Word、Excel 等软件的数据；并且可以直接填写各种特殊工程图形符号，还可以对卡片中的文字字体、字号、颜色及文字对齐方式进行编辑和修改。

3. 智能双向关联填写

工艺过程卡片上的内容与相应工序卡片上的相关内容可以双向自动关联；可一次完成所有卡片公共项目的填写，使整套工艺规程的公共信息自动关联更新，保证了过程卡片和工序卡片的一致性。

4. 丰富的工艺知识库

丰富、专业的工艺知识库，可以帮助快速填写工艺卡片；系统开放的数据库结构，允许自由扩充，定制用户的知识库；在填写过程中，用户可以随时将常用的词语入库并分类，或者选取知识库的内容直接填写。工艺知识库管理界面如图 5-2 所示。

5. 丰富标准的模板库，卡片模板灵活定制

CAXA 工艺图表提供各种通用的标准卡片模板库和多种实用工具，可快速灵活地将卡片进行组合并加以利用，使卡片的定制更加简单、方便。

CAXA 工艺图表可以根据企业不同的需求，定制适合企业的工艺模板和工艺规程，其定制方法简单，容易掌握。

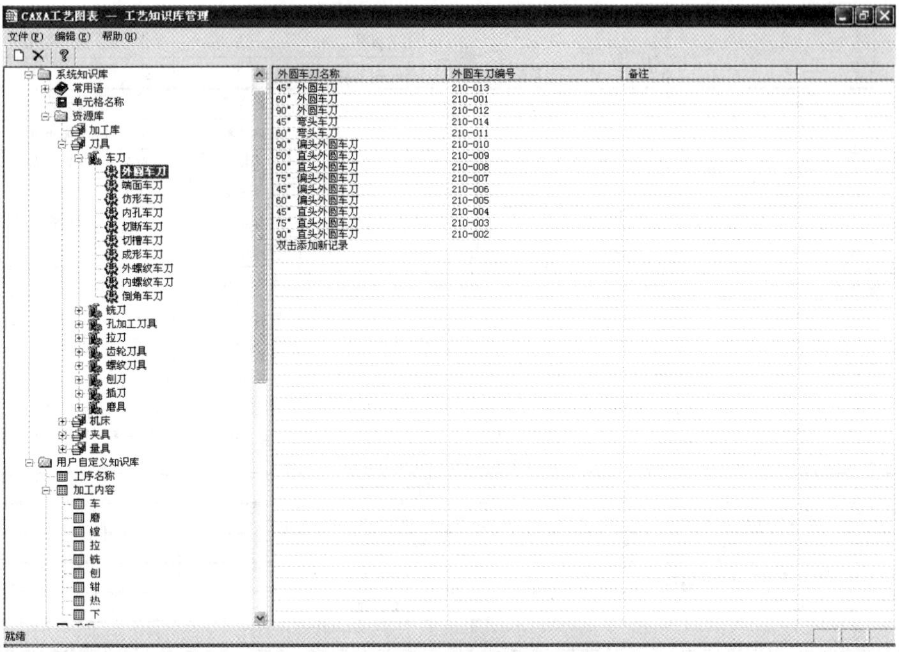

图 5-2　工艺知识库管理界面

6. 产品图片的插入

CAXA 工艺图表增加了通过插入图片方式插入多种位图图片的功能，例如 JPG、BMP 等格式的图片可以直接插入。它将原本需要手工绘制的图形及说明内容简洁生动地呈现出来，大大降低了工艺人员的工作量，充分体现了软件的高效性与易用性。

7. 工艺输出

CAXA 工艺图表可以实现单张打印、排版打印及批量打印功能，指定卡片打印如图 5-3 所示，排版打印如图 5-4 所示。它还可以对填写的卡片进行绘图输出，使批量打印多套工艺规程更加方便，并可以实现回填签名的功能。

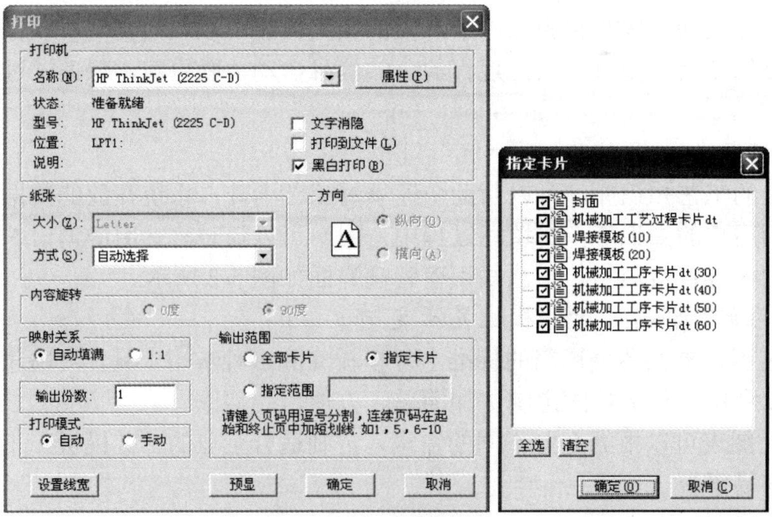

图 5-3　指定卡片打印

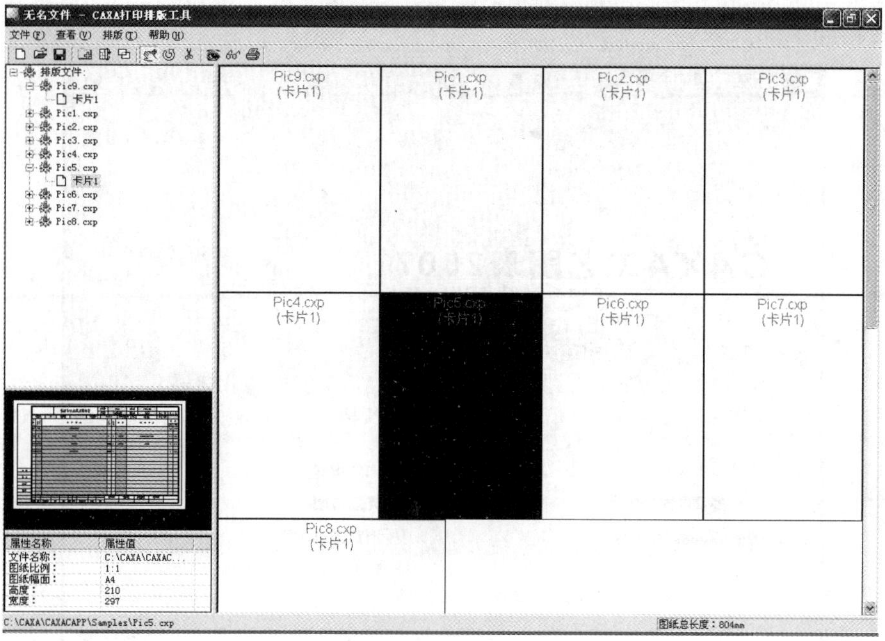

图 5-4　排版打印

8. 典型工艺的借用

CAXA 工艺图表充分遵循“知识重用与再用思想”，可利用查询功能查找以前的典型工艺，并可以方便地重用这些卡片上的全部内容或部分内容。

9. 统计卡片等辅助功能

CAXA 工艺图表可以定制各种形式的统计卡片，且把工艺规程中与卡片里相同属性的内容提取出来，自动生成符合本套工艺规程的工艺信息并进行统计输出。

5.2　CAXA 工艺图表安装及卸载

1. CAXA 软件安装对系统的要求

操作环境：Windows2000/XP 版本。

基本配置：PentiumIII以上 CPU、256M 以上内存。

推荐配置：2GHz 以上 CPU、512M 以上内存。

2. CAXA 工艺图表的安装

本教材使用的软件版本为 CAXA 工艺图表 2007R4。

启动 Windows2000/XP 后，将《CAXA 工艺图表 2007》光盘放入光盘驱动器，初始安装界面会自动运行，或者单击光盘根目录下的“AutoRun.exe”文件，也可启动初始安装界面。CAXA 工艺图表 2007 初始安装界面如图 5-5 所示。

单击初始安装界面上的“工艺图表安装”项即可启动安装，可以按照安装向导提示，逐步进行安装，详细安装步骤如下：

（1）欢迎界面　CAXA 工艺图表 2007 欢迎界面，如图 5-6 所示，单击【下一步】，继续安装程序；单击【取消】，则弹出“退出安装”对话框，单击【是】，退出安装程序，单击【否】

则返回欢迎画面继续安装。

图 5-5　CAXA 工艺图表 2007 初始安装界面

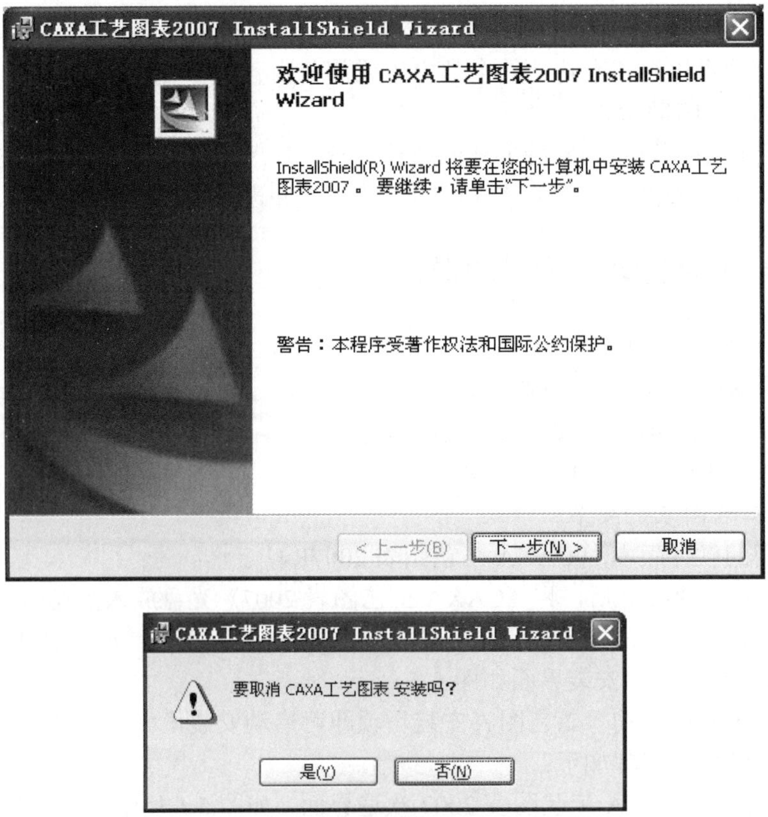

图 5-6　CAXA 工艺图表 2007 欢迎界面

（2）CAXA 软件产品许可协议 CAXA 工艺图表 2007 许可证协议选择界面如图 5-7 所示，选择“我接受该许可证协议中的条款”，继续安装。如果不接受此协议，选择“我不接受该许可证协议中的条款”，则会退出安装程序。

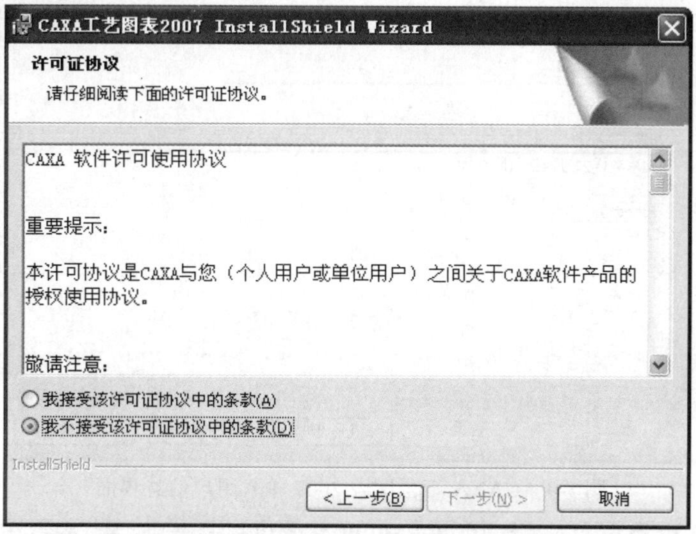

图 5-7 CAXA 工艺图表 2007 许可证协议选择界面

（3）CAXA 软件安装特别说明 CAXA 工艺图表 2007 安装特别说明界面如图 5-8 所示，提示安装过程中保证成功安装的注意事项。单击【下一步】，继续进行安装。

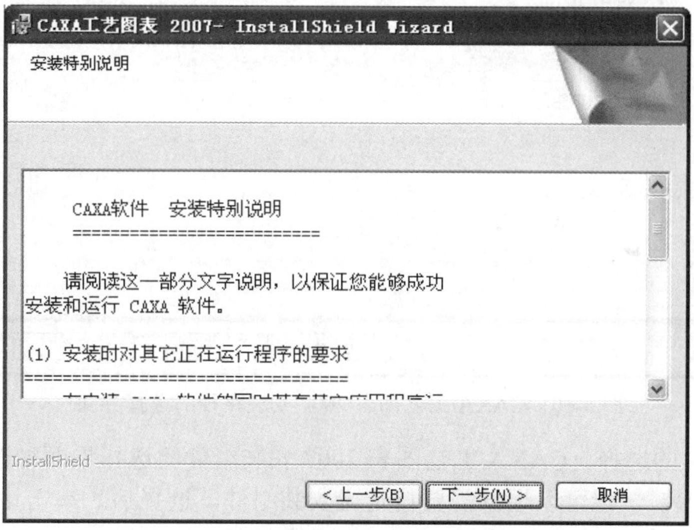

图 5-8 CAXA 工艺图表 2007 安装特别说明界面

（4）输入用户信息 在用户姓名中输入姓名、单位、序列号（在加密狗或授权证书上标识）。如为试用版，序列号任意输入。CAXA 工艺图表 2007 输入用户信息界面如图 5-9 所示。输入后单击【下一步】，继续安装。

（5）安装路径的选择 CAXA 工艺图表 2007 安装路径的选择界面如图 5-10 所示，软件默认路径为 C:\CAXA\CAXACAPP，单击【更改】按钮，可选择其他安装路径。选择后，单击【下一步】，继续安装。

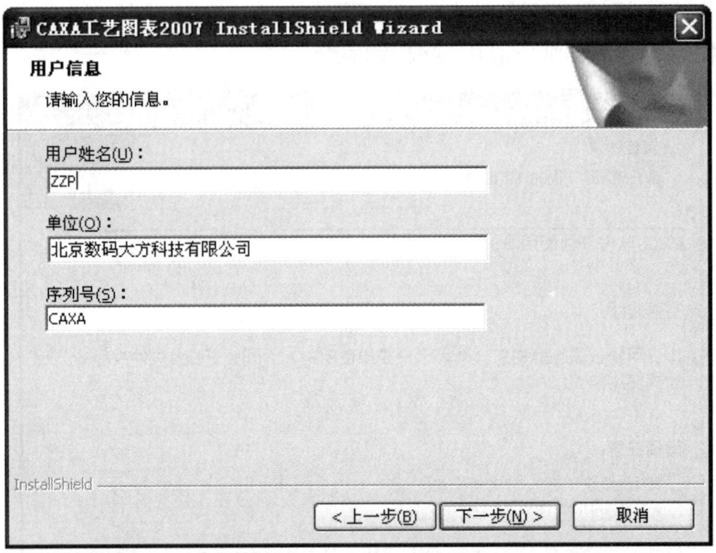

图 5-9　CAXA 工艺图表 2007 输入用户信息界面

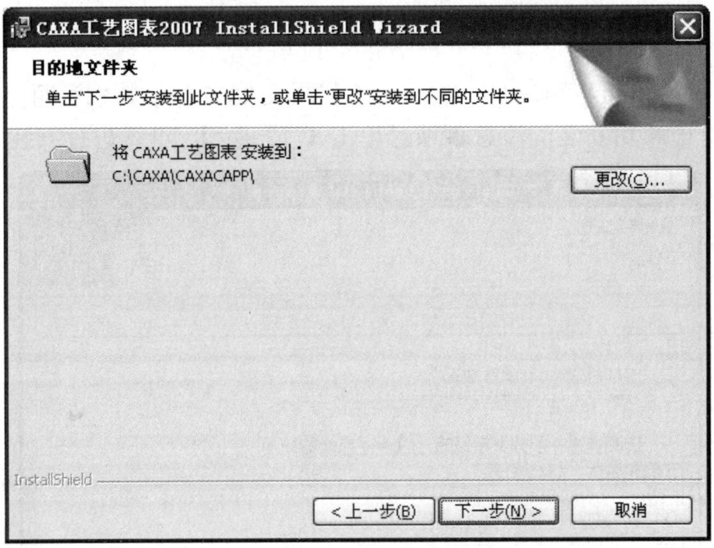

图 5-10　CAXA 工艺图表 2007 安装路径的选择界面

（6）安装组件的选择　CAXA 工艺图表 2007 安装组件的选择界面如图 5-11 所示，可以直接选择“完整安装”，也可以根据需要自定义安装组件。选择后，单击【下一步】。

（7）准备安装　CAXA 工艺图表 2007 向导准备开始安装界面如图 5-12 所示，可选择【上一步】，查看或更改安装设置；选择【安装】，就可以直接安装软件了。

（8）安装　CAXA 工艺图表 2007 开始安装界面如图 5-13 所示，单击【下一步】，工艺图表开始安装。

（9）安装完成　CAXA 工艺图表 2007 安装完成界面，如图 5-14 所示，最后单击【完成】，至此 CAXA 工艺图表 2007 的安装完成。

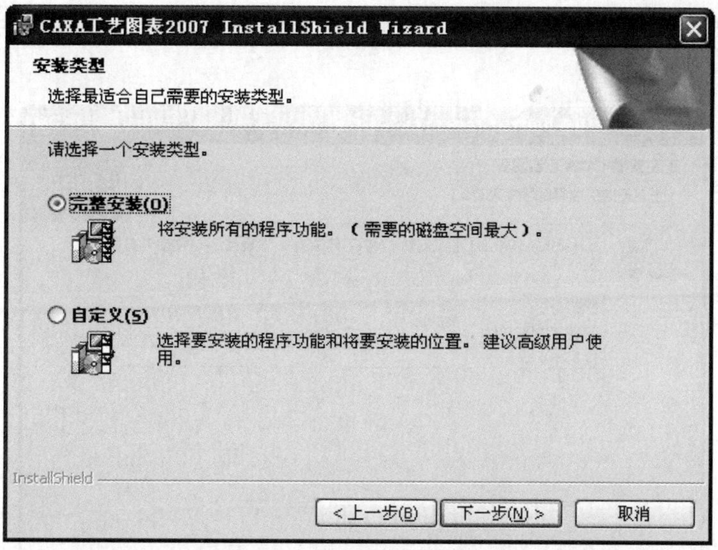

图 5-11　CAXA 工艺图表 2007 安装组件的选择界面

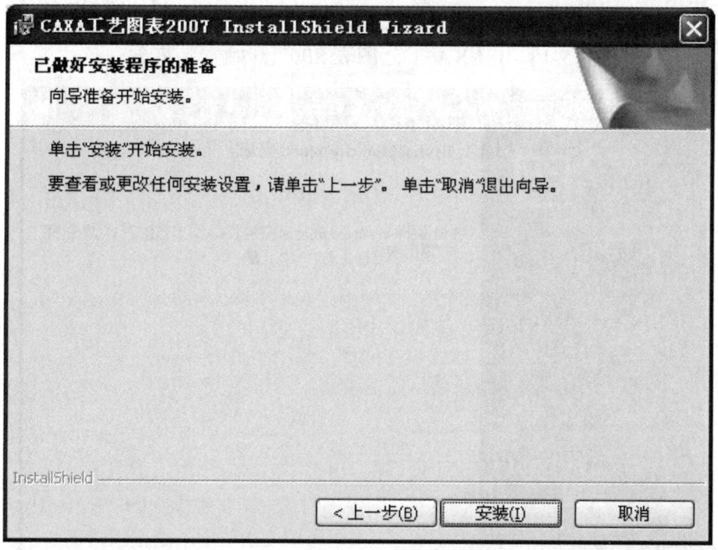

图 5-12　CAXA 工艺图表 2007 向导准备开始安装界面

3. 加密锁驱动程序的安装

CAXA 工艺图表从加密方式上分为单机版和网络版，两个版本的使用功能完全相同，安装的程序也一样。不同的地方就是需安装不同的加密锁驱动程序，才能够打开程序。如果使用单机加密锁，则安装单机版加密锁驱动程序，若使用网络加密锁，则安装网络版加密锁驱动程序。

（1）单机版加密锁驱动程序的安装　安装单机版应用程序时，已经自动安装了加密锁驱动程序。

（2）网络版加密锁驱动程序的安装　单击初始安装界面（图 5-5）中的“加密锁管理程序安装”选项，按系统提示逐步完成安装，需要提示的是，同一个局域网内只有插网络加密锁的计算机需要安装此驱动程序，其余计算机不需安装。每次在需要使用工艺图表的时候，必须打开插网络加密锁的计算机，并运行加密锁管理程序。加密锁管理程序如图 5-15 所示。

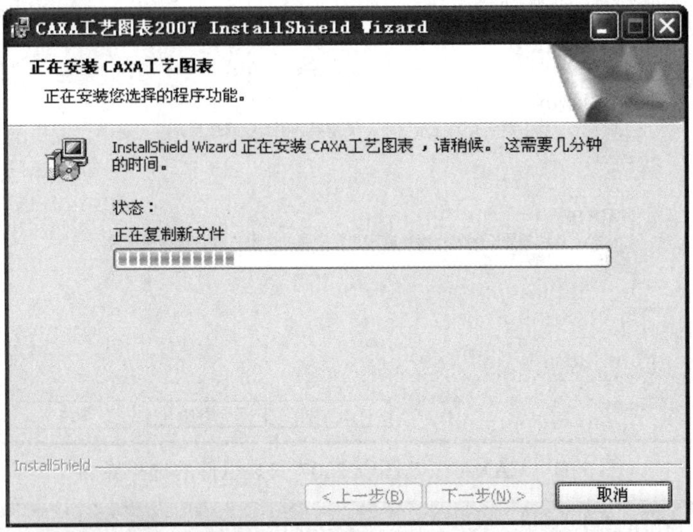

图 5-13　CAXA 工艺图表 2007 开始安装界面

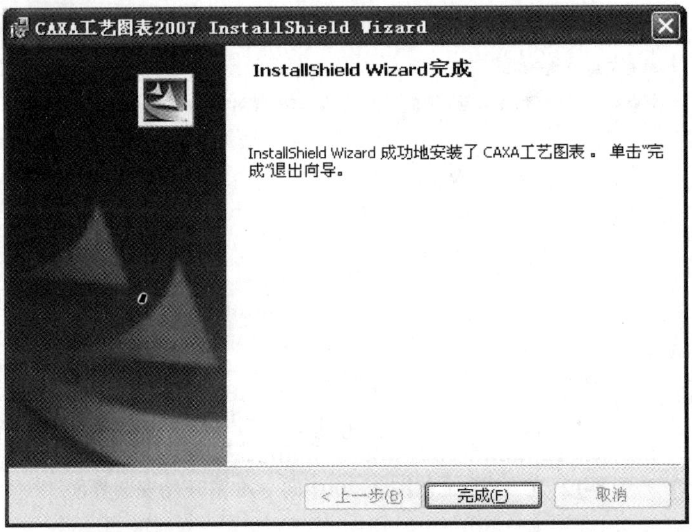

图 5-14　CAXA 工艺图表 2007 安装完成界面

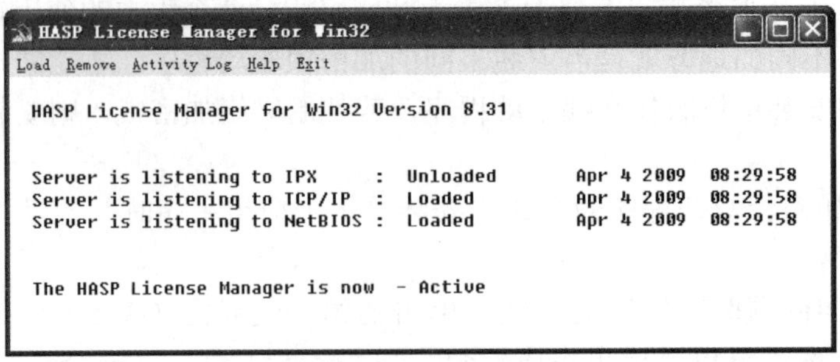

图 5-15　加密锁管理程序

4. CAXA 工艺图表的卸载

单击【开始】/【设置】/【控制面板】，选择“添加或删除程序”，打开“添加/删除程序”对话框；选择“CAXA 工艺图表 2007”，单击【删除】并单击【确认】，即可卸载工艺图表。

5. CAXA 工艺图表的运行

软件安装完成后就可以运行 CAXA 工艺图表了，运行方法主要有以下几种。

1）单击【开始】/【所有程序】/【CAXA】/【CAXA 工艺图表 2007】菜单项，就可以运行软件。

2）在正常安装完成时，Windows 桌面会出现“CAXA 工艺图表 2007”图标，双击图标即可运行软件。

3）直接单击工艺文件（*.cxp），即可运行 CAXA 工艺图表并打开此文件。

4）直接运行安装目录下的 capp.exe 文件（如默认路径的时候，可以找到并双击 c:\CAXA\CAXACAPP\bin 下的 capp.exe），可以启动软件。

工艺图表启动后，界面如图 5-16 所示。

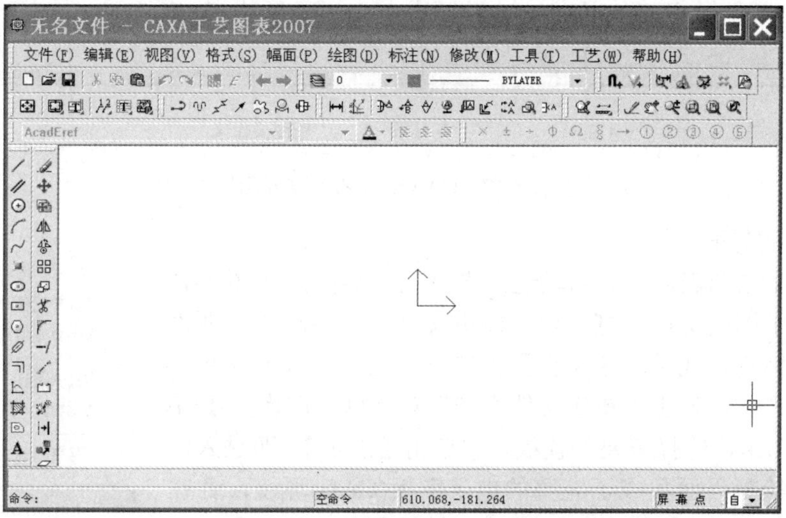

图 5-16　工艺图表启动后界面

5.3　CAXA 工艺图表界面介绍

CAXA 工艺图表采用全中文界面，如图 5-17 所示。CAXA 工艺图表界面可以分为：主菜单、工具条、绘图操作区、状态提示栏和卡片树。CAXA 工艺图表的界面包括图形绘制界面和工艺编制界面两种。

CAXA 工艺图表中的图形绘制界面包含了 CAXA 电子图板的所有功能，可以用于计算机辅助设计（CAD），也可以定制工艺模板；而在工艺编制界面，可以填写工艺文件状态，生成最终工艺文件。CAXA 工艺图表可充分利用现有 CAD 系统的图形文件，如 DXF、DWG、EXB 等格式文件，利用 Ctrl+Tab 键或者单击【工艺】菜单下的【图形/工艺间切换】命令，可随时在两种界面之间进行切换。界面切换命令，如图 5-18 所示。

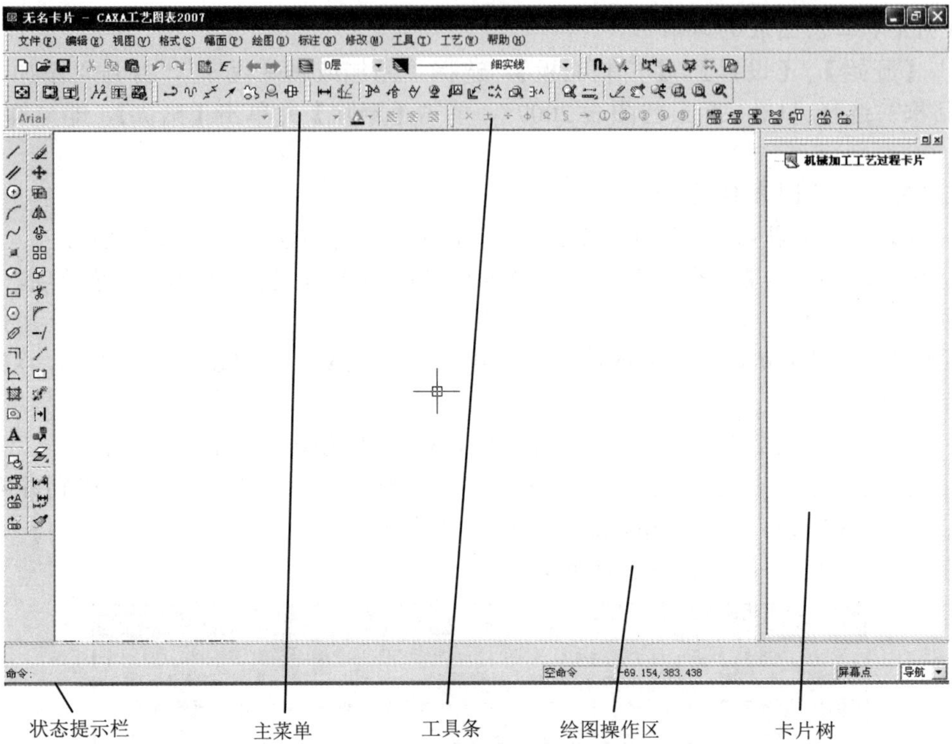

图 5-17　CAXA 工艺图表界面

1. 图形绘制界面

用户运行工艺图表后，会自动进入图形绘制界面，如图 5-19 所示，新建电子图板文件或打开电子图板文件都会自动进入图形环境。单击图标，或单击【文件】菜单下的【新文件】命令，或按快捷键 Ctrl+N，弹出“新建文件类型”对话框，切换到【EB 图形文件】选项卡，选择需要的模板，并单击【确定】，即进入图形环境。图形绘制界面集成了完整的电子图板(CAD)环境，并在主菜单中添加了【工艺】菜单。

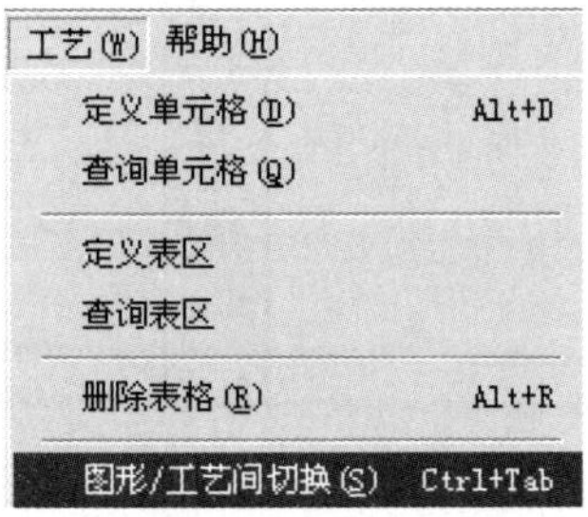

图 5-18　界面切换命令

在图形绘制界面下，可以实现以下几种主要功能：

1）绘制二维工程图。操作界面和电子图板完全相同，利用绘图、编辑、标注、标准件库等多种工具，可绘制所需的各种二维图形。

2）打开、编辑现有的 CAD 格式文件（如 DWG/DXF、EXB 等）。

3）绘制工艺卡片表格。

4）定制工艺规程模板与工艺卡片模板。

5）管理系统工艺规程模板。

2. 工艺编制界面

新建、打开工艺规程文件或工艺卡片文件后，软件自动切换到工艺编制界面。工艺编制界面也集成了电子图板的绘图功能，如图 5-20 所示，但是【工艺】菜单及【文件】菜单中的选项与图形绘制界面中的相应项有所不同。

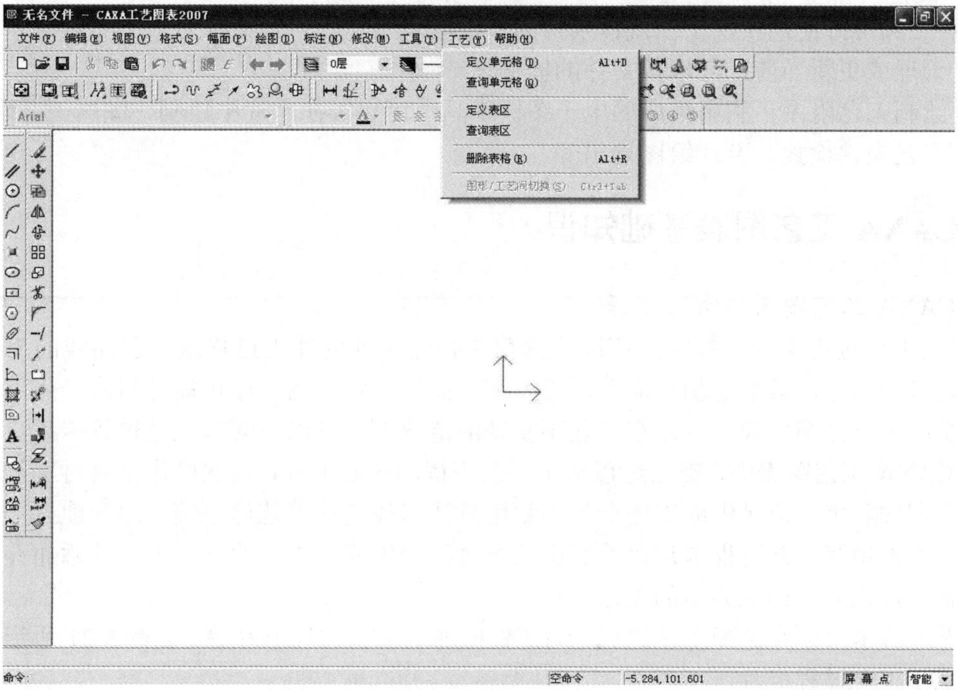

图 5-19　图形绘制界面

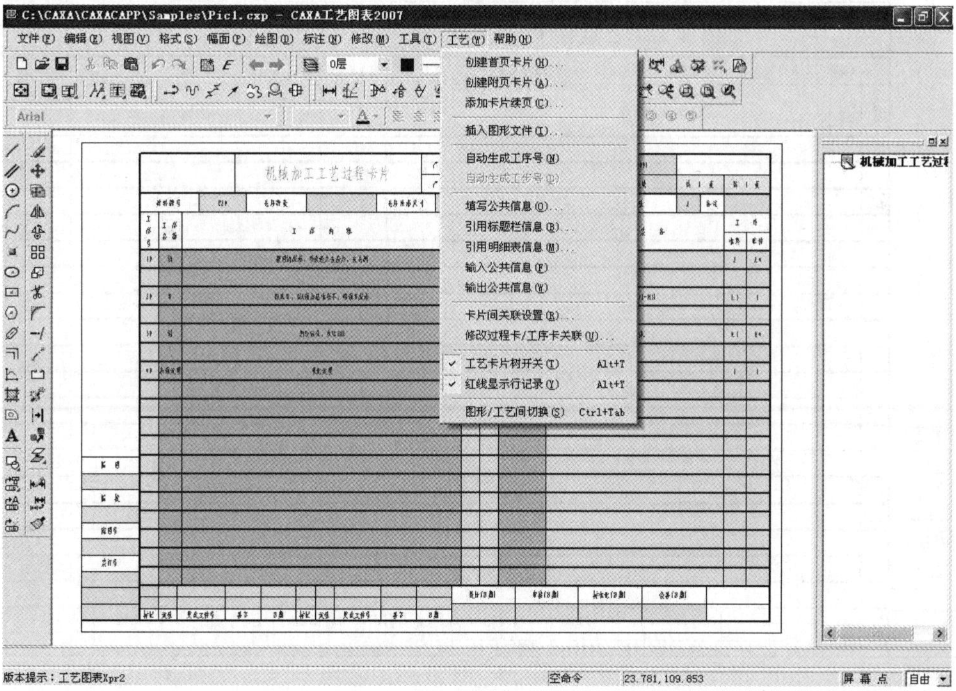

图 5-20　工艺编制界面

在工艺编制界面中，可实现如下主要功能：

1）编制、填写工艺规程文件或工艺卡片文件。利用定制好的模板，可建立各种类型的工艺文件。各卡片实现了“所见即所得”的填写方式。利用卡片树、知识库及【工艺】菜单下的各种工具可方便地实现工艺规程卡片的管理与填写。

2）管理或更新当前工艺规程文件的模板。

3）绘制工艺附图。利用集成的电子图板工具，可直接在卡片中绘制、编辑工艺附图。

4）工艺文件检索、卡片绘图输出等。

5.4 CAXA 工艺图表基础知识

1. CAXA 工艺图表的常用术语

（1）工艺过程卡片　按照工序顺序来简要描述工件的加工过程或工艺路线的工艺文件称为工艺过程卡片，其描述相对简单，没有加工简图。每一道工序可能会对应一张工序卡，对该道工序进行详细地说明等。在工艺不复杂的情况下，可以只编写工艺过程卡片。

在 CAXA 工艺图表中，工艺过程卡是工艺规程的核心卡片，有些操作是只对工艺过程卡有效的，例如利用行记录生成工序卡片、利用统计卡片统计工艺信息等。用户建立一个工艺规程时，首先填写工艺过程卡片，然后由工艺过程卡生成各工序的工序卡，并添加首页、附页等其他卡片，从而构成完整的工艺规程。

工艺过程卡可以是装配工艺过程卡片、机械加工工艺过程卡片等。如图 5-21 所示是典型的机械加工工艺过程卡片。

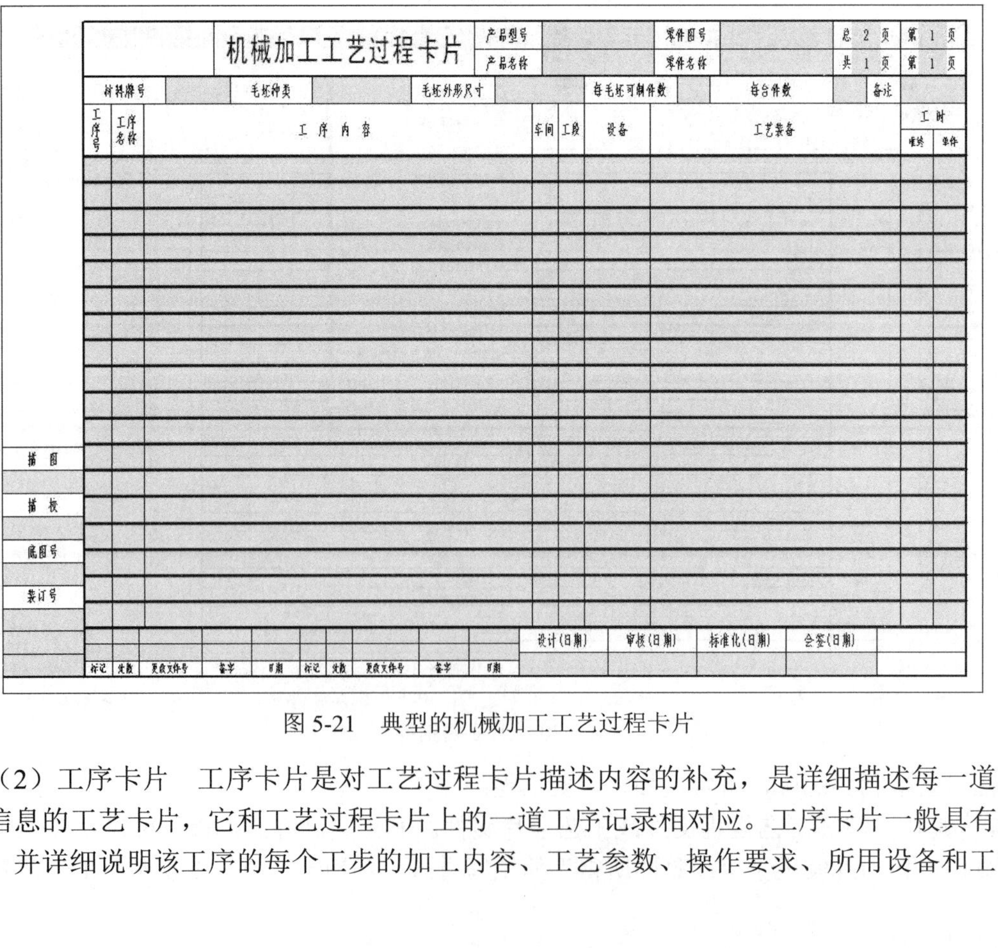

图 5-21　典型的机械加工工艺过程卡片

（2）工序卡片　工序卡片是对工艺过程卡片描述内容的补充，是详细描述每一道工序加工信息的工艺卡片，它和工艺过程卡片上的一道工序记录相对应。工序卡片一般具有工艺附图，并详细说明该工序的每个工步的加工内容、工艺参数、操作要求、所用设备和工艺装备等。图 5-22 所示为机械加工工序卡片，它与机械加工工艺过程卡片相对应。

如果新建一个工艺规程，那么工序卡片只能由工艺过程卡片生成，并保持与工艺过程卡片的关联。

（3）其他卡片　其他卡片是一整套工艺中的重要组成部分，如常用的首页卡片、附图卡片、检验卡片、统计卡片、质量跟踪卡片等。

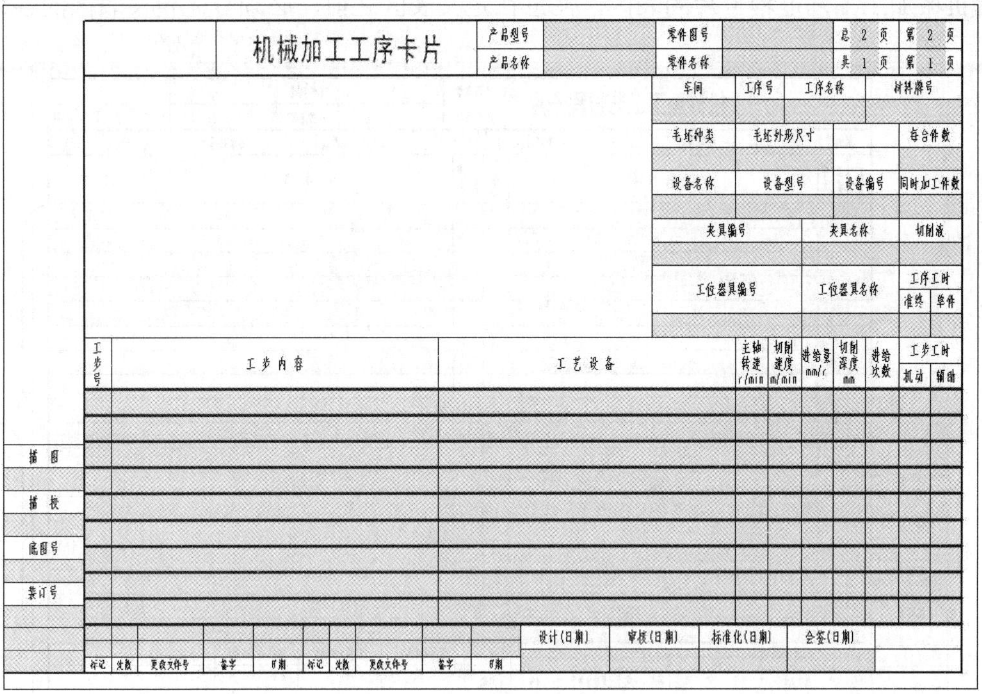

图 5-22　机械加工工序卡片

（4）工艺规程　工艺规程是规定零件加工工艺过程和操作方法等的工艺文件。工艺规程是组织和指导生产的重要工艺文件，一般来说，工艺规程应该包含工艺过程卡、工序卡及其他卡片（如首页、附页、统计卡、质量跟踪卡等）。

在 CAXA 工艺图表中，用户可根据需要定制工艺规程模板，通过工艺规程模板把所需的各种工艺卡片模板组织在一起，同时必须指定其中的一张卡片为工艺过程卡，各卡片之间可指定公共信息。

利用定制好的工艺规程模板新建工艺规程时，系统会自动进入工艺过程卡的填写界面。用户应首先填写工艺过程卡片的工序信息，然后通过其行记录创建工序卡片，并为工艺过程卡添加首页和附页，创建统计卡片、质量跟踪卡等，从而构成一个完整的工艺规程。不同性质的企业会采用不同的工艺规程，在装备行业中，机械加工工艺规程和装配工艺规程是最常用的工艺规程。

工艺规程、工艺过程卡片和工序卡片的关系，如图 5-23 所示。

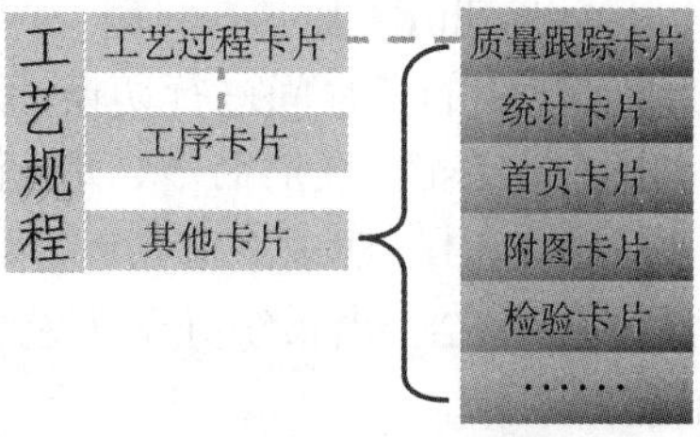

图 5-23　工艺规程、工艺过程卡片和工序卡片的关系

（5）单元格　在卡片中，需要填写之处都需要定义为单元格，单元格主要分为以下几种。

1）单个单元格：单个的封闭矩形为单个单元格。

2）列：纵向排列的、多个等高等宽的单元格构成列。

3）续列：属性相同且具有延续关系的多列为续列。

4）表区：表区是包含多列单元格的区域，其中各列的行高、行数必须相同。如图 5-24 所示为机械加工工艺过程卡片的表区，注意在定义表区之前，必须首先定义表区的各列。

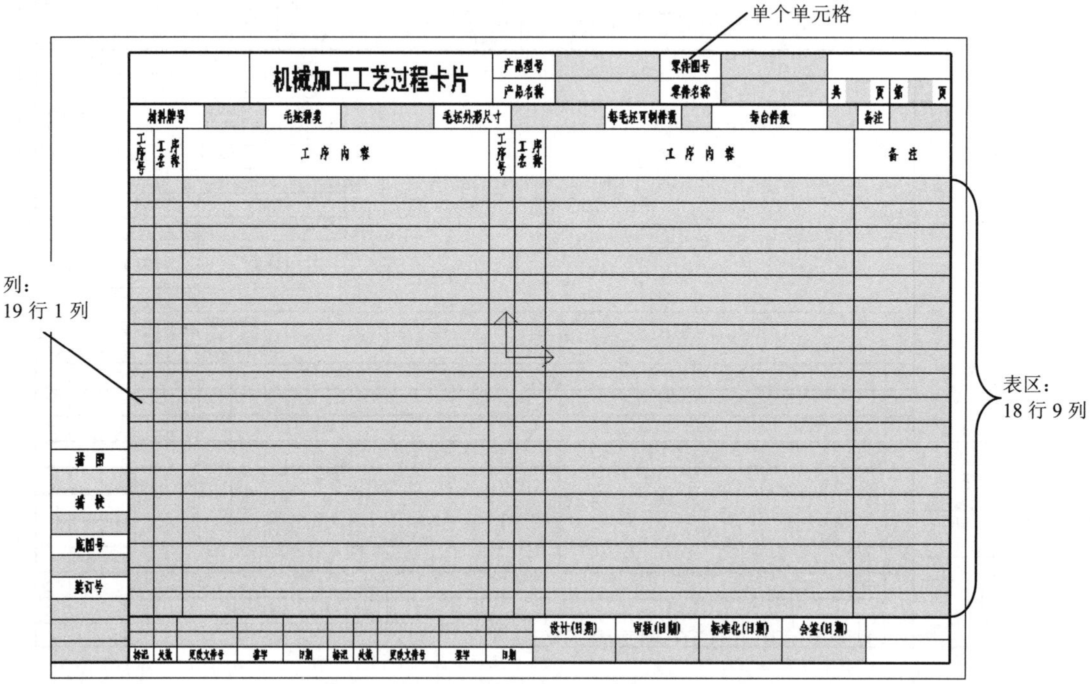

图 5-24　机械加工工艺过程卡片的表区

2. CAXA 工艺图表的常用键盘与鼠标操作

（1）鼠标右键　在不同的应用环境下，使用右键菜单可方便地使用某些命令。

（2）鼠标中键　可以实现放大、缩小、平移显示功能。滚动鼠标中键可以实现放大或缩小；单击鼠标中键可以实现动态平移。

（3）方向键

1）处于图形绘制界面和工艺编制界面的非填写单元格状态时，可以实现动态平移。

2）处于工艺编制界面、填写单元格状态时，可以实现鼠标在相邻单元格间移动。

（4）Shift+上下方向键　当系统处于工艺编制界面且为非填写单元格状态时，可以实现在卡片树中的卡片间进行切换，并打开该卡片；当系统处于图形绘制界面时，可实现动态平移。

（5）Esc　取消命令、取消填写、取消选取等。

（6）F1　请求系统帮助，两种界面都有效。

（7）F2　当系统处于工艺编制界面的非填写单元格状态时，F2 的作用是开关卡片树与工艺知识库。

（8）F3　显示全部，两种界面都有效。

（9）F6　点捕捉方式切换开关。

（10）PageUp　显示放大（1.25 倍），两种界面都有效。

（11）PageDown　显示缩小（0.8 倍），两种界面都有效。

（12）Shift　当系统处于图形绘制界面且定义单元格属性时，按住 Shift 键，可实现连续选择。

（13）Alt+D　当系统处于图形绘制界面，作用是定义单元格属性。

（14）Alt+R　当系统处于图形绘制界面，作用是删除单元格属性。

（15）Alt+T　当系统处于工艺编制界面非填写单元格状态时，作用是开（关）工艺卡片树窗口。

（16）Alt+Y　当系统处于填写状态时，作用是开（关）行记录红线。

（17）Ctrl+Tab　在图形绘制界面状态和工艺编制界面状态之间进行切换。

（18）Ctrl+左键　选中行，进入行记录。

3. CAXA 工艺图表的文件格式说明

（1）设计类型的文件格式　在图形绘制界面中，绘制的图形或表格，保存为设计类文件格式，包括.exb、.dwg、.dxf 等格式。

（2）工艺文件格式　填写完毕的工艺规程文件或者工艺卡片文件保存为.cxp 文件格式。

（3）工艺卡片模板文件　在定制完卡片模板后，保存成 TXP 文件格式。这类文件存储在安装目录下的 Template 文件夹下。

（4）工艺规程模板文件　设置完工艺规程后，保存成 RGL 文件格式。这类文件存储在安装目录下的 Template 文件夹下。

4. 知识库、工艺模板及工艺汇总表数据库的备份

如果之前已经安装过 CAXA 工艺图表，并已经定制过工艺模板和工艺规程，软件安装完成后，知识库、工艺模板及工艺汇总表数据库都需要从备份中恢复过来，具体方法如下：

（1）知识库　知识库在安装目录的 Database 文件夹下，如 C:\CAXA\CAXACAPP\Database，所以备份时只要把文件夹 Database 备份起来就可以。安装完毕后，将 Database 文件夹用光盘里的 Database 文件夹覆盖就可以了。

（2）工艺模板　工艺模板在安装目录的 Template 文件夹下，如 C:\CAXA\CAXACAPP\Template，所以把备份的文件复制到 Template 文件夹下就可以了。

（3）工艺汇总表数据库　工艺汇总表数据库在安装目录的 Database 文件夹下，如 C:\CAXA\ CaxaSum\Database。另外把做好的 Excel 模板复制到安装目录的 Template 文件夹下，如 C:\CAXA\CaxaSum\Template。

5. CAXA 工艺图表编制工艺的一般流程

（1）绘制工艺表格　先确定企业所用到的工艺表格的形式，进入软件的图形绘制界面状态，绘制工艺表格。

（2）定义工艺卡片　对绘制好的工艺表格进行单元格属性定义，完成单张工艺卡片属性的定义，并存入 CAXA 工艺图表的模板文件夹下（软件安装目录下的 Template 文件夹）。

（3）建立工艺规程　为工艺规程配置工艺过程卡和工序卡，建立一整套工艺规程。

（4）卡片填写　填写工艺过程卡和其他卡片。

（5）打印输出工艺文件　将填写好的工艺文件打印输出。

其中第（1）、（2）、（3）步是用户第一次运行工艺系统所必须做的，当模板定义好后或

者直接选用软件自带的标准模板时，就无需再做了。

在第六章着重讲解第（4）、（5）步，第七章讲解第（1）、（2）、（3）步。

思考及练习

5-1 CAXA 工艺图表系统的功能特点是什么？

5-2 CAXA 工艺图表的运行方法有哪些？

5-3 工艺图表中有几个界面？分别可实现哪些主要功能？

5-4 什么是工艺规程？它包含哪些卡片？这些卡片各有什么用处？

5-5 CAXA 工艺图表主要有哪些文件格式？

5-6 利用 CAXA 工艺图表编制工艺的一般流程是什么？

第 6 章　CAXA 工艺图表工艺卡片编制

在 CAXA 工艺图表中,安装完成后系统会自带标准的工艺模板和常用的工艺规程，如图 6-1 所示，可以直接调用；如果需要适合用户的工艺模板，也可以由用户定制，定制方法将在第 7 章做详细介绍。本章将重点介绍工艺卡片的填写。

6.1　CAXA 工艺图表的建立与填写

1. 新建工艺规程或卡片

用户在打开软件后，需要确认做什么工艺，如机械加工工艺、装配工艺或焊接工艺等，做不同的工艺需要不同的工艺规程。

选择【文件】/【新文件】菜单命令，或者单击工具条上的命令图标🗋，弹出“新建文件类型”对话框，可以选择“工艺规程”或“工艺卡片”，如图 6-1 和图 6-2 所示。

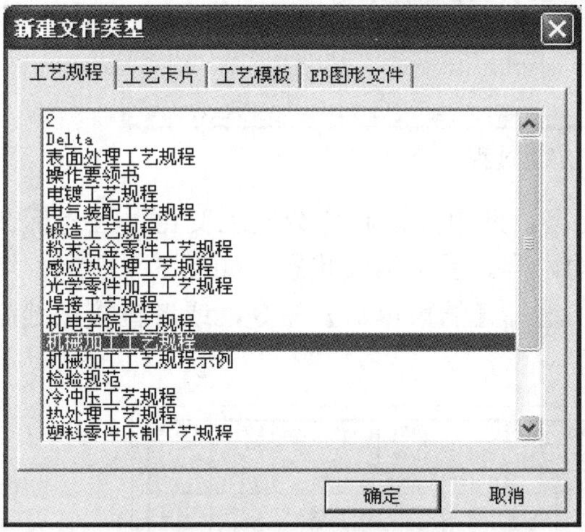

图 6-1　选择“工艺规程”

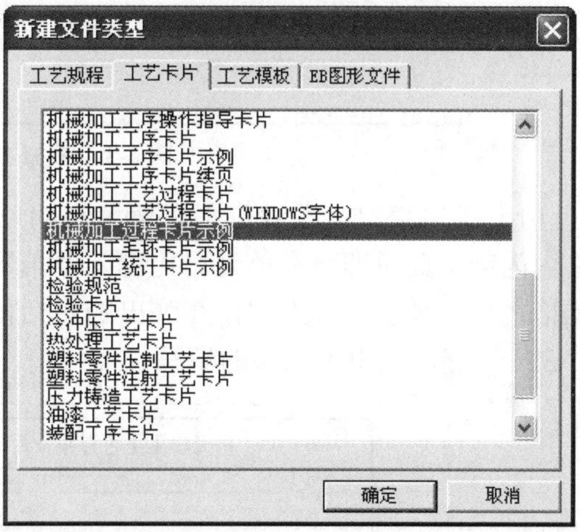

图 6-2　选择“工艺卡片”

（1）新建工艺规程文件　在“工艺规程”列表框中，列出了已定制好的工艺规程模板，选择所需的模板并单击【确定】按钮，系统自动切换到工艺编制界面，并根据模板定义生成一张工艺过程卡片。由工艺过程卡片开始，可以填写工序流程、添加并填写各类附属卡片，最终完成工艺规程的建立。

如需要做机械加工工艺，单击“机械加工工艺规程”，并单击【确定】，系统进入工艺编制界面状态，并且首先打开工艺过程卡片。

（2）新建工艺卡片文件　在“工艺卡片”列表框中显示了现有的工艺卡片模板，选择所需的模板并单击【确定】按钮，系统自动切换到工艺环境，并生成工艺卡片。这里的卡片只是单独的卡片，有续页，但没有其他的附属卡。一般来说，建立成套的工艺卡片需要通过工艺规程来完成。

2. 卡片的填写

用户选择工艺规程后，系统切换到工艺编制界面，可以对卡片进行填写。机械加工工艺过程卡片的填写界面如图 6-3 所示。在这个界面可选择手工输入的方法直接填写、知识库关联的方法填写、公共信息填写、自动生成工序号、特殊符号及公差填写等多种单元格填写方式。

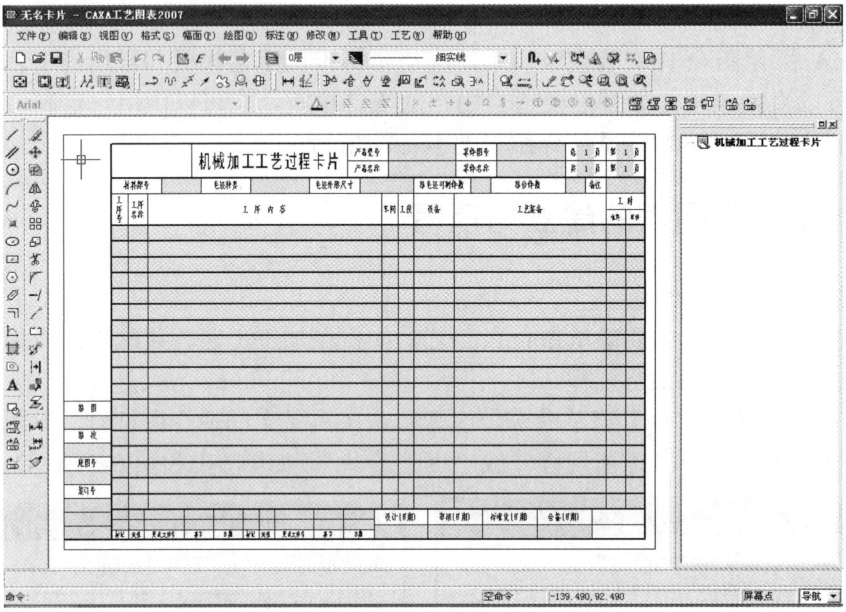

图 6-3　机械加工工艺过程卡片

（1）手工填写　左键单击需要填写的单元格，此单元格底色会发生变化，且光标在单元格内闪动，此时即可在单元格内键入要填写的内容。手工填写状态，如图 6-4 所示。填写单元格之后，单击鼠标右键，在弹出的对话框中选择【结束填写】命令，或者直接按键盘上的“ESC”键，结束单元格的填写。

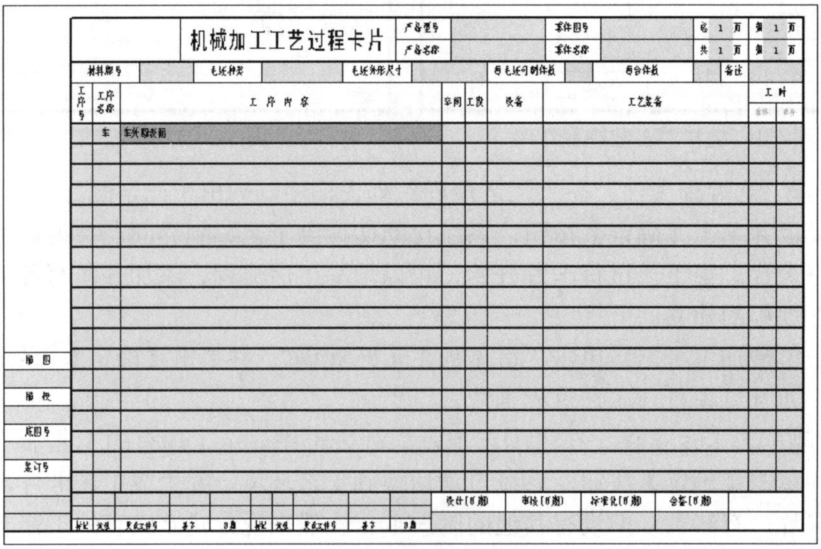

图 6-4　手工填写状态

如需要对单元格里的文字进行编辑、修改、复制，可以按住鼠标左键，在单元格内的文字上拖动，选中文字，再单击鼠标右键，利用【剪切】、【复制】、【粘贴】、【块覆盖粘贴】命令实现相应操作，如图 6-5 所示。其中【剪切】、【复制】、【粘贴】可以利用快捷键 Ctrl+X、Ctrl+C、Ctrl+V 直接与文字处理软件的内容互换，如记事本、Word 等，方便数据交流。

如需把一个单元格的数据移动到另一个单元格里，可以直接拖动选中单元格里的文字到另一个单元格。

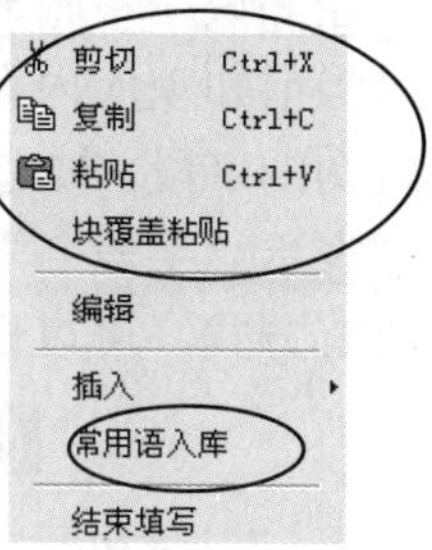

图 6-5　单元格文字编辑

（2）知识库填写　利用知识库填写工艺，是工艺软件的优势之一。在企业中，各种设备、车间、工艺装备等在一段时期内都是固定的，甚至加工方法都相差不大。这时候可以把这些固定的加工设备、车间、工艺装备及加工方法等输入到知识库中，工艺人员制订工艺的时候可以直接选用本企业拥有的设备等。另外，知识库也是企业经验知识的积累。

知识库的定制和跟单元格关联定制将在第 7 章做详细讲解。在标准的机械加工工艺卡片中，“工序名称”、“工序内容”、“设备”、“工艺装备”都已经做了知识库关联。用户单击这些单元格后，系统会自动关联到指定的数据库，并显示在“知识库树形结构”和“知识库内容”两个窗口中。“知识库树形结构”窗口显示其对应数据库的树形结构，而“知识库内容”窗口显示数据库根节点的记录内容。

具体填写方法是先单击单元格，显示“知识库树形结构”窗口；在窗口中单击鼠标左键，展开知识库，并单击需要填写内容的根节点，此时窗口下面会显示“知识库内容”，左键单击所需要的内容，内容会被自动填写到单元格中。如果需要直接从“知识库树形结构”中选取内容，双击【知识库树形结构】中的相关内容，也可以自动填写到单元格中。知识库在填写时的应用如图 6-6 所示。

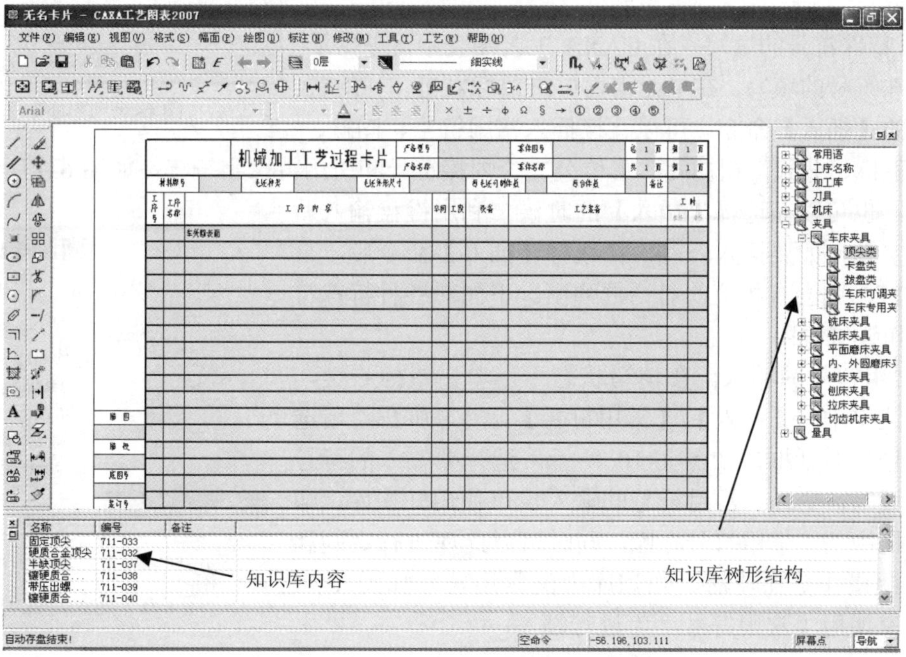

图 6-6　知识库在填写时的应用

当“知识库内容”中的记录数目较大时，使用“知识库查询”功能可以快速定位要填写的内容。在“知识库内容”窗口中，右键单击任意一个记录行，单击右键菜单中的“查询条件”命令，弹出知识库“查询…”对话框，如图 6-7 所示。

在知识库“查询…”对话框中，条件下拉列表中列出了之前保存的查询条件；表中字段显示当前知识库内容的字段；对话框右侧为查询条件建立区。在“表中字段”列表框中选择要查询的字段，被选择字段显示在右侧“字段名”框中。“运算符”包括“=”、“< >”、“LIKE”，分别表示“字段名”“等于”、“大于或小于”、“包含”，如要查找加工内容中带有“车外圆”的所有方式，可以设定“加工内容 LIKE 车外圆”，再单击【确定】就可以了。

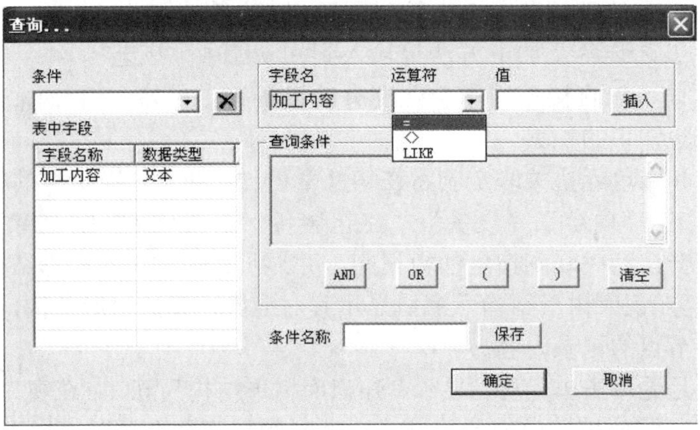

图 6-7　知识库“查询…”对话框

知识库查询只支持定义为常用语或用户自定义知识库单元格的查询，如果选中了系统自带的知识库，在查询的时候会发出错误提示，查询提示如图 6-8 所示。

图 6-8　查询提示

（3）特殊符号的填写　在 CAXA 工艺图表中，提供了专门的特殊符号的填写，在单元格内单击鼠标右键，利用右键菜单中的【插入】命令，可以直接插入常用符号、图符、公差、上下标、分式、粗糙度、形位公差、焊接符号和引用特殊字符集，如图 6-9 所示。在填写状态下，也可以在选择【插入】的时候，利用键盘输入后面对应的字母，如要插入公差，在选择【插入】命令后，直接输入“T”，则会有相应的对话框弹出。下面对各种特殊符号的输入作详细说明。

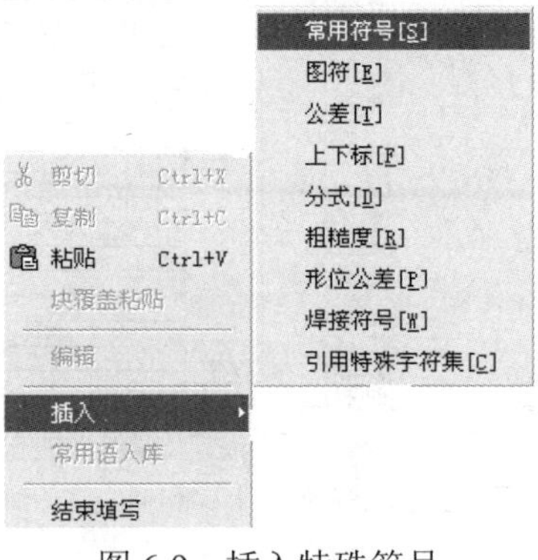

图 6-9　插入特殊符号

1）常用符号的输入。在填写状态下，单击鼠标右键，选择弹出菜单中的【插入】/【常用符号】命令，弹出“请选择插入符号”对话框，如图 6-10 所示，选择要输入的符号即可完成填写。另外，常用符号的输入也可使用知识库，即选择卡片树中的“常用符号”库，同时可对此库进行定制和扩充，因此操作更加灵活。知识库中的常用符号如图 6-11 所示。建议使用“常用符号”库进行填写。

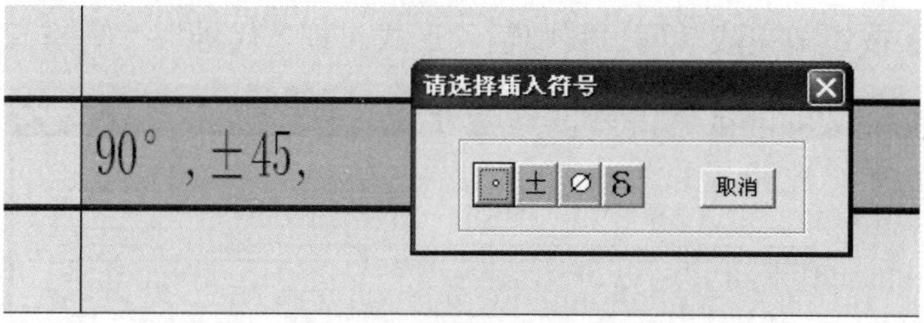

图 6-10　“请选择插入符号”对话框

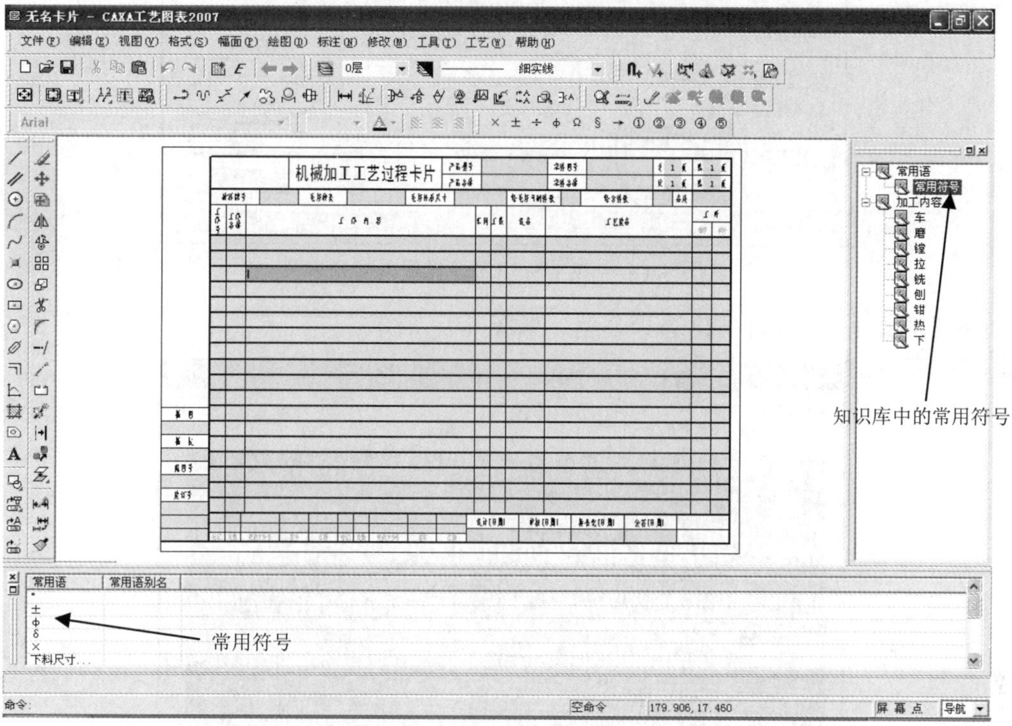

图 6-11　知识库中的常用符号

2）图符的输入。同样在填写状态下，单击鼠标右键，选择弹出菜单中的【插入】/【图符】命令，弹出“输入图符”对话框，如图 6-12 所示。在文本框中填写文字，然后单击一种样式，就可将图符输入到单元格中，输入文本时，只能输入两个半角字符或者一个全角字符，例如“ab”、“54”、“ a ”、“检”等。

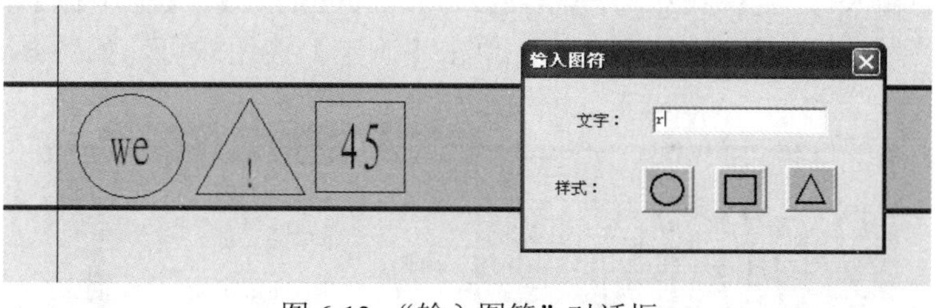

图 6-12　“输入图符”对话框

3）公差的输入。单击右键，选择【插入】/【公差】命令，弹出“尺寸标注属性设置”对话框，如图 6-13 所示。填写基本尺寸、上下偏差、前后缀，并选择需要的输入形式、输出形式，单击【确定】按钮即完成填写。其中输入形式包括“代号”、“偏差”、“配合”、“对称”。

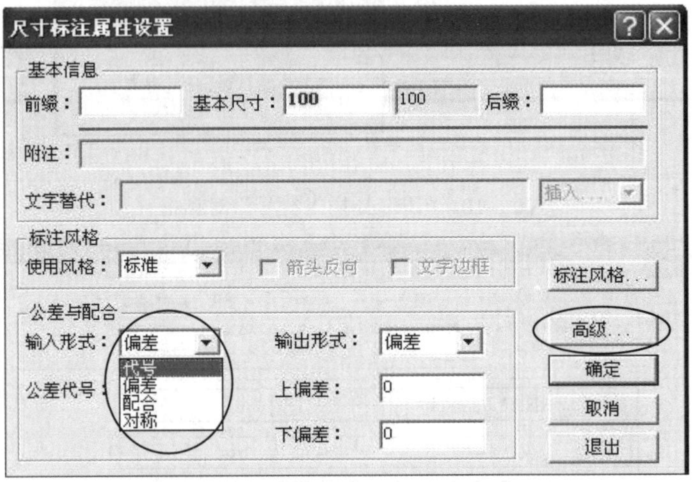

图 6-13　“尺寸标注属性设置”对话框

单击【高级】，可以可视化选择公差，如图 6-14 所示。

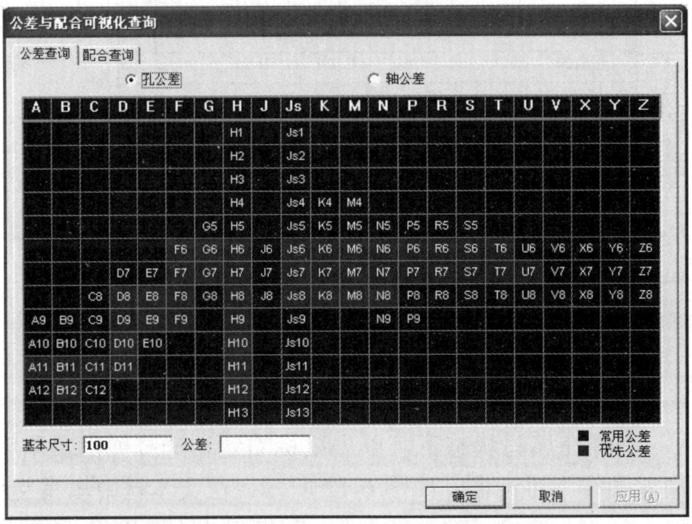

图 6-14　“公差与配合可视化查询”对话框

4）上下标的输入。上下标也是公差的输入，选择【插入】/【上下标】命令，然后在弹出的对话框中填写上标和下标的具体数值，单击【确定】按钮即可，如图 6-15 所示。

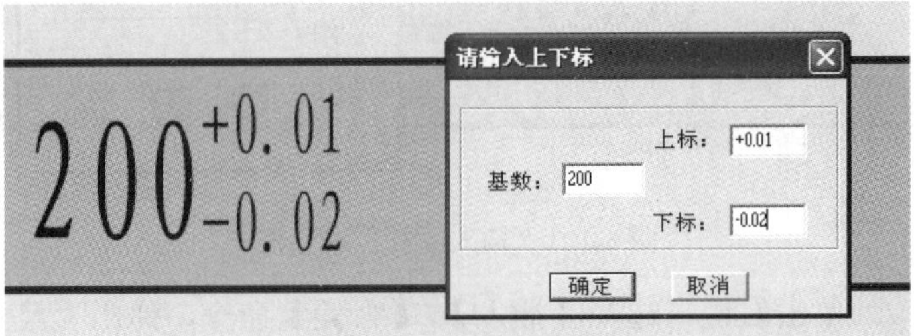

图 6-15　插入上下标

5）分式的输入。单击右键，选择【插入】/【分式】命令，在弹出的对话框中填写分子、分母的数值，单击【确认】按钮即可，如图 6-16 所示。

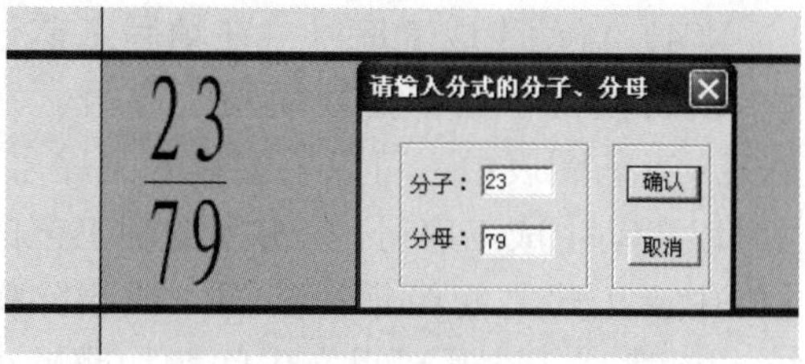

图 6-16　插入分式

6）粗糙度的输入。单击右键，选择【插入】/【粗糙度】命令，在弹出的对话框中选择粗糙度符号，填写参数值，单击【确定】按钮即可，如图 6-17 所示。

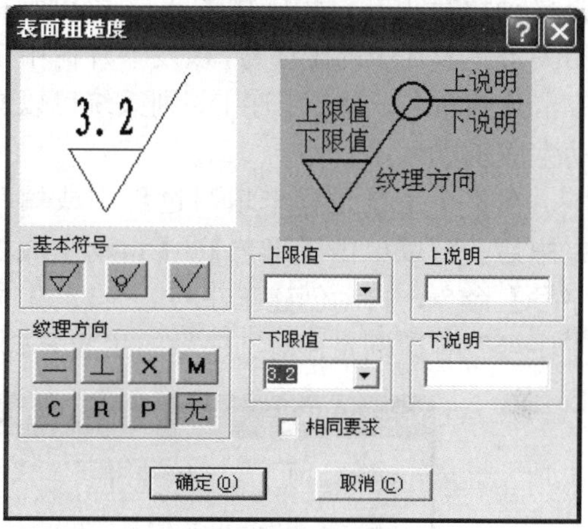

图 6-17　插入粗糙度

7）形位公差的输入。单击右键，选择【插入】/【形位公差】命令，在弹出的对话框中选择公差类型，填写参数值，单击【确定】按钮即可，如图 6-18 所示。

8）焊接符号的输入。单击右键，选择【插入】/【焊接符号】命令，在弹出的对话框中选择焊接类型，填写相关参数，单击【确定】按钮即可，如图 6-19 所示。

9）特殊字符集的输入。单击右键，选择【插入】/【引用特殊字符集】命令，在弹出的对话框中选择需要的字符，单击【选择】按钮，使被选定的字符显示在“复制字符”选项卡后的文本框中，再单击【复制】按钮，然后回到单元格中；使用右键菜单中的【粘贴】命令，就可将字符填写到单元格中，如图 6-20 所示。

图 6-18　插入形位公差

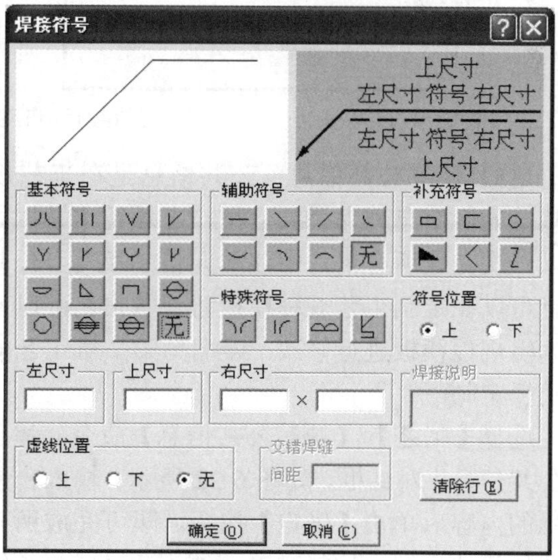

图 6-19　插入焊接符号

特殊符号的填写是填写工艺的重要组成部分。CAXA 工艺图表提供了比较全面的特殊符号，给编制工艺带来了较大的便利。

（4）自动生成工序号　在填写工艺过程卡的时候，一般都需要填写工序号。在 CAXA 工艺图表中，可以手工输入工序号，也可以自动生成工序号。在实际编制工艺的过程中，工序之间经常需要插入或删除操作，自动生成工序号可以在中间增加或减少工序的时候不再对工序号重新输入，即系统会自动填写工艺过程卡中的工序号和所有相关工序卡片中的工序号，以及卡片树中工序卡片的命名。对于工序卡，则系统可以自动生成工步号。

图 6-20　插入引用特殊字符集

在整个工艺过程卡填写过程中或填写完毕后，可以单击【工艺】/【自动生成工序号】命令，自动创建工序号。“自动生成工序号”对话框允许对工序号的生成方式进行设置，如图 6-21 所示。

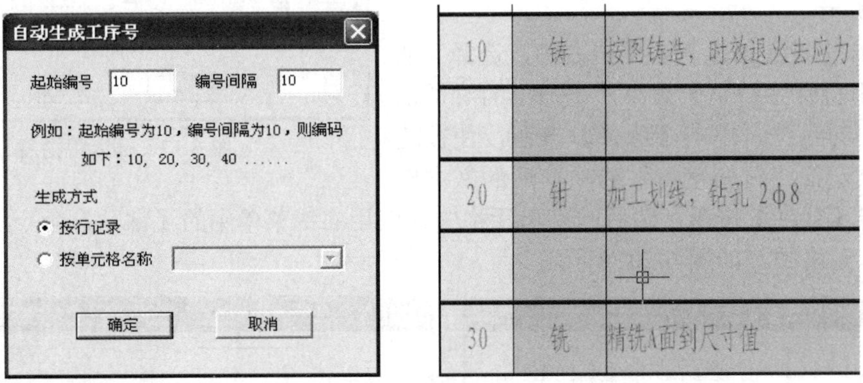

图 6-21　自动生成工序号

（5）填写公共信息　公共信息是在工艺规程中各个卡片都需要填写的单元格信息，将这些单元格信息列为公共信息，在填写卡片时，可以一次完成所有卡片中该单元格的填写。公共信息可以在定制工艺规程模板时设置，也可以通过编辑规程模板进行修改。详细见第 7 章工艺规程模板定制。

选择【工艺】/【填写公共信息】命令，弹出“公共信息”对话框，如图 6-22 所示；输入公共信息的内容后单击【确定】按钮，即可完成所有公共信息的填写。此外，选中公共信息并单击【编辑】按钮，或直接在公共信息内容上双击，均可以对其进行编辑。

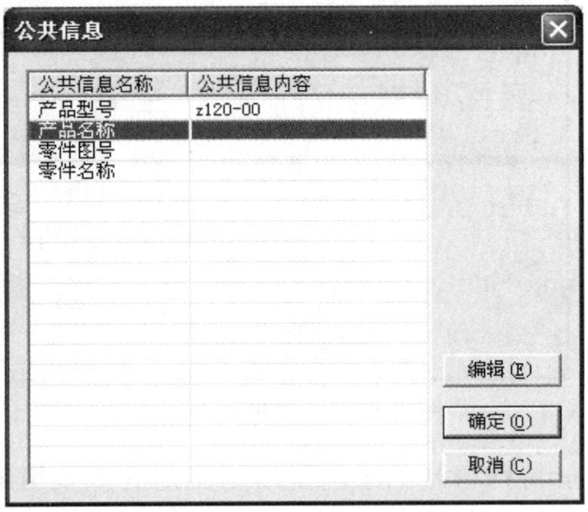

图 6-22　“公共信息”对话框

填写完卡片的公共信息以后，选择【工艺】

/【输入公共信息】命令，如图 6-23 所示，系统会自动将公共信息保存到系统默认的.txt 文件。

建立另一新文件时，选择【工艺】/【输出公共信息】命令，可以将保存的公共信息自动填写到新的卡片中去。

系统默认的.txt 文件是唯一的，存放在安装目录 Data\CHS 下的“公共信息.txt”里。如安装在 C 盘，则存放在 C:\CAXA\CAXACAPP\Data\CHS 下，其作用类似于 CAXA 工艺图表的内部剪贴板。向此文件中写公共信息后，文件中的原内容将被新内容覆盖。从文件中引用的公共信息只能是最新一次写入的公共信息。

（6）外部引用的方法填写　外部引用包括引用标题栏信息和引用明细表信息，操作方式基本一样。其主要作用是将设计图样标题栏中的图样名称、图样编号和材料名称等标题栏信息自动调用到工艺卡片中，完成填写。

外部引用时，主要有两种情况：一种是引用 CAXA 电子图板图形文件，其后缀名为.exb；另外一种是引用其他设计类文件，主要是后缀名为.dwg 和.dxf 格式的文件。两种情况引用操作的方式也略有区别。

对于 CAXA 电子图板文件，标题栏中包括图样名称、图样编号和材料名称等信息，如图 6-24 所示。

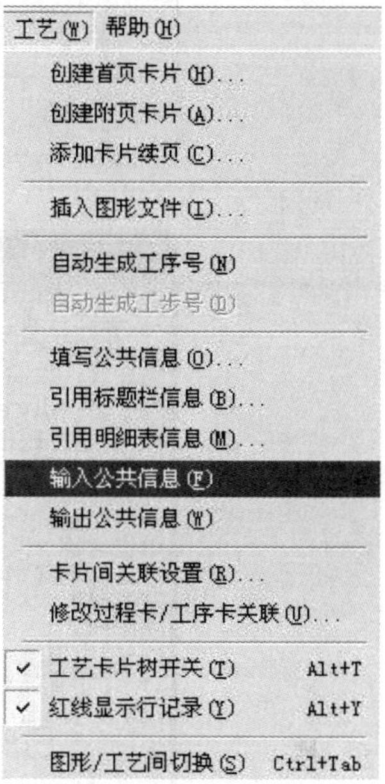

图 6-23　输入公共信息

图 6-24　CAXA 电子图板格式的标题栏

选择【工艺】/【引用标题栏信息】命令，会弹出“引用标题栏信息”对话框，选择【浏览】按钮，找到需要引用标题栏的 CAXA 电子图板（*.exb）图形文件，如图 6-25 所示。

单击【确定】，图样文件中的标题栏信息（图样名称、图样编号和材料名称等）就会自动地填写到这张过程卡片中。如图 6-26 所示为引用的标题栏信息。

对于.dwg 和.dxf 格式的文件，其他操作方式基本一样，但需要增加模板文件，以便描述 AutoCAD 图形文件的标题栏位置，以及标题栏中单元格的位置、单元格的属性等，工艺图表根据模板文件的描述提取其标题栏信息。模板文件保存为文本

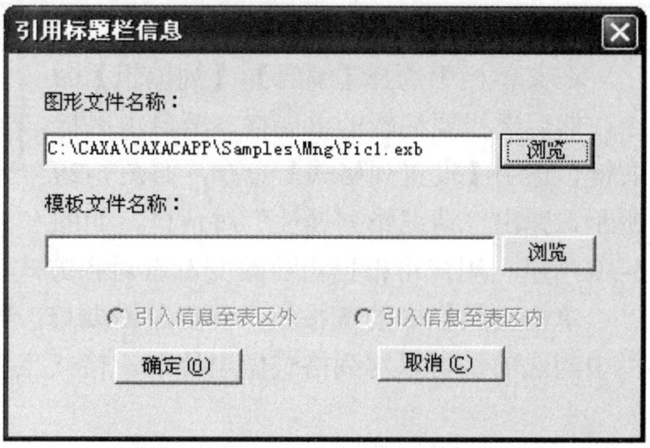

图 6-25　“引用标题栏信息”对话框

文件格式，如图 6-27 所示。

产品型号	Z-082	零件图号	Z-082-001
产品名称	航空杯注射模	零件名称	定模镶块

图 6-26　引用的标题栏信息

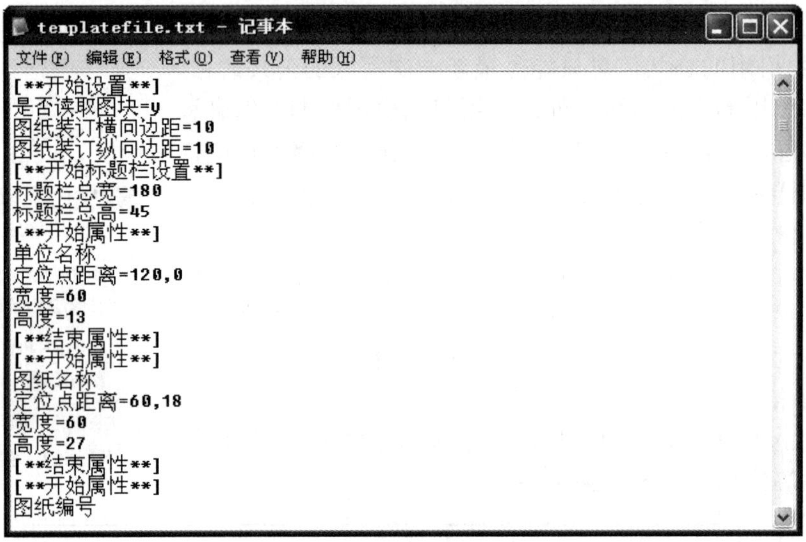
templatefile.txt - 记事本
文件(F)　编辑(E)　格式(O)　查看(V)　帮助(H)

[**开始设置**]
是否读取图块=y
图纸装订横向边距=10
图纸装订纵向边距=10
[**开始标题栏设置**]
标题栏总宽=180
标题栏总高=45
[**开始属性**]
单位名称
定位点距离=120,0
宽度=60
高度=13
[**结束属性**]
[**开始属性**]
图纸名称
定位点距离=60,18
宽度=60
高度=27
[**结束属性**]
[**开始属性**]
图纸编号

图 6-27　标题栏的模板文件

在“引用标题栏信息”对话框中单击“模板文件名称”后的【浏览】按钮，找到已经设置好的模板文件（*.txt），如图 6-28 所示。这样，所引用标题栏填写的效果跟电子图板中所使用的是一样的。

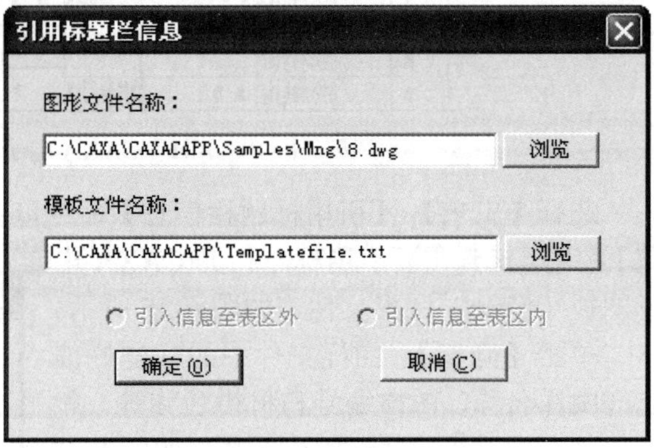

图 6-28　模板文件路径选择

3. 文字显示方式的修改

对编制好的卡片格式进行修改，包括对齐方式、字高、字体、字体颜色等，可以利用【设置列格式】命令或者【格式】工具栏。

在菜单栏中选择【编辑】/【列编辑】命令，然后选择要编辑的单元格，再单击鼠标右键，选中【设置列格式】命令，如图 6-29 所示，弹出“请编辑列属性”对话框，如图 6-30 所示。用户可根据需要改变左右对齐方式、中文字体、文字高度。

单击工具栏中的 E 按钮，然后单击要修改的单元格，单元格被高亮显示，修改格式工具栏中的选项，可以对列格式做出修改。格式工具栏如图 6-31 所示。

图 6-29　设置列格式

图 6-30　“请编辑列属性”对话框

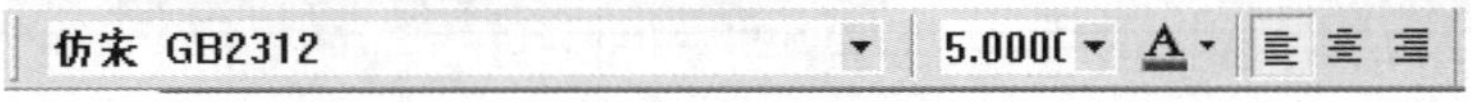

图 6-31　格式工具栏

6.2　CAXA 工艺图表行记录的操作

CAXA 工艺图表中的行记录与 Excel 或 Word 表格中的“行”的概念相类似，是与工艺卡片表区的填写、操作有关的重要概念。工艺图表中的行记录可以添加或删除，也可以合并或拆分，而且可以像 Excel 一样复制、剪切、粘贴，还可以通过行记录生成工序卡片。

1. 行记录概念

如图 6-32 所示是一个典型的 Excel 表格，在其中的某个单元格中填写内容时，各行表格线会随着单元格内容的增减动态调整，当单元格内容增多时，如图 6-32 中的某一行的“工序内容”增加时，行表格线会自动下移；反之则上移。

工序号	工序名称	工 序 内 容	车间	设备
10	铸	熔模铸造成形、清砂、去浇冒口毛刺，消除应力退火 200～300HB	外协	
20	车	工件上车模，调整中心固定，压紧，扩镗孔 $\phi52$ 至尺寸，锪平内端面 $\phi70$，控制总厚度尺寸（34.5），车左端面至尺寸，扩镗沉孔 $\phi78$ 深 2.5 至尺寸，去毛刺锐角	金工	CY6140
30	钻	工作上钻模，以内孔 $\phi52$ 定位，控制尺寸 8、36，钻通孔 2× $\phi5$ 至尺寸，孔口去毛刺	金工	Z512B

行表格线

图 6-32　Excel 表格“行”操作示例

同样地，在 CAXA 工艺图表中，工艺卡片表区中的每个行记录就相当于 Excel 表格中的一行。如图 6-33 所示是一个填写完毕的表区，该表区中共有 5 个行记录。行记录由红线标识，每两条红线之间的区域为一个行记录。行记录的高度随着此行记录中各列高度的变化而变化。

选择【工艺】/【红线显示行记录】命令，可以选择显示或隐藏红线。此红线只用来区分各行记录，打印输出时不会被打印出来。

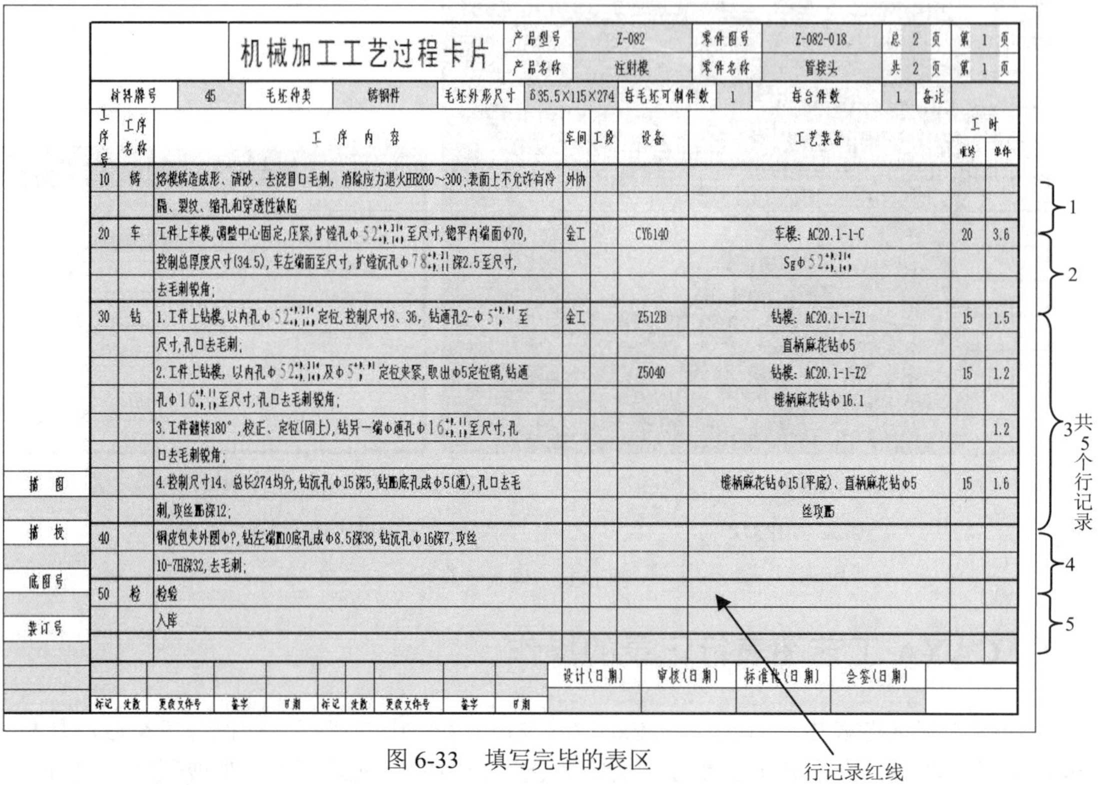

图 6-33　填写完毕的表区

按下 Ctrl 键，在目标工序行中的任意位置单击鼠标左键，进入行记录状态。系统加亮当前工序，说明此行记录已经被选中；如果要取消所选状态，可以继续按住 Ctrl 键，单击鼠标左键再次选取加亮的当前工序，或者松开 Ctrl 键，按 Esc 键。按住 Ctrl 键，连续单击其他行记录，可选中同一页中的多个行记录。选中行记录后单击鼠标右键，如图 6-34 所示，可对行记录进行添加、删除等操作。

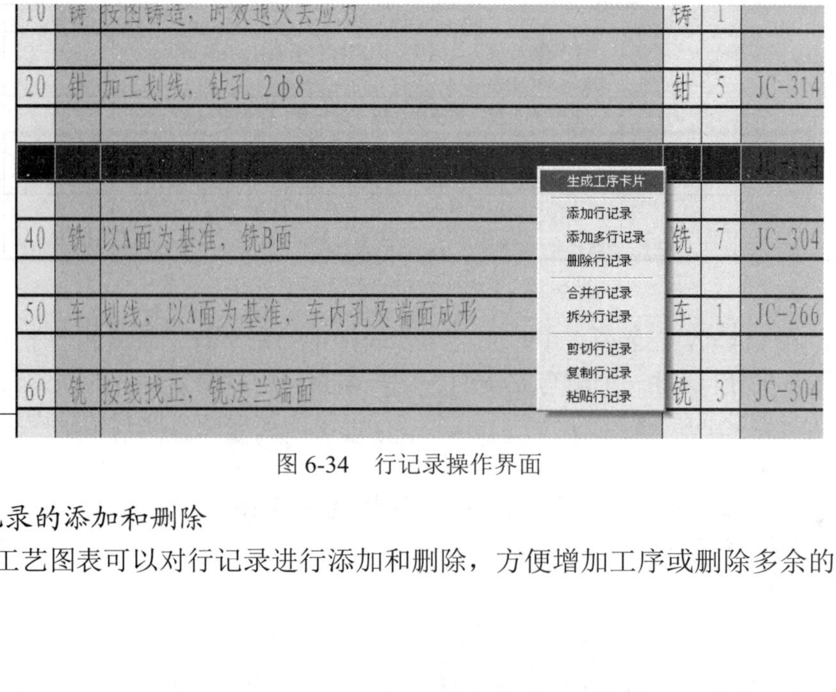

图 6-34　行记录操作界面

2. 行记录的添加和删除

CAXA 工艺图表可以对行记录进行添加和删除，方便增加工序或删除多余的工序。

（1）添加单行记录　按下 Ctrl 键，在目标工序行中的任意位置单击鼠标左键，选中行记录；单击鼠标右键，选中【添加行记录】命令，如图 6-35 所示，则选中的目标工序行上方将会多出一个行记录，被选中的行记录及后续行记录顺序将会下移。对于空行记录（没有填写任何内容），用鼠标单击此行记录中的单元格，单击 Enter 键，则自动在此行记录前添加一个行记录。

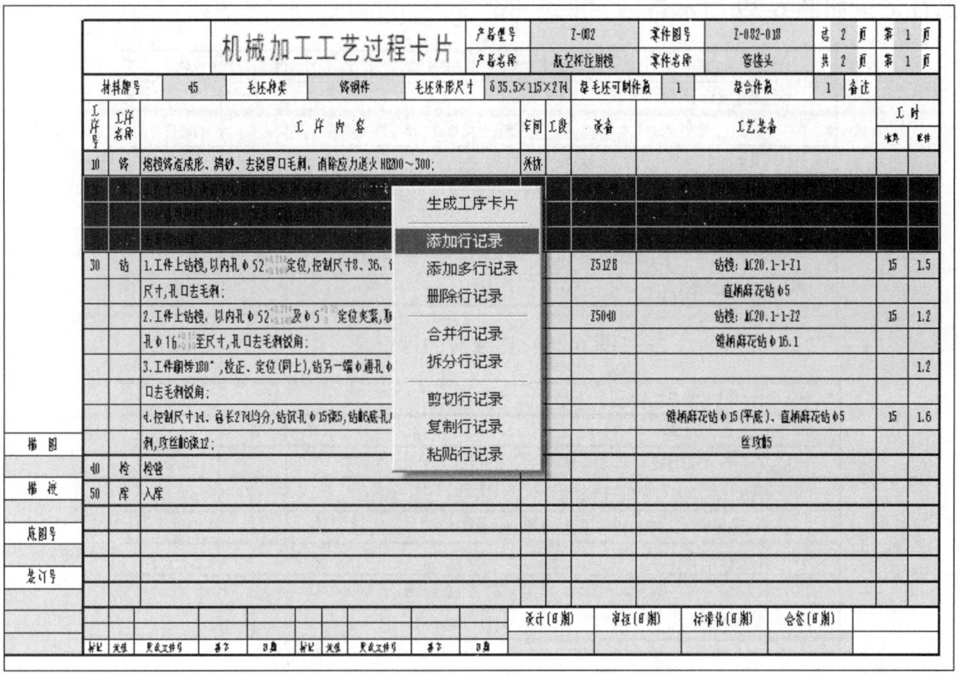

图 6-35　选择【添加行记录】命令

（2）添加多行记录　选中行记录后单击鼠标右键，选中【添加多行记录】命令，如图 6-36 所示，弹出“插入多个记录”对话框，如图 6-37 所示；在文本框中输入数字，再单击【确定】，则在被选中的行记录上方添加指定数目的空行记录，被选中的行记录及后续行记录顺序将会下移。

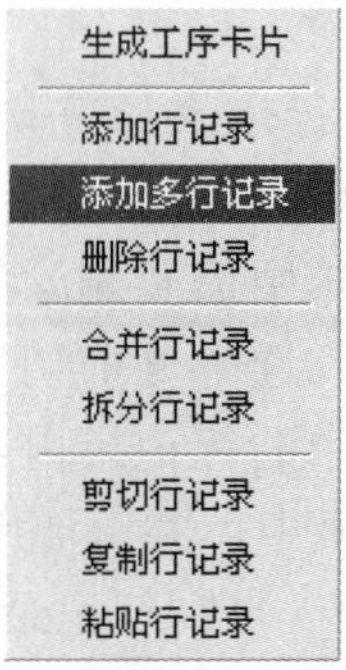

图 6-36　选择【添加多行记录】命令

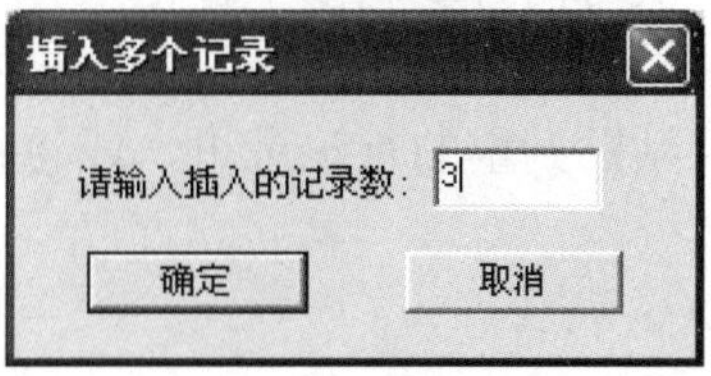

图 6-37　“插入多个记录”对话框

（3）删除单行记录　选中行记录后单击鼠标右键，选中【删除行记录】命令，即可删除被选中的行记录，后续行记录顺序将会顺移。

（4）删除多行记录　按下 Ctrl 键，鼠标左键选中需要删除的行（按住 Ctrl 键不要松,可以继续选择要删除的行），选择完后，单击鼠标右键，选中【删除行记录】命令,这时候被选择的行记录都会被删除,其他行记录向上顺移。

3. 行记录的合并和拆分

（1）行记录的合并　按下 Ctrl 键，选中连续的多个行记录，注意只能是连续的行记录，且选中的第一个行记录不能为空行记录；单击鼠标右键，选中【合并行记录】命令，就可以把选中的行记录合并为同一个行记录了。在工艺过程卡片、工序卡片等的表区中，合并多个行记录后，系统只保留被合并的第一个行记录的工序号。

（2）行记录的拆分　按下 Ctrl 键，选中一个占用多行单元格的行记录，单击鼠标右键，选中【拆分行记录】命令，则行记录被拆分成多个行记录。拆分前的行记录如图 6-38 所示，拆分后的行记录如图 6-39 所示。

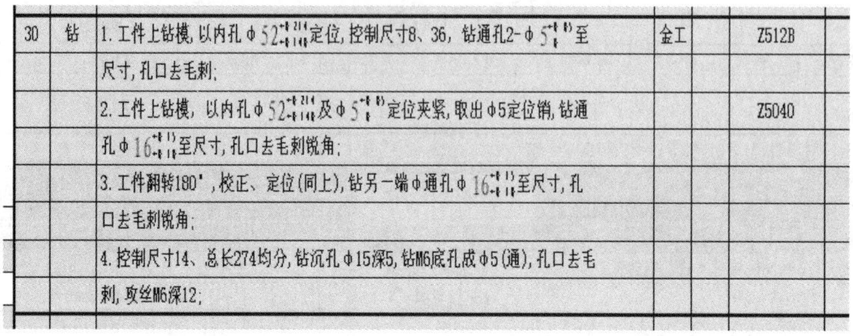

30	钻	1. 工件上钻模，以内孔φ52[illegible]定位，控制尺寸8、36，钻通孔2-φ5[illegible]至	金工		Z512B	
		尺寸，孔口去毛刺；				
		2. 工件上钻模，以内孔φ52[illegible]及φ5[illegible]定位夹紧，取出φ5定位销，钻通			Z5040	
		孔φ16[illegible]至尺寸，孔口去毛刺锐角；				
		3. 工件翻转180°，校正、定位（同上），钻另一端φ通孔φ16[illegible]至尺寸，孔				
		口去毛刺锐角；				
		4. 控制尺寸14、总长274均分，钻沉孔φ15深5，钻M6底孔成φ5（通），孔口去毛				
		刺，攻丝M6深12；				

图 6-38　拆分前的行记录

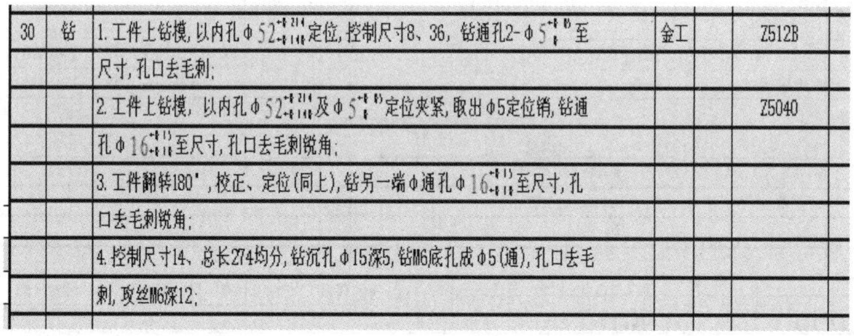

30	钻	1. 工件上钻模，以内孔φ52[illegible]定位，控制尺寸8、36，钻通孔2-φ5[illegible]至	金工		Z512B	
		尺寸，孔口去毛刺；				
		2. 工件上钻模，以内孔φ52[illegible]及φ5[illegible]定位夹紧，取出φ5定位销，钻通			Z5040	
		孔φ16[illegible]至尺寸，孔口去毛刺锐角；				
		3. 工件翻转180°，校正、定位（同上），钻另一端φ通孔φ16[illegible]至尺寸，孔				
		口去毛刺锐角；				
		4. 控制尺寸14、总长274均分，钻沉孔φ15深5，钻M6底孔成φ5（通），孔口去毛				
		刺，攻丝M6深12；				

图 6-39　拆分后的行记录

使用【拆分行记录】命令时，被选中行记录中的各列均为自动压缩格式，否则系统会弹出如图 6-40 所示的拆分行记录错误提示对话框。

图 6-40　拆分行记录错误提示对话框

4. 行记录的剪切、复制、粘贴

（1）剪切行记录　按下 Ctrl 键，鼠标左键选中需要删除的行记录，单击鼠标右键，选中【剪切行记录】命令，可将被选中的行记录内容删除并保存到软件剪贴板中，并可使用【粘贴行记录】命令将其粘贴到另外的位置。

（2）复制行记录　选中行记录后单击鼠标右键，选中【复制行记录】命令，可将被选中的行记录内容保存到软件剪贴板中，并可使用【粘贴行记录】命令将其粘贴到另外的位置。一次可同时复制多个行记录。

（3）粘贴行记录　单击右键菜单中的【粘贴行记录】命令，可以将剪切或复制的行记录粘贴到空的行记录里，或将被选中的行记录替换掉。

6.3　CAXA 工艺图表卡片树介绍

在一个完整的工艺规程中，除了工艺过程卡，还有与之相对应的工序卡，工序卡是对工艺过程卡中的每道工序进行详细描述；另外，还有首页卡片、附页卡片、统计卡片、质量跟踪卡片、检验卡片等。建立一个完整的工艺规程后，在右面的窗口就会生成卡片树，如图 6-41 所示，可以对卡片树进行操作。下面将重点介绍怎样生成完整的卡片树和对这些卡片的一些具体操作。

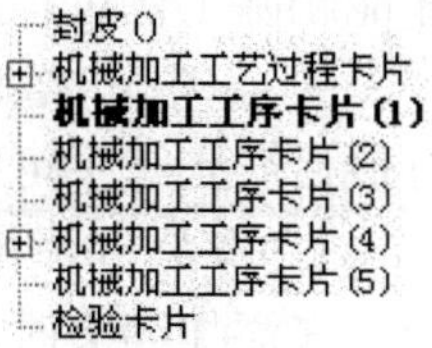

图 6-41　卡片树

1. 通过行记录生成工序卡

在工艺过程卡中，按下 Ctrl 键，鼠标左键选中行记录，此行记录一般来说是工艺过程卡的某一道工序。单击鼠标右键，选择【生成工序卡片】命令，如图 6-42 所示，弹出“选择工艺卡片模板”对话框，如图 6-43 所示。

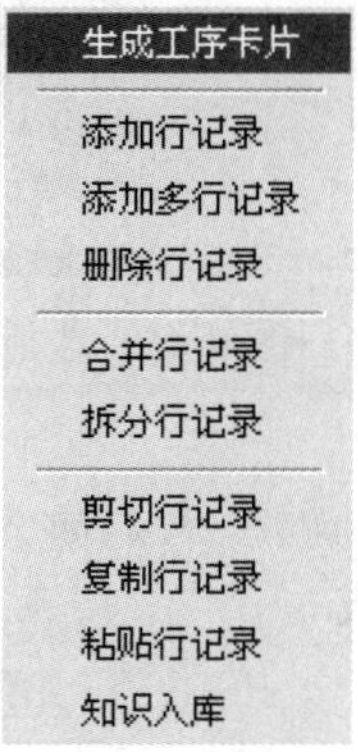

图 6-42　选择【生成工序卡片】命令

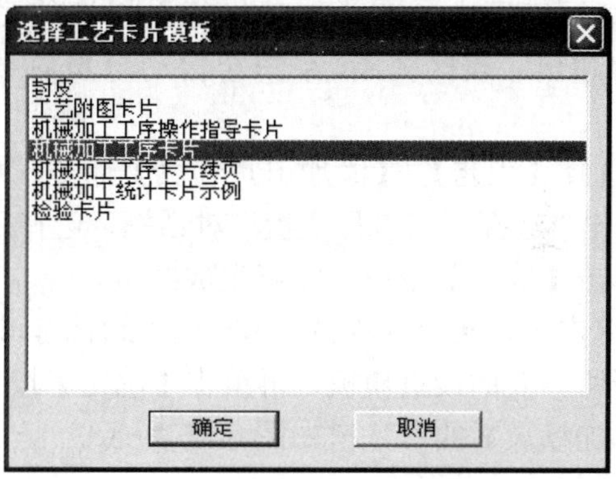

图 6-43　“选择工艺卡片模板”对话框

在列表中选择所需的工序卡片模板，单击【确定】，即为行记录创建了一张工序卡片，并自动切换到工序卡填写界面。

新生成的工序卡片与原行记录保持一种关联关系，在系统默认设置下，工艺过程卡的内容与工序卡内容双向关联。生成工序卡时，行记录与工序卡表区外的单元格相关联的内容能够自动填写到工序卡片中。

2. 打开、删除工艺卡片

在工艺过程卡表区中，如果一个行记录已经生成了工序卡片，那么选中此行记录并单击鼠标右键，会弹出如图 6-44 所示的快捷菜单。此菜单和图 6-42 所示的菜单的不同是：原【生成工序卡片】命令变为【打开工序卡片】命令，单击此命令，则切换到对应工序卡片的填写界面；用户不能使用【删除行记录】、【合并行记录】、【拆分行记录】、【剪切行记录】、【粘贴行记录】等命令，否则会破坏行记录与对应工序卡的关联性。只有在删除了对应工序卡后，这些命令才重新有效。

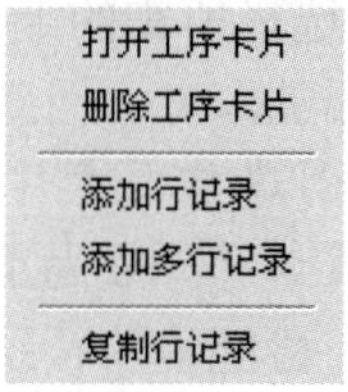

图 6-44　生成卡片后的快捷菜单

（1）打开卡片　有三种方法可以打开卡片。

1）在卡片树中双击某一卡片。

2）在卡片树中鼠标右键单击某一卡片，再单击快捷菜单中的【打开】命令。

3）在卡片树中单击选中某一卡片，再按 Enter 键。

（2）删除卡片　在卡片树中鼠标右键单击某一张卡片，再单击快捷菜单中的【删除卡片】命令，即可将此卡片删除。其中，有一些卡片是不能删除的，如已生成工序卡的工艺过程卡。工艺过程卡生成工序卡后，不允许直接删除工艺过程卡，只有先将所有工序卡均删除后，才能删除工艺过程卡。

（3）中间续页　如果一张卡片有多张卡片续页，那么只有最后一张续页可以删除，中间的续页不允许删除。

3. 添加卡片续页

在添加续页时，可添加不同模板类型的续页。添加续页的前提是卡片模板有支持续页的表区（详细见第 7 章）。有三种方法可以为卡片添加续页。

1）填写表区中具有【自动换行】属性的列时，如果填写的内容超出了表区范围，系统会自动以当前卡片模板添加续页。

2）选择【工艺】/【添加卡片续页】命令，如图 6-45 所示，将弹出“选择工艺卡片模板”对话框，选择所需的续页模板，再单击【确定】按钮，即可生成续页。

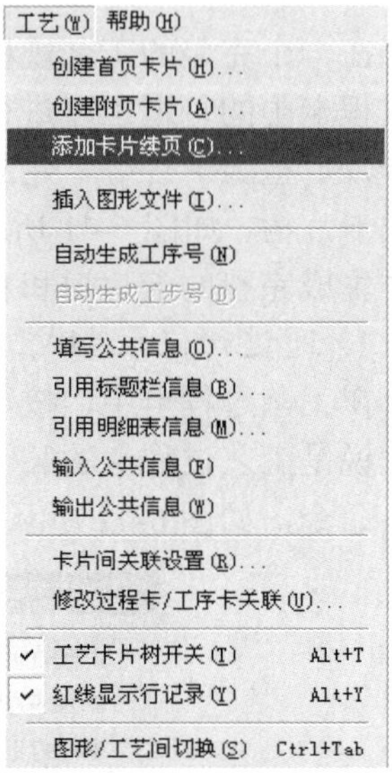

图 6-45　选择【添加卡片续页】

3）单击卡片树对应卡片，单击鼠标右键，选中【添加当前续页】命令，在弹出的对话框中选择所需要的续页模板，再单击【确定】按钮，即可生成续页。添加续页后的卡片树如图 6-46 所示。

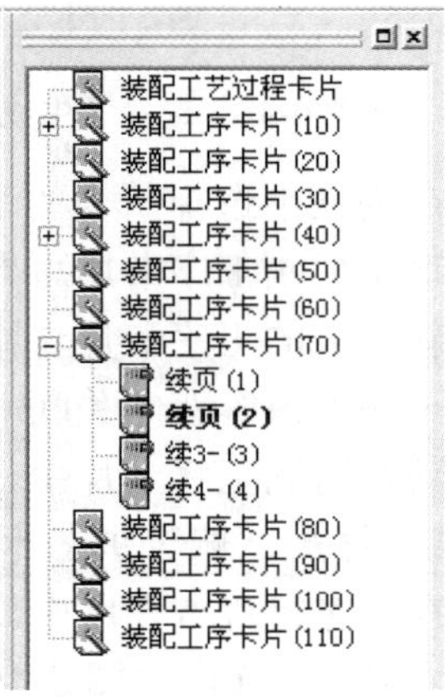

图 6-46　添加续页后的卡片树

4. 添加子卡片

在编写工艺规程时，用户可以在某一张工序卡片之后添加工序附图等卡片，对这一工序的内容作更详细的说明，并将其作为此工序所有卡片中的一张，与主页卡片、卡片续页一起排序，能够移动。这就用到了【添加子卡片】功能。

添加子卡片的步骤如下：

1）在卡片树中，鼠标右键单击要添加子卡片的卡片，弹出快捷菜单。

2）选择【添加子卡片】命令，如图 6-47 所示，弹出“选择工艺卡片模板”对话框。

3）选择所需的卡片模板，单击【确定】按钮，完成子卡片的添加。

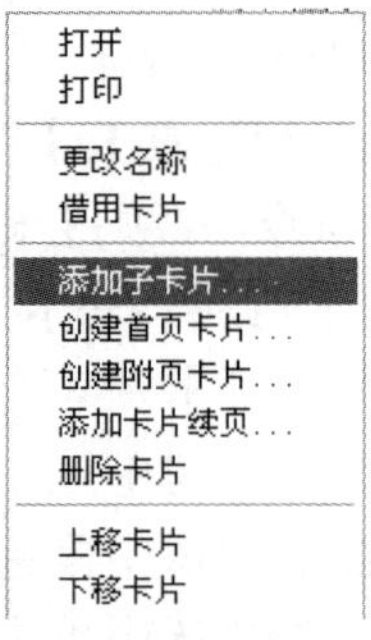

图 6-47　选择【添加子卡片】命令

5. 创建首页卡片与附页卡片

首页卡片一般为工艺规程的封面，而附页卡片一般为附图卡片、检验卡片、统计卡片等。

单击【工艺】/【创建首页卡片】与【创建附页卡片】，均会弹出如图 6-43 所示的“选择工艺卡片模板”对话框，选择需要的模板，单击【确定】按钮后即可以为工艺规程添加首页和附页。

在卡片树中，首页卡片被添加到工艺规程的最前面，而附页卡片则被添加到工艺规程的最后，添加的首页卡片和附页卡片，如图 6-48 所示。

6. 其他的卡片树操作

（1）更改卡片名称　在卡片树中，鼠标右键单击要更改名称的卡片，选择【更改名称】命令，再输入新的卡片名称，按 Enter 键即可。

（2）上移或下移卡片　在卡片树中，鼠标右键单击要移动的卡片，选择【上移卡片】或【下移卡片】命令，如图 6-49 所示，可以改变卡片在卡片树中的位置。卡片的页码会自动作出调整。

移动工序卡片时，其续页、子卡片将一起移动。子卡片只能在其所在卡片组的范围内移动，不能单独移动。

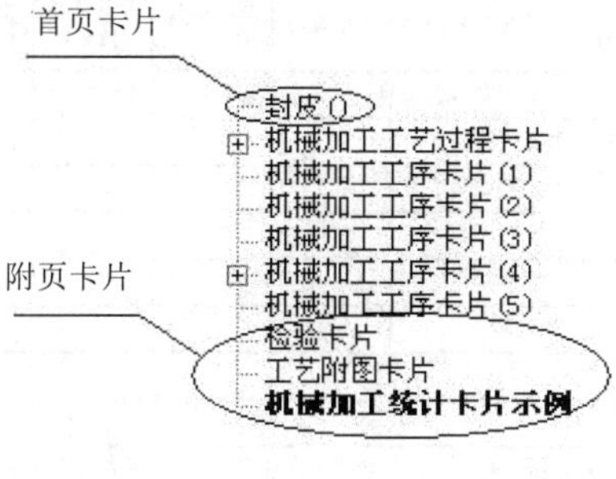

图 6-48　添加的首页卡片和附页卡片

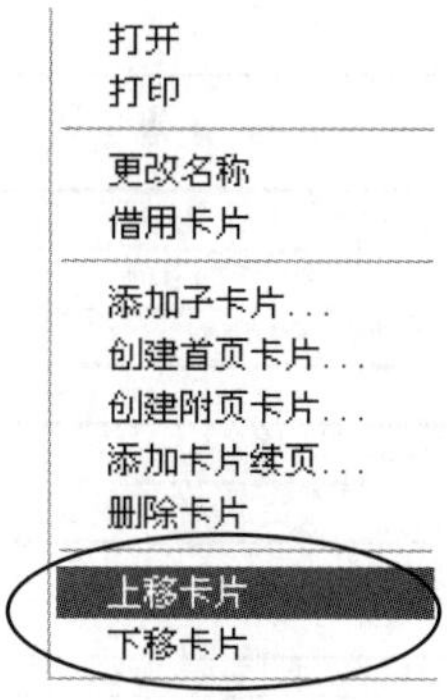

图 6-49　上移或下移卡片

7. 卡片树间的关联设置

在工艺过程卡片中，行记录各列的内容，如工序号、工序名称、设备名称、材料牌号等，可以设置为与工序卡片单元格表区之外的内容相关联，两者通过单元格名称匹配。如图 6-50 所示，工序卡片中的工序名称、机床名称、机床型号、冷却液、材料牌号、夹具编号等内容是与工艺过程卡中对应的行记录相关联的。通过设置过程卡与工序卡的关联，可以保持工艺数据的一致性，减少错误，并方便工艺人员的填写。

选择主菜单下的【工艺】/【卡片间关联设置】命令，将弹出“卡片间关联填写设置”对话框，如图 6-51 所示。具体选项的功能介绍如下：

（1）过程卡和工序卡内容不关联　两者内容不相关，可分别更改工艺过程卡与工序卡，彼此不受影响。

（2）过程卡内容更新到工序卡　修改工艺过程卡内容后，工序卡内容自动更新。

（3）工序卡内容更新到过程卡　修改工序卡内容后，工艺过程卡内容自动更新。

（4）过程卡和工序卡内容双向关联　确保工艺过程卡或工序卡关联内容的一致，修改工艺过程卡时，工序卡内容自动更新，反之亦然。

选择主菜单下的【工艺】/【修改过程卡/工序卡关联】命令，可以修改过程卡和工序卡之间的关联关系。“修改过程卡/工序卡关联”对话框如图 6-52 所示，选择左边工序卡片可以设置成关联，选择右边工序卡片可以解除关联。

8. 借用卡片

借用卡片可以将 CAXA 工艺图表旧版本的工艺卡片文件或者其他工艺规程中的卡片，借用到当前工艺规程中来，这样就减少了重新创建并输入卡片的工作量。

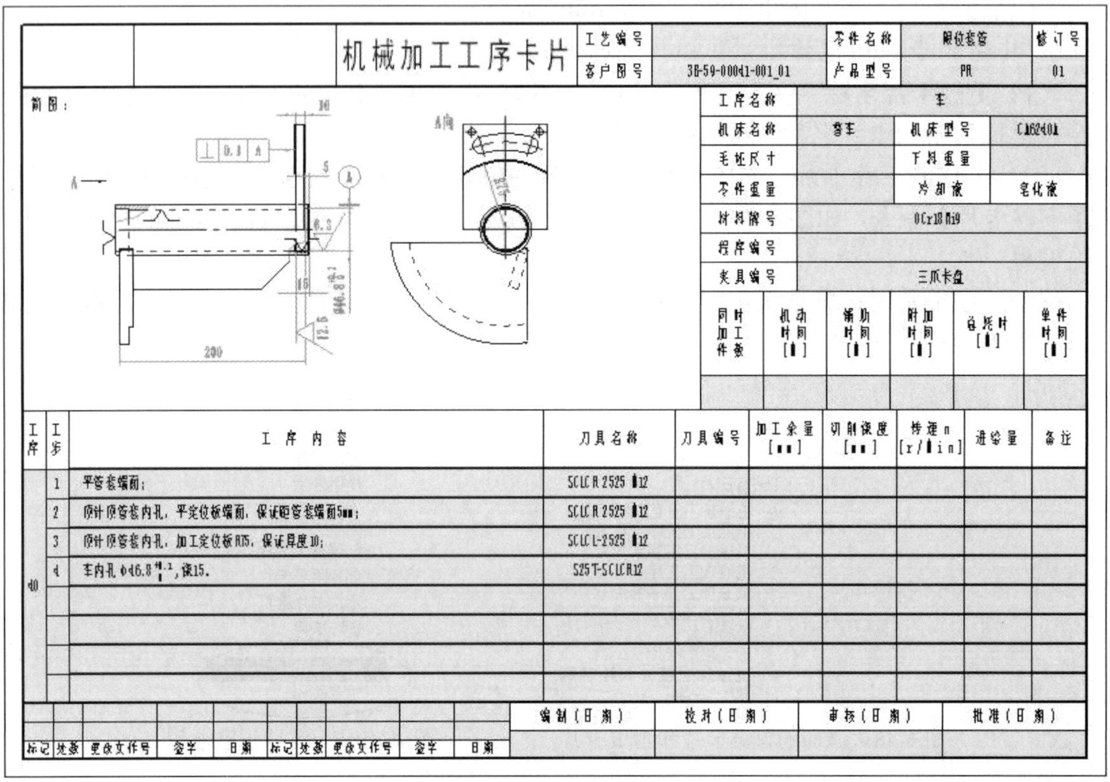

图 6-50　与行记录相关联示例

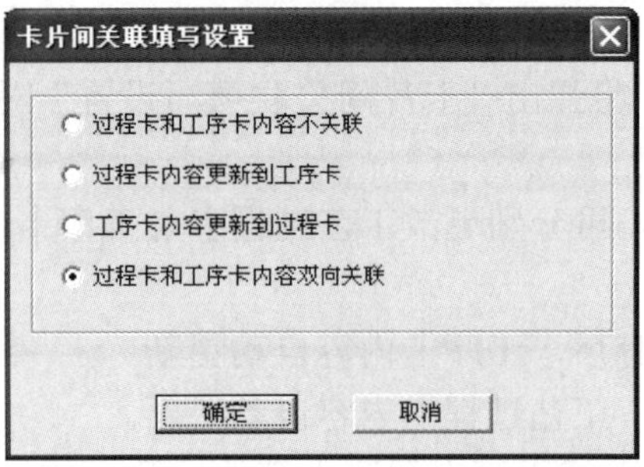

图 6-51 “卡片间关联填写设置”对话框

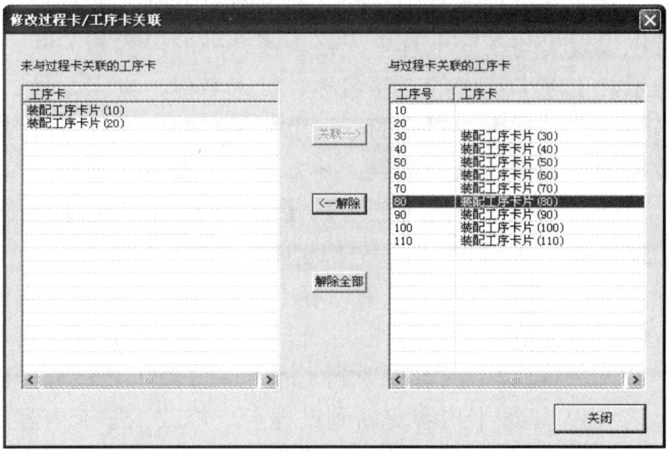

图 6-52 “修改过程卡/工序卡关联”对话框

在卡片树窗口中，鼠标右键单击卡片，弹出快捷菜单，选中【借用卡片】命令，将弹出“工艺卡片借用”对话框，如图 6-53 所示。

单击【浏览】，找到被借用的工艺卡片。打开此卡片，然后单击【确认】按钮。可以看到在工艺规程的卡片树中，原先选中的卡片已经被借用的卡片代替。

图 6-53 “工艺卡片借用”对话框

6.4　工艺附图的绘制

在工艺编制过程中，针对每道工序可以利用简图来详细描述加工或装配的过程，这里的简图就是工艺附图。在各种场合，工艺附图有一部分是工艺编制人员直接绘制的简图，有一部分是直接引用的设计图样，另外一部分是一些实际图片。所以，在绘制工艺附图过程中需要不同的方法来完成。

1. 直接绘制工艺附图

CAXA 工艺图表集成了 CAXA 电子图板的所有功能，利用电子图板的绘图工具，可方便地绘制工艺附图。

在生成的工序卡片中，可通过绘图工具、编辑工具、标注工具等直接在卡片中绘制工艺附图。绘图工具、编辑工具、标注工具如图 6-54 所示。

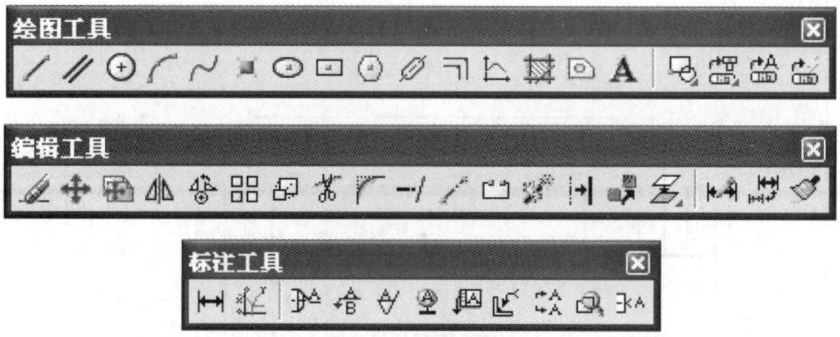

图 6-54　绘图工具、编辑工具、标注工具

用户也可以在图形绘制界面中绘制工艺附图，然后复制、粘贴到工艺环境下的卡片中。具体操作如下：

进入图形绘制界面，像使用电子图板一样在绘图区绘制工艺附图。工艺附图绘制完成后，选择【编辑】/【图形拷贝】命令，或按下 Ctrl＋C 快捷键，然后用鼠标左键框选工艺附图，工艺附图被高亮显示，如图 6-55 所示。再单击鼠标右键，窗口底部命令行提示【请给定图形基点】，单击图中某一点，系统自动将选中的图形信息复制到剪贴板上。

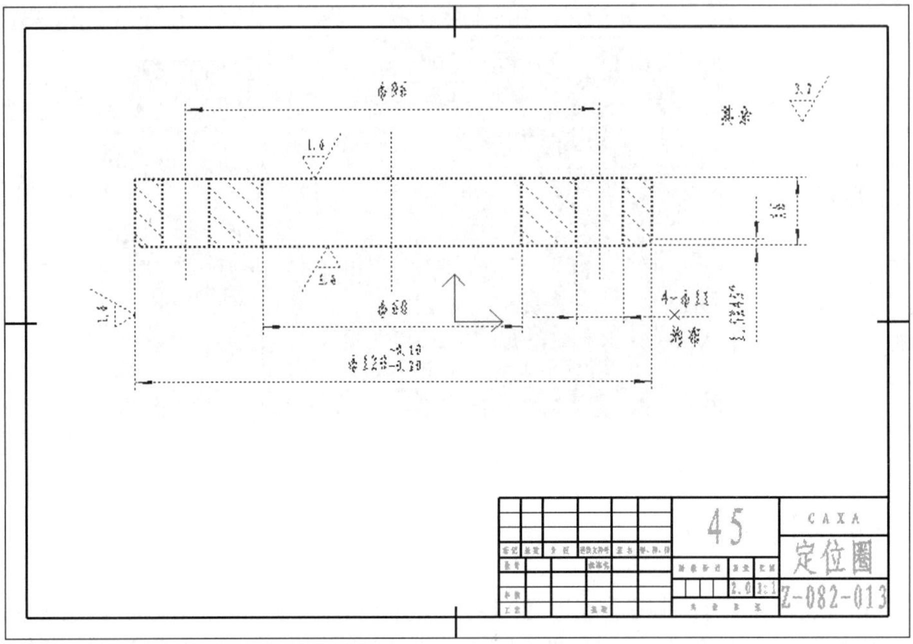

图 6-55　选择工艺附图

选择【工艺】/【图形/工艺间切换】命令或直接单击 Ctrl＋Tab 快捷键，切换到工艺环境。打开要添加工艺附图的卡片，选择【编辑】/【粘贴】命令，或按 Ctrl+V 快捷键，可以看到被粘贴的工艺附图随鼠标浮动，如图 6-56 所示。这时，在窗口底部的即时菜单中显示了可用的选项。

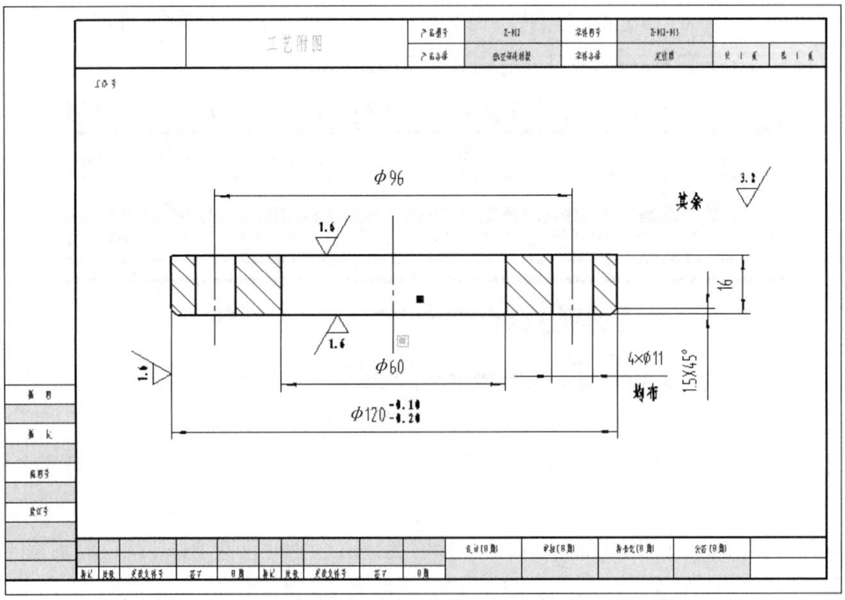

图 6-56　粘贴工艺附图

（1）“定点”方式　窗口底部命令行提示“请输入定位点”，如图 6-57 所示。单击卡片上某一点或直接输入定位点坐标并单击 Enter 键，图形即粘贴到卡片上。

（2）“定区域”方式　窗口底部命令行提示“请拾取需要粘贴图形的区域”，如图 6-58 所示。在要粘贴图形的单元格内部单击，图形即被粘贴到单元格内，并按单元格大小自动缩放。

图 6-57 “定点”方式

图 6-58 “定区域”方式

（3）“拷贝为块”选项　被粘贴的图形自动生成为块，块中单个的图形元素不能直接编辑。

（4）“保持原态”选项　图形被粘贴后，保持复制前的状态。

如果需要表达夹紧，可以通过“提取图符”按钮，选择并直接调用夹紧符号。夹紧符号库如图 6-59 所示。

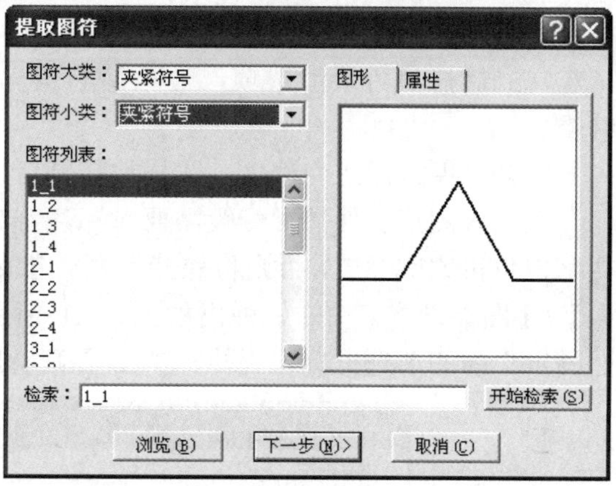

图 6-59　夹紧符号库

2. 插入已有图样

用户除了可以直接插入 CAXA 电子图板文件外，也可以直接插入.dwg、.dxf 等 AutoCAD 文件。在编制工艺界面中，选择【工艺】/【插入图形文件】命令，弹出如图 6-60 所示对话框。

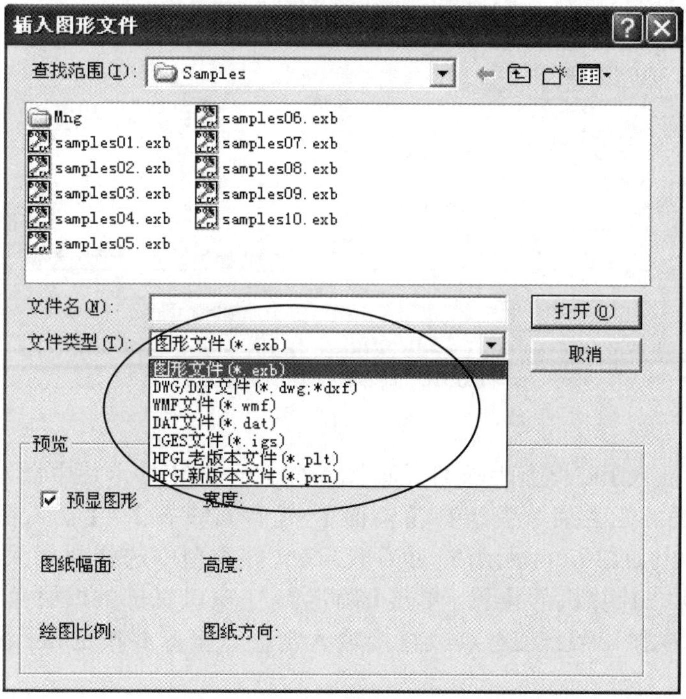

图 6-60 “插入图形文件”对话框

在文件类型中选择需要插入图形的文件格式（如是电子图板文件，可选择“图形文件（*.exb）”），并选择要插入的图形文件，在窗口底部的即时菜单中将显示可用的选项。

（1）“定点”方式　窗口底部命令行提示“请输入定位点”（参见图 6-57）。单击卡片上某一点或直接输入定位点坐标并按 Enter 键，图样即粘贴到卡片上。

（2）“定区域”方式　窗口底部命令行提示“请拾取需要粘贴图形的区域”（参见图 6-58）。在要粘贴图样的单元格内部单击，图样即被粘贴到单元格内，并按单元格大小自动缩放。

（3）“拷贝为块”选项　被粘贴的图样自动生成为块，块中单个的图形元素不能直接编辑。

（4）“保持原态”选项　图样被粘贴后，保持复制前的状态。

在插入图形文件前，一般需要对标注字高进行设置，进行此设置后，插入的图形的标注文字也将按比例缩放，否则将保持不变，造成显示上的混乱。操作步骤：在主菜单中选择【幅面】/【图幅设置】命令，弹出如图 6-61 所示的“图幅设置”对话框，将“标注字高相对幅面固定”前的单选框标记去掉，单击【确定】，完成设置。

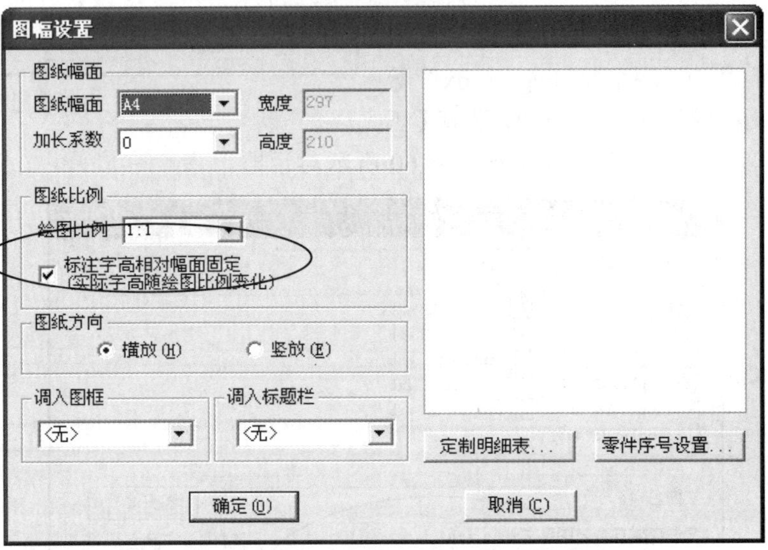

图 6-61　“图幅设置”对话框

3. 插入图片

用户可以直接插入.JPG 等图片文件，如图 6-62 所示为工序卡片中插入图片文件。

具体插入方法：在主菜单中选择【幅面】/【背景设置】/【插入图片】命令，如图 6-63 所示，系统弹出如图 6-64 所示的对话框；在文件类型中选择要插入图片的文件格式，并找到图形文件所在计算机的位置，单击【确定】。在窗口底部的即时菜单中显示插入点，如图 6-65 所示，单击卡片上某一点或直接输入定位点坐标并按 Enter 键，图片插入到卡片中。

插入的图片，可以通过【编辑背景图片】、【删除背景图片】等命令（图 6-63）进行管理及编辑。

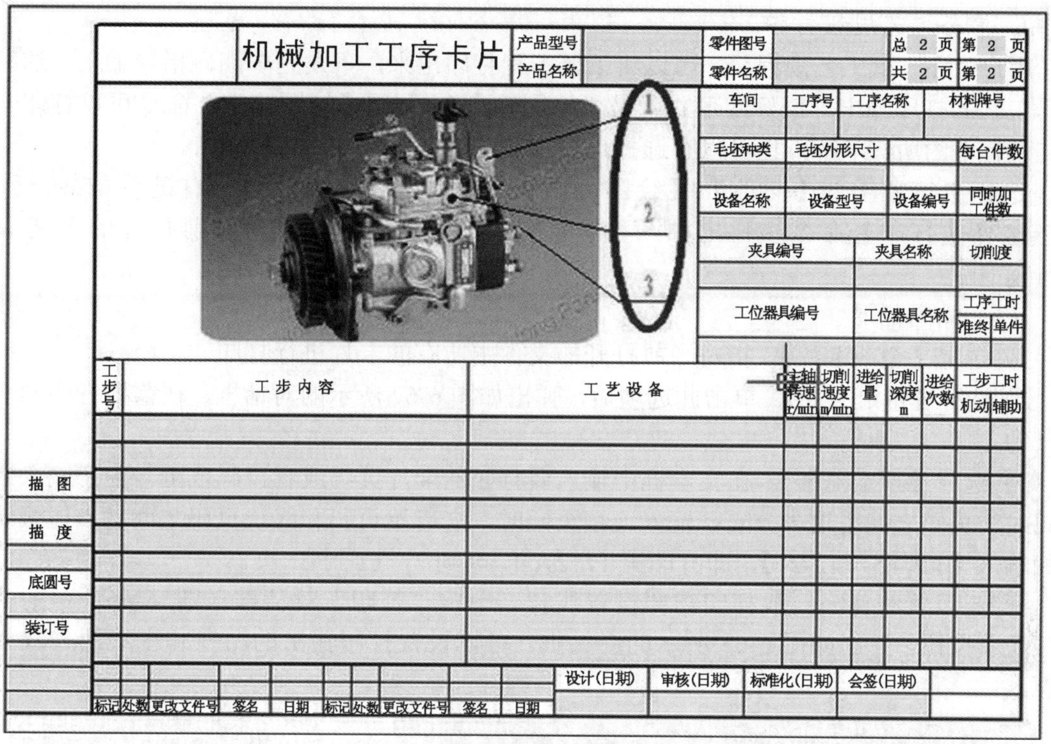

图 6-62　工序卡片中插入图片文件

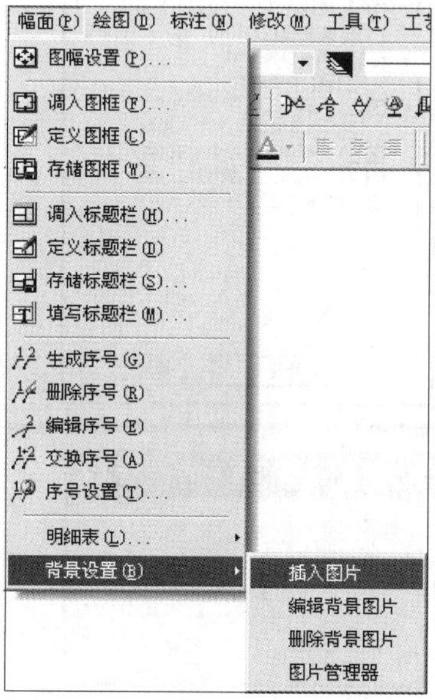

图 6-63　选择【插入图片】命令

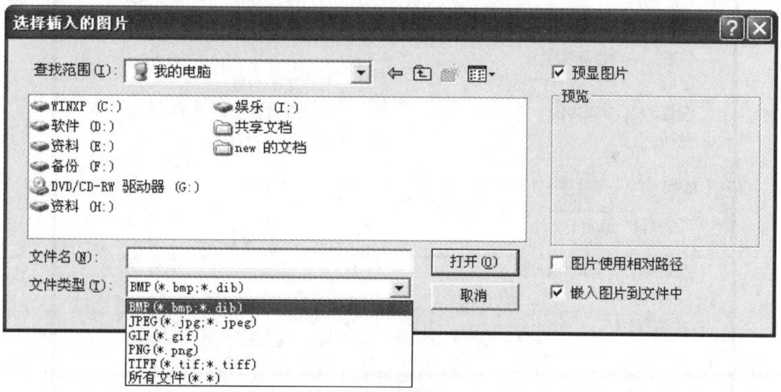

图 6-64　“选择插入图片”对话框

图 6-65　选择插入点

6.5　工艺图的输出

在 CAXA 工艺图表中，提供了多种工艺卡片的输出打印形式，在实际应用中可根据具体情况灵活选择使用。

1. 单套工艺规程打印

用户做完一套工艺规程后，可以将工艺卡片打印出来，下发到车间，指导加工。这种对单套工艺的打印输出，最好的形式就是“绘图输出”。利用【绘图输出】命令可以打印一套工艺规程中的所有卡片，也可以有选择地输出整套工艺规程中的某些卡片。

选择主菜单中的【文件】/【绘图输出】命令，或者在卡片树中右键单击某一张卡片，选择【打印】命令，弹出如图 6-66 所示的对话框，可以对当前打开的工艺卡片进行打印。

（1）输出范围

1）选择【全部卡片】。指对当前打开的文件中所有的卡片进行打印。

2）选择【指定卡片】。单击此选项后，弹出如图 6-67 所示的对话框，在需要打印的卡片前打勾。

3）选择【指定范围】。在文本框中输入要打印的卡片页码或者页码范围。注意输入单个页码时，页码之间用逗号分隔；输入连续页码时，在起始页码和终止页码之间输入短画线。例如输入【1,2,4,5-7,12-21】，即打印第 1，2，4，5 到 7，12 到 21 页。

（2）设置线宽　一般打印需要设置线宽。单击“打印”对话框（图 6-66）中的【设置线宽】按钮，弹出如图 6-68 所示的对话框，可以设置打印输出的粗线和细线两种线型的线宽。

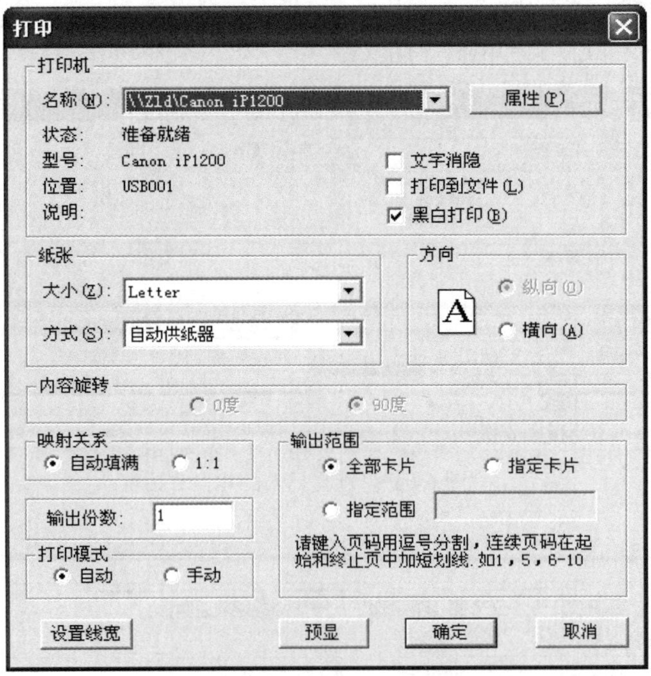

图 6-66 “打印”对话框

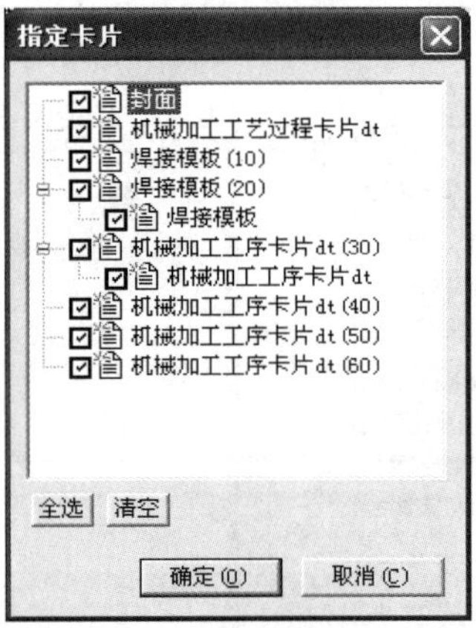

图 6-67　“指定卡片”对话框

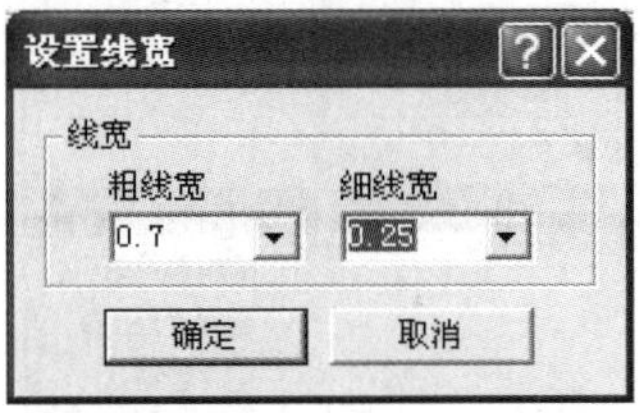

图 6-68 “设置线宽”对话框

用户选择好打印机名称，设置好纸张大小以及输出份数就可以打印了。

2. 批量打印

在打印多个文件的时候，如需要对一个部件图的所有零件的加工工艺进行打印，可以采用批量打印。

选择【文件】/【批量打印】命令，弹出“批量打印文件”对话框，如图 6-69 所示。

单击【添加】按钮，弹出“打开”对话框，可同时选择多个工艺文件。选择好需要打印的多个工艺文件后，单击【确定】按钮，弹出如图 6-70 所示对话框。此对话框与图 6-66 所示的“打印”对话框相比，缺少了“输出范围”选项，其他选项完全相同，按需要对其进行设置后，再单击【确定】按钮即可将多个工艺文件中的卡片打印输出。

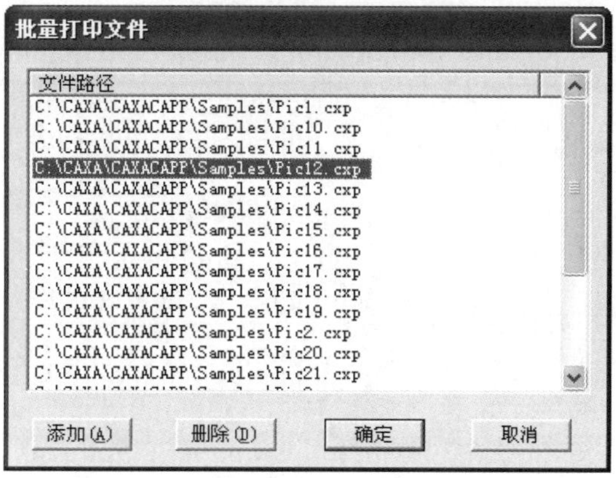

图 6-69　“批量打印文件”对话框

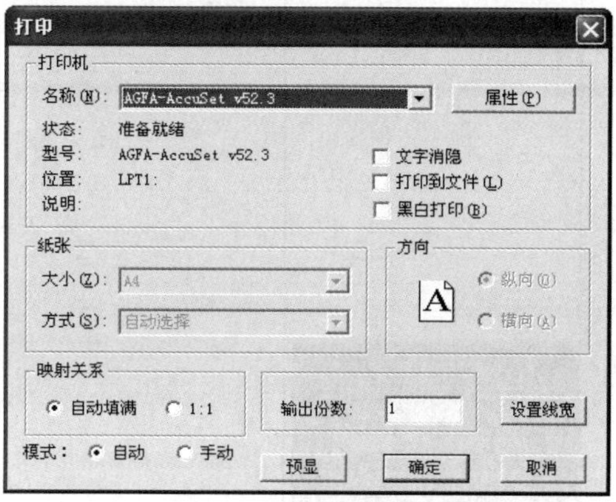

图 6-70　“打印”对话框（批量打印）

3. 拼图打印

为了方便在绘图仪等大型输出设备上进行打印，CAXA 工艺图表提供了排版打印的功能。选择菜单中的【工具】/【外部工具】/【打印排版工具】命令，如图 6-71 所示；弹出的“打印排版工具”对话框如图 6-72 所示。

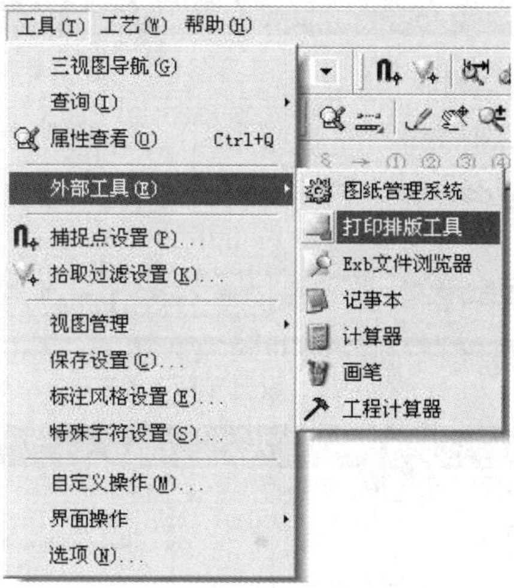

图 6-71　选择【打印排版工具】命令

新的排版环境包括打印图样输出幅面宽度，图样间的间隙等。选择打印排版主菜单的【文件】/【新建】命令，或者单击新建按钮🗋，会弹出图 6-73 所示对话框，在对话框中选择输出幅面（打印宽度）、设置图样间距并单击【确定】按钮，即可开始排版。

选择主菜单的【排版】/【插入】命令（图 6-74），或者单击插入图形文件按钮，在弹出的“打开文件”对话框中选定要插入的图形文件并单击【打开】按钮，打开的图形文件就插入到新建的打印排版环境中。在插入图形时，支持多文件选择。

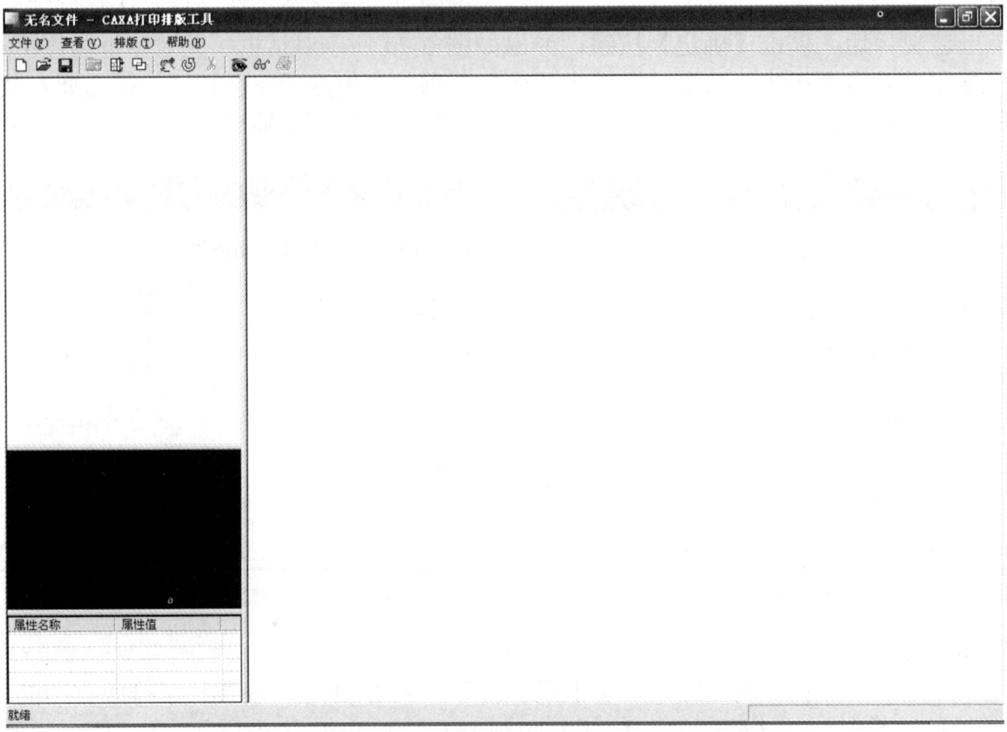

图 6-72　“打印排版工具”对话框

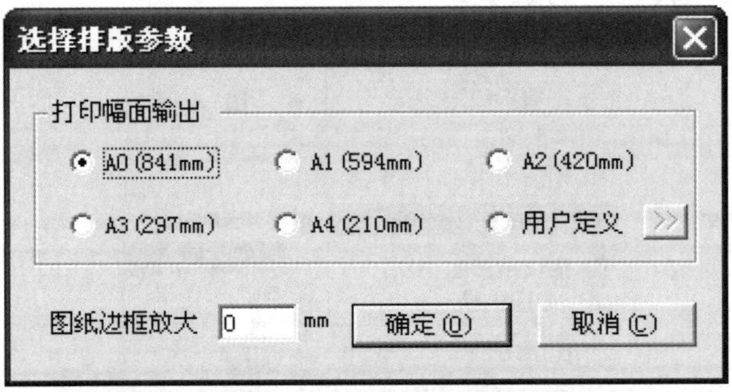

图 6-73　设置排版参数

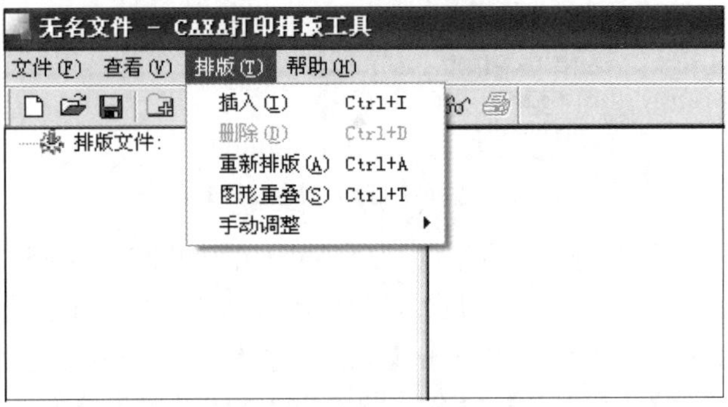

图 6-74　选择【插入】命令

插入打印文件后的界面如图 6-75 所示。

选择主菜单的【文件】/【绘图输出】命令，或者单击绘图输出按钮，弹出“打印设置”对话框，如图 6-76 所示。在弹出的对话框中进行线型设置、映射关系、文字消隐、定位方式等的一系列相关内容设置后，即可进行绘图输出。

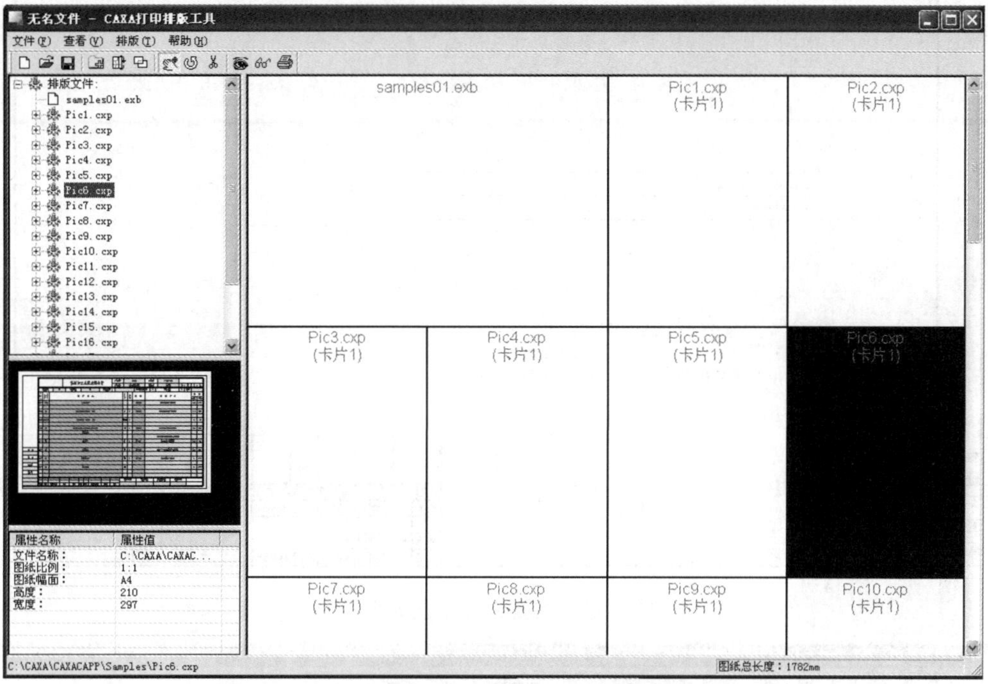

图 6-75　插入打印文件后的界面

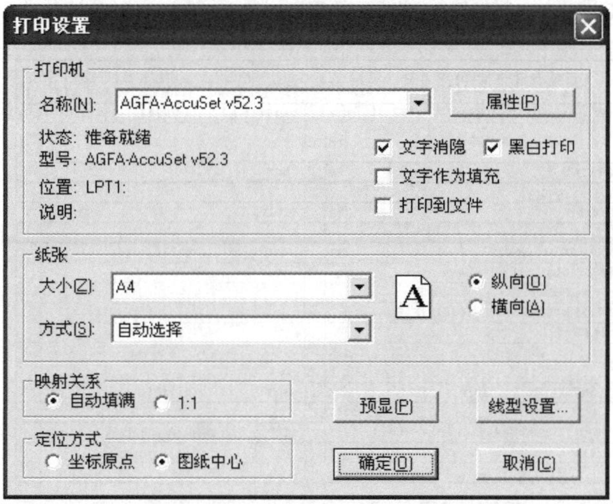

图 6-76　“打印设置”对话框

6.6　CAXA 工艺图表卡片填写实例

下面以一个典型零件的机械加工为例，在 CAXA 工艺图表中完成工艺过程卡的填写过程。典型零件如图 6-77 所示。完成后的工艺过程卡如图 6-78 所示。

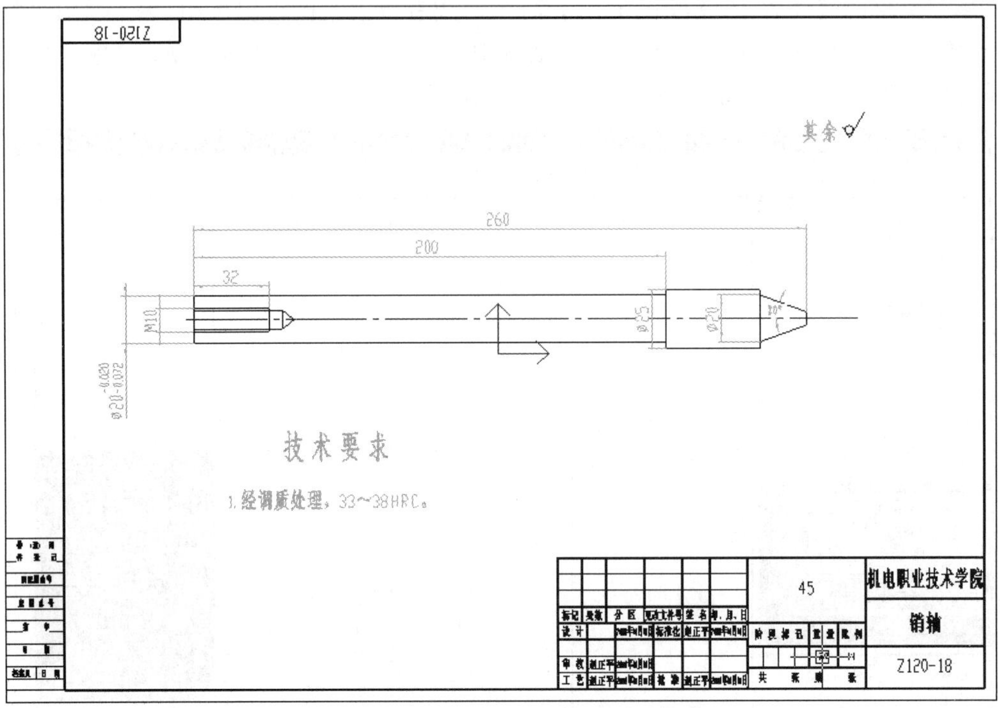

图 6-77　需要完成工艺的零件

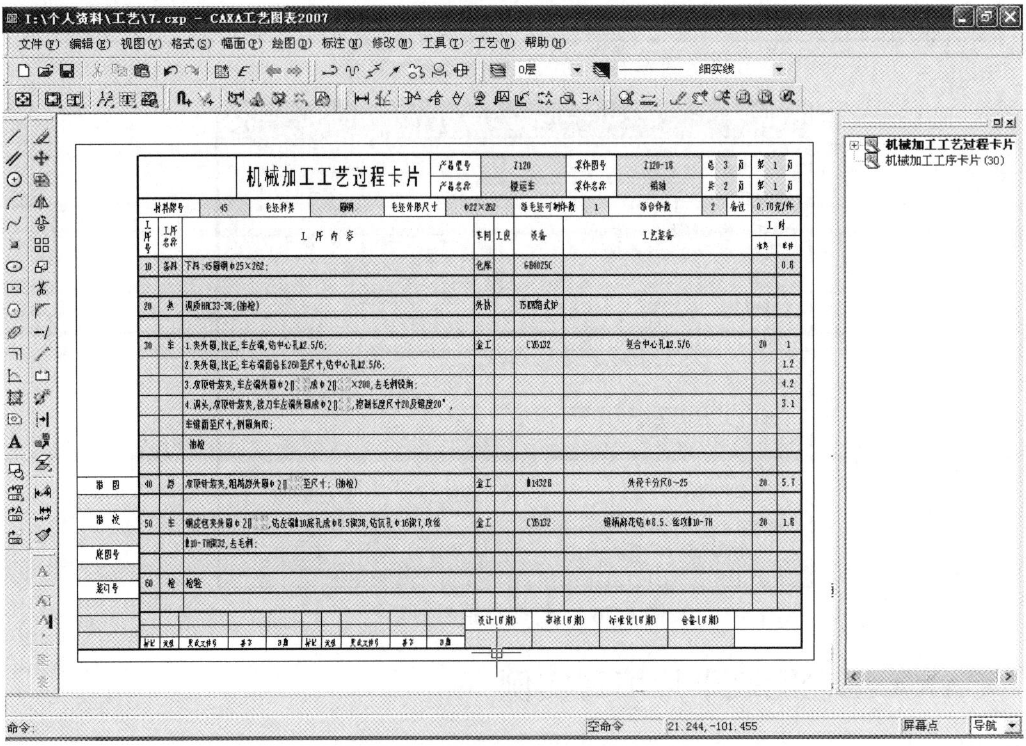

图 6-78　完成后的工艺过程卡

1. 进入机械加工工艺过程卡片界面

打开工艺图表软件，选择菜单栏中的【文件】/【新文件】命令（图 6-79），或者单击新建按钮，弹出“新建文件类型”对话框（图 6-1）；在“工艺规程”选项卡中选择“机械加工工艺规程”，弹出机械加工工艺过程卡片界面，如图 6-80 所示。

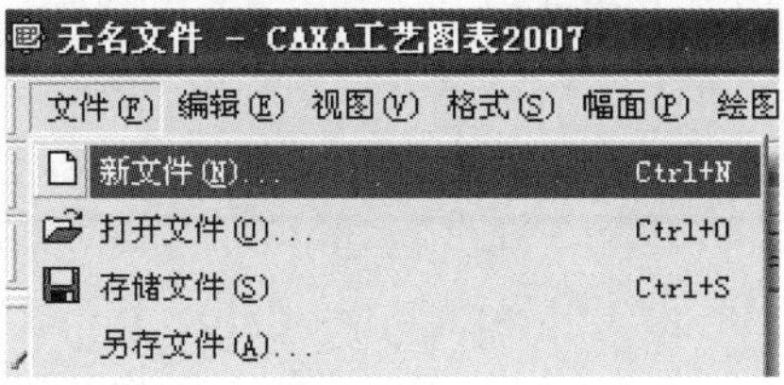

图 6-79　选择“新文件”命令

2. 填写公共信息

在“机械加工工艺过程卡片”中，默认的公共信息为产品型号、产品名称、零件图号、零件名称。用户可以直接单击所要填写的单元格进行填写，也可以选择【工艺】/【填写公共信息】命令，弹出“公共信息”对话框如图 6-81 所示，可在对话框中填写有关公共信息。

在这里我们通过【引用标题栏信息】命令填写公共信息。选择【工艺】/【引用标题栏信息】命令，弹出如图 6-82 所示对话框。单击“图形文件名称”后的【浏览】，找到零件图，如图 6-83 所示；再单击【确定】。引用的标题栏信息如图 6-84 所示。

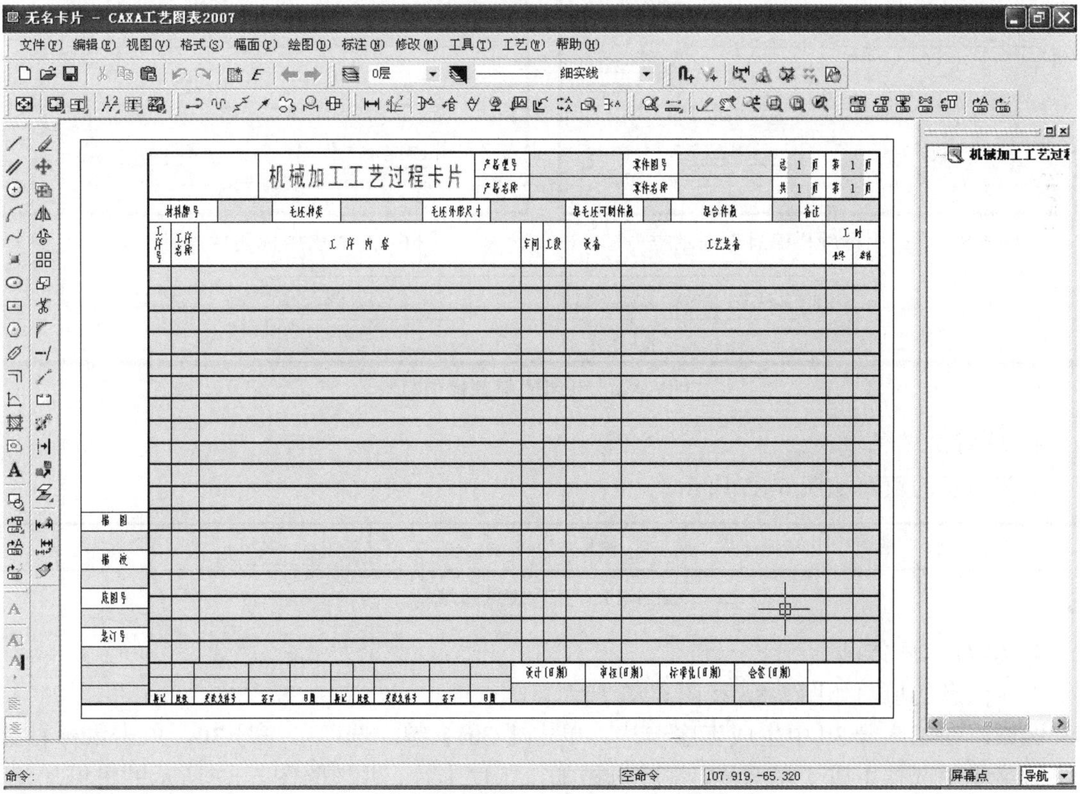

图 6-80　机械加工工艺过程卡片界面

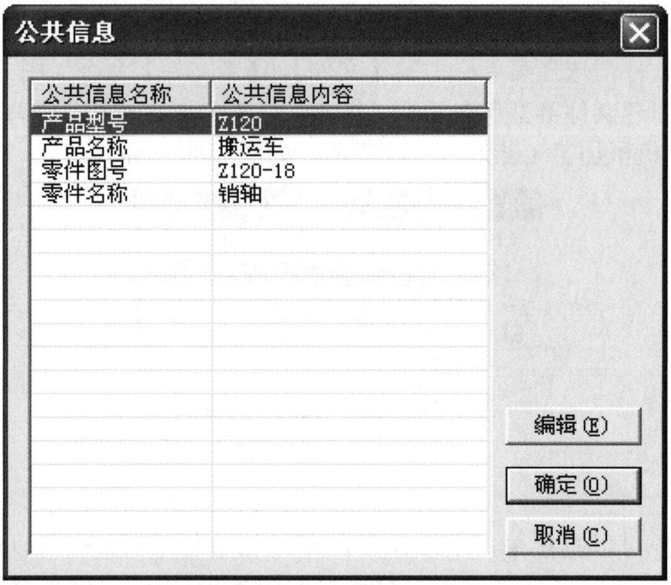

图 6-81　填写公共信息

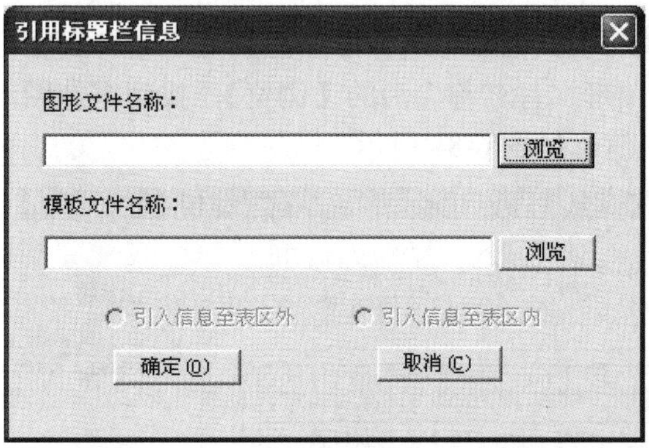

图 6-82　“引用标题栏信息”对话框

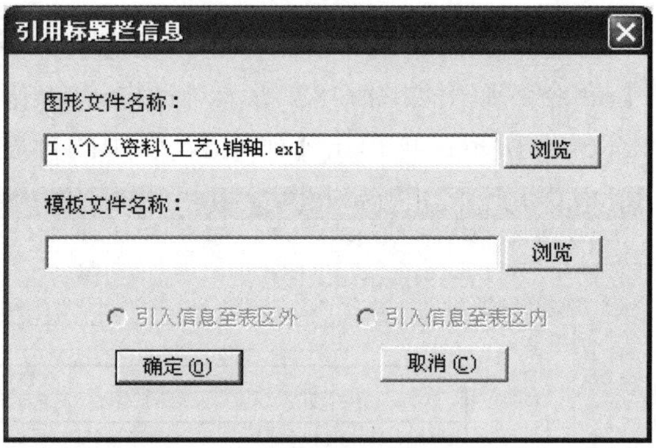

图 6-83　“引用标题栏信息”对话框

产品型号	Z120	零件图号	Z120-18
产品名称	搬运车	零件名称	销轴

图 6-84　引用的标题栏信息

3. 填写工艺信息

工艺信息的填写如图 6-85 所示。

材料牌号	45	毛坯种类	圆钢	毛坯外形尺寸	ϕ22 mm×262mm	每毛坯可制件数	1

图 6-85　工艺信息的填写

4. 填写工序信息

工序信息的填写如图 6-86 和图 6-87 所示。

例如，在工序号 30 中生成工序卡片。单击【Ctrl】键，选中工序号 30，单击鼠标右键，在快捷菜单中选择生成工序卡片，生成机械加工工序卡片，并按照图 6-87 所示的机械加工工序卡片填写工艺内容。

机械加工工艺过程卡片	产品型号	Z120	零件图号	Z120-18	总 2 页	第 1 页
	产品名称	搬运车	零件名称	销轴	共 1 页	第 1 页

材料牌号	45	毛坯种类	圆钢	毛坯外形尺寸	ϕ22mm×262mm	每毛坯可制件数	1	每台件数	2	备注	0.78g/件

工序号	工序名称	工序内容	车间	工段	设备	工艺装备	工时 准终	工时 单件
10	备料	下料:45圆钢 ϕ25mm×262mm	仓库		GB4025C			0.8
20	热	调质33～38HRC(抽检)	外协		75kW箱式炉			
30	车	车外圆表面至尺寸	金工		CY6132	复合中心孔A2.5/6	20	9.5
40	管	双顶针装夹,粗精管外圆 $\phi 20^{-0.020}_{-0.072}$ mm至尺寸(抽检)	金工		M1432B	外径千分尺0～25 mm	20	5.7
50	车	钢皮包夹外圆$\phi 20^{-0.020}_{-0.072}$mm,钻左端M10底孔成$\phi$8.5mm深38mm,钻沉孔$\phi$16mm深7mm,攻螺纹	金工		CY6132	锥柄麻花钻ϕ8.5 mm, 攻螺纹M10-7H	20	1.8
		M10-7H深32 mm,去毛刺						
60	检	检验						
70	库	入库						

										设计（日期）	审核（日期）	标准化（日期）	会签（日期）
标记	处数	更改文件号	签字	日期	标记	处数	更改文件号	签字	日期				

描图	
描校	
底图号	
装订号	

图6-86　工序信息的填写（机械加工工艺过程卡片）

机械加工工序卡片	产品型号	Z120	零件图号	Z120-18	总 2 页	第 2 页
	产品名称	搬运车	零件名称	销轴	共 1 页	第 1 页

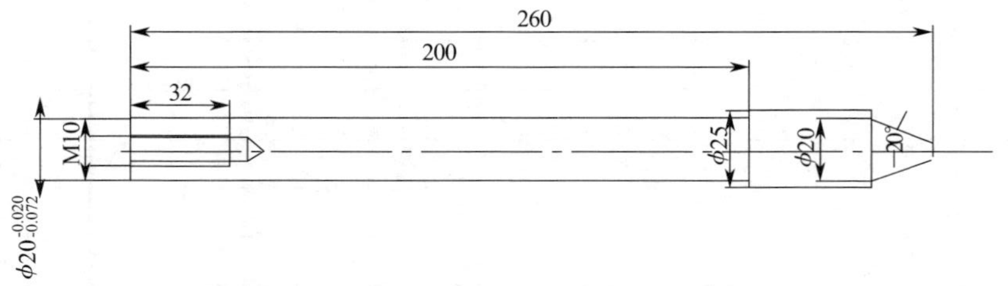

车间	工序号	工序名称	材料牌号
金工	30	车	
毛坯种类	毛坯外形尺寸		每台件数
设备名称	设备型号	设备编号	同时加工件数
夹具编号	夹具名称	切削液	
工位器具编号	工位器具名称	工序工时 准终	工序工时 单件
		20	9.5

工步号	工步内容	工艺设备	主轴转速/(r/min)	切削速度/(m/min)	进给量/(mm/r)	切削深度/mm	进给次数	工步工时 机动	工步工时 辅助
1	夹外圆,找正,车左端,钻中心孔A2.5/6							1	
2	夹外圆,找正,车右端面总长260 mm至尺寸,钻中心孔A2.5/6							1.2	
3	双顶针装夹,车左端外圆 $\phi 20^{-0.020}_{-0.072}$mm成$\phi 20^{+0.3}_{+0.2}$mm×200mm,去毛刺, 锐角							4.2	
4	调头,双顶针装夹,接刀车左端外圆成 $\phi 20^{+0.3}_{+0.2}$mm,控制长度尺寸20mm及锥度20°,车锥面至尺寸,倒圆角$R3$							3.1	
5	抽检								

描图	描校	底图号	装订号

标记	处数	更改文件号	签字	日期	标记	处数	更改文件号	签字	日期	设计(日期)	审核(日期)	标准化(日期)	会签(日期)

图6-87　工序信息的填写（机械加工工序卡片）

思考及练习

6-1　在 CAXA 工艺图表中如何建立工艺规程和工艺卡片？

6-2　在 CAXA 工艺图表中填写卡片的方式有哪些？

6-3　什么叫行记录？

6-4　如何增加卡片续页？

6-5　在 CAXA 工艺图表中有哪些工艺图的输出方式？具体都是如何操作的？

6-6　建立标准机械加工工艺规程，并完成图 6-77 所示零件工艺的填写。

第 7 章　CAXA 工艺图表模板定制

在生成工艺文件时，需要填写大量的工艺卡片，如果将相同格式的工艺卡片格式定义为工艺模板，填写工艺卡片时就可以直接调用工艺卡片模板，不需要多次重复绘制卡片。

第 6 章着重介绍了在 CAXA 工艺图表中编制工艺卡片的方法,这些卡片所使用的模板都是系统自带的标准工艺模板。实际使用时，因为单位名称、加工的零件不一样，所要表达的工艺也不一样，所以，其模板是不一样的，这时候就需要对模板进行定制。本章重点介绍如何定制工艺卡片模板、如何定制工艺规程模板及如何定制工艺知识库。

7.1　工艺模板概述

在 CAXA 工艺图表中，提供了两种类型的工艺模板。

（1）工艺卡片模板（扩展名.txp）　可以是任何形式的单张卡片模板，如过程卡模板、工序卡模板、首页模板、工艺附图模板、统计卡模板等。选择【文件】/【新文件】命令，或单击新建图标🗋，在弹出的“新建文件类型”对话框中选择“工艺卡片”，就可以看到系统自带的工艺卡片模板。

（2）工艺规程模板（扩展名.rgl）　一组工艺卡片模板的集合，必须包含一张过程卡片模板，还可添加其他需要的卡片模板，如工序卡模板、首页模板、附页模板等，各卡片之间可以设置公共信息。在“新建文件类型”对话框中选择“工艺规程”就可以看到系统自带的工艺规程模板。

CAXA 工艺图表提供了常用的各类工艺卡片模板和工艺规程模板，并存储在安装目录下的 Template 文件夹下（如安装在 C 盘，则在 C:\CAXA\CAXACAPP\Template 文件下），可以把这个文件夹下的文件作为备份。

由于生产中的工艺千差万别，现有模板不可能满足所有的工艺文件要求，需要亲手定制符合用户要求的工艺卡片模板。利用 CAXA 工艺图表的图形环境，可以方便快捷地绘制并定制出各种模板。下面详细介绍其操作过程。

7.2　绘制卡片模板

在图形绘制界面中，先要绘制好工艺卡片的模板，在这里需要用到电子图板的绘图和编辑等工具。如图 7-1 所示就是在图形绘制界面中绘制的机械加工工艺过程卡片模板。

1. 绘制卡片前需要注意的要点

（1）设置好图纸图幅　选择主菜单中的【幅面】/【图幅设置】命令，弹出如图 7-2 所示的对话框。

用户可以根据实际的工艺模板设置图纸幅面，一般的工艺模板都是 A4 的幅面，也有一些工艺模板是 A3 的幅面。

一般在默认情况下，图纸比例都是 1∶1，对于重新设置或者转换过来的图样，需要保证图纸比例为 1∶1。

图纸方向可设置成与实际卡片相一致的方向，横放或竖放。如图 7-1 所示的机械加工工艺过程卡片应该选择横放。

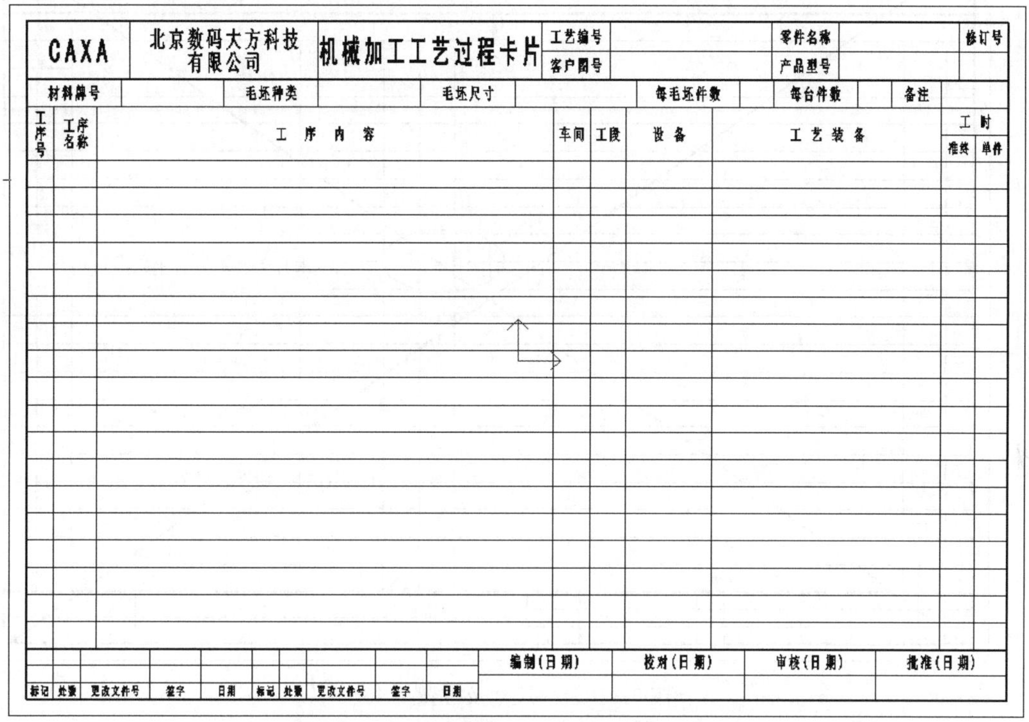

图 7-1　绘制好的机械加工工艺过程卡片模板

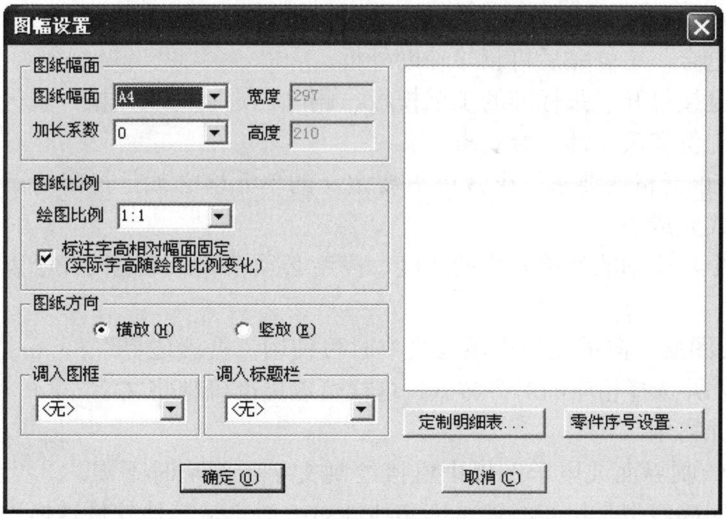

图 7-2 “图幅设置”对话框

（2）绘制的卡片尺寸与位置　一般情况下，绘制的卡片应该按照标准幅面设置，如 A4 的卡片，应该设置幅面长×宽为 297mm×210mm，并且要求卡片位置在中心位置上，如图 7-3 所示。

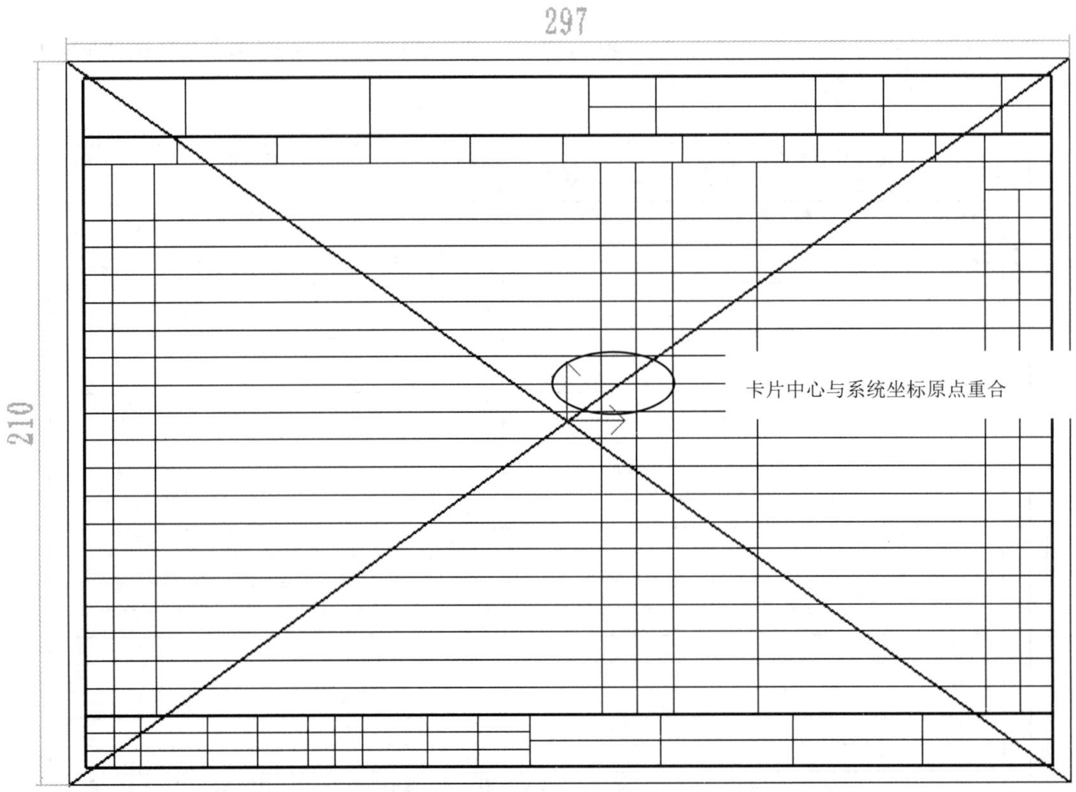

图 7-3　卡片尺寸及位置要求

为了保证卡片的位置，当卡片有外框时，以外框的中心定位，即外框的中心与系统坐标原点重合；当卡片无外框时，可画一个辅助外框，再以外框的中心定位，即辅助外框的中心与系统坐标原点重合，定位完后再删除辅助外框。

用户也可以直接打开一张标准的工艺模板，删除已定制的单元格、表区及多余的线，只留下外框，这样定位和尺寸都符合要求了。

（3）卡片中单元格的要求　卡片中需要定义的单元格必须是封闭的矩形，即所有的线都是以正交的方式完成的。

在工序信息中，绘制的列单元格的宽度、高度必须相等；不是同一个表区的列高度可以不相等。

（4）文字及图层　向单元格内填写文字时可使用“搜索边界”的方式（图 7-4），并选择相应的对齐方式，这样可以更准确地将文字定位到指定的单元格中。

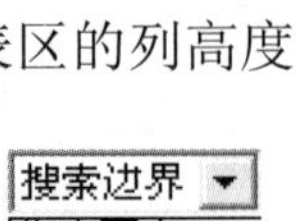

图 7-4　文字的定位方式

在工艺图表绘制界面或电子图板中直接绘制文字或图形时不需要设置层，只要明确线型是粗实线还是细实线即可。对于从其他软件转换过来的卡片，必须将卡片上的所有线及文字设置成 CAXA 默认的细实线层，然后再删除原文件的所有图层，并且要将比例设置成 1∶1。

2. 绘制卡片表格

选择主菜单中的【文件】/【新文件】命令（或单击新建图标、按快捷键 Ctrl+N），弹出“新建文件类型”对话框，并选择“工艺模板”选项卡，如图 7-5 所示；双击列表框中的“工艺卡片模板”项，进入图形绘制界面。也可以直接打开软件进入图形绘制界面。

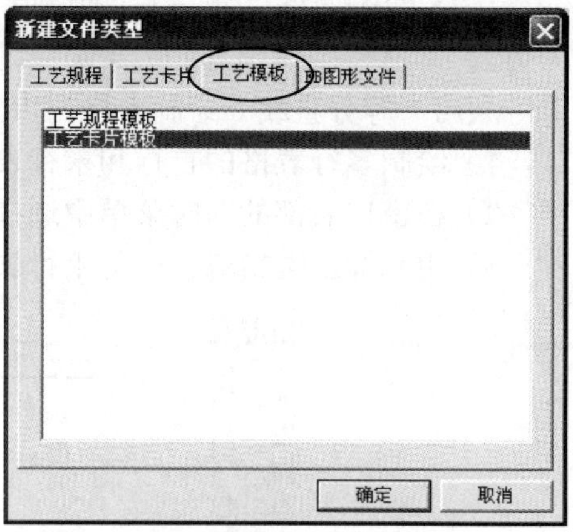

图 7-5　新建工艺卡片模板

利用集成的电子图板绘图工具及编辑工具（图 7-6），可以直接绘制表格。

表格的绘制主要涉及直线的绘制。为了适应各种情况下直线的绘制，提供了两点线、平行线、角度线、角等分线、切线/法线和等分线六种方式。这里介绍直线的两种绘制方法。

（1）两点线　两点线即在屏幕上按给定两点画一条直线段或按给定的连续条件画连续的直线段。在非正交情况下，第一点和第二点均可为三种类型的点：切点、垂足点、其他点（工具“点”菜单上列出的点）。根据拾取点的类型可生成切线、垂直线、公垂线、垂直切线及任意的两点线。在正交情况下，生成的直线平行于当前坐标系的坐标轴，即由第一点定出首访点，第二点定出与坐标轴平行或垂直的直线线段。

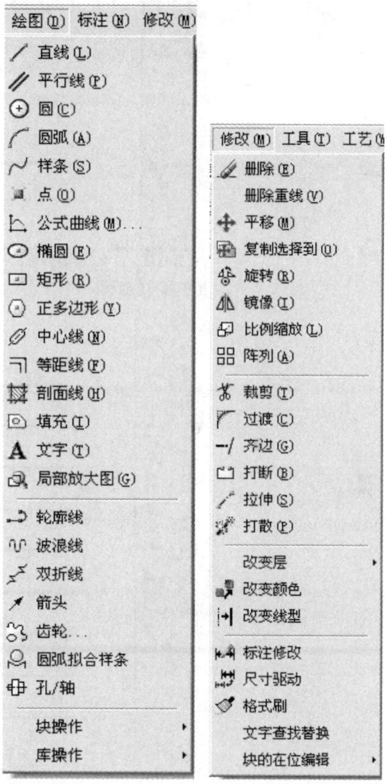

图 7-6　主菜单中的绘图、编辑工具

画两点线的操作步骤如下：

1）单击绘图工具栏中的直线按钮。

2）单击即时菜单中的“1:”，弹出一个直线类型的选项菜单。菜单中的每一项都相当于一个转换开关，负责直线类型的切换。直线类型选项菜单如图 7-7 所示。在选项菜单中选择“两点线”。

3）单击即时菜单中的“2:”，选项内容为“连续”和“单个”。其中“连续”表示每段直线段相互连接，前一段直线段的终点为下一段直线段的起点；“单个”指每次绘制的直线段相互独立，互不相关。

4）单击即时菜单中的“3:”，选项内容为“正交”和“非正交”。“正交”表示要画的直线为正交线段，正交线段是指与坐标轴平行的线段。利用 F8 键可以切换是否正交。一般在工艺编制中所作的直线都是正交的。

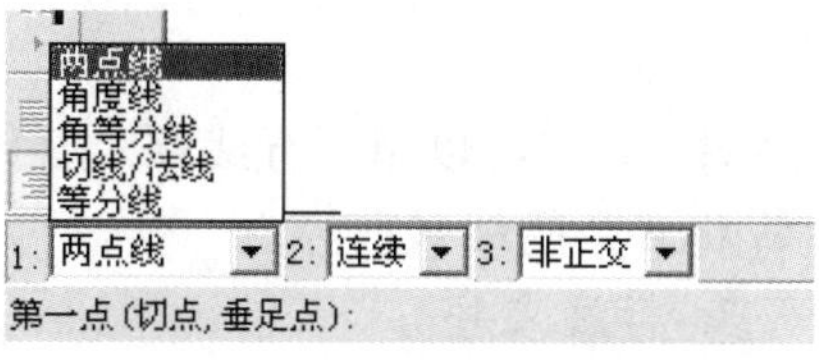

图 7-7　直线类型选项菜单

5）按即时菜单的条件和提示要求，用鼠标拾取两点，则一条直线被绘制出来。为了准确地作出直线，最好使用键盘输入两个点的坐标或距离。

6）绘制直线命令可以重复进行。单击鼠标右键终止此命令。

（2）等分直线　单击直线按钮，在直线类型选项菜单（图 7-7）中选择“等分线”即可。

利用“等分直线”绘制表格的步骤为：

1）绘制多行表格的首行和末行表格线。

2）在窗口底部的即时菜单中选择“等分线”方式，并设置要等分的份数。

3）用鼠标左键拾取首行与末行表格线，即可生成等分线。如图 7-8 所示。

图 7-8　等分线绘图功能

另外，还可以用平行线、等距线等功能绘制工艺模板的表格；并可利用快速裁剪图标将多余的线裁剪掉。

3. 标注文字

单击绘图工具栏中的图标 **A**，即可进行文字标注。首先，需在窗口底部的即时菜单中设置文字的定位方式为“搜索边界”（图 7-4），然后单击单元格，弹出“文字标注与编辑”对话框，如图 7-9 所示。输入要标注的文字，单击【确定】按钮，文字即被填入到目标区域。

在“文字标注与编辑”对话框中单击【风格】，弹出“文本风格”对话框，可创建或编辑需要的文本风格，如图 7-10 所示。系统默认字高为 3.5，此处字高为西文字符的实际字高，中文字高为输入数值的 1.43 倍。

字宽系数为 0～1 之间的数字。对于 Windows 标准的方块字（如菜单中的字符），其字宽系数为 0.998，而国家制图标准的瘦体字字宽系数为 0.667。

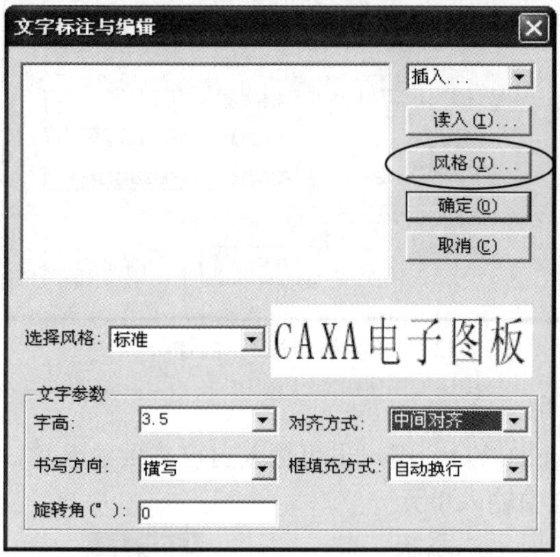

图 7-9 “文字标注与编辑”对话框

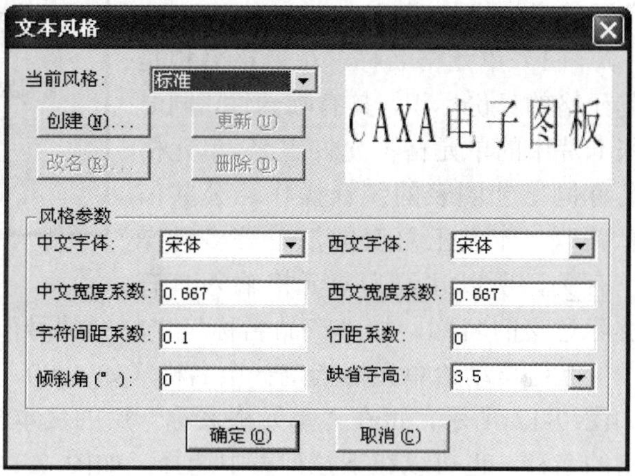

图 7-10 “文本风格”对话框

对于图 7-1 所示工艺过程卡片需要重复文字标注，即在各单元填写需要的文字，并设置相应的字高和字体，完成整张模板的文字标注。

除了直接绘制表格，还可以直接使用电子图板绘制的表格或其他 CAD 设计软件绘制的表格，具体方法为：

1）单击【文件】/【打开文件】命令，或单击图标，弹出“打开文件”对话框。

2）在文件类型下拉列表中选择*.exb、*.dwg 或*.dxf 文件类型，并选择要打开的表格文件。

3）单击【确定】按钮后打开表格文件，按需要修改、定制。

4）修改图层、文字字高、比例等，最终也可以生成如图 7-1 所示的工艺模板表格。

7.3 定制工艺卡片模板

绘制完成的工艺模板表格不能作为工艺卡片模板，还需要对每一个单元格进行定制，并生成相应的表区，才算对卡片定制完成。

选择【工艺】主菜单，出现如图 7-11 所示的工艺菜单选项。使用定义、查询、删除命令即可以快捷地完成工艺卡片的定制。

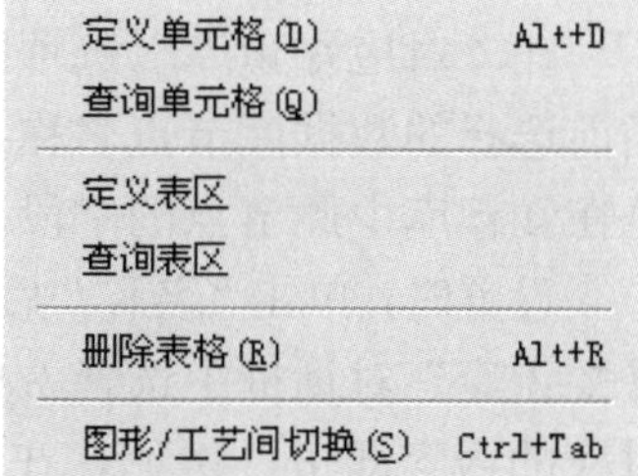

图 7-11 工艺菜单选项

1. 定义与查询单元格

通过单个单元格、列、续列的定义，可以完成一张卡片上所有需要填写的单元格的定义。

选择主菜单【工艺】/【定义单元格】命令，或者直接按快捷键 Alt+D。并用鼠标左键单击单元格，系统将用红色虚线加亮显示单元格边框；再单击鼠标右键，将弹出“单元格属性”对话框，如图 7-12 所示。选择单元格的时候，右下角的“屏幕点”最好设置成“自由”状态，如图 7-13 所示。下面详细介绍单元格各属性的意义。

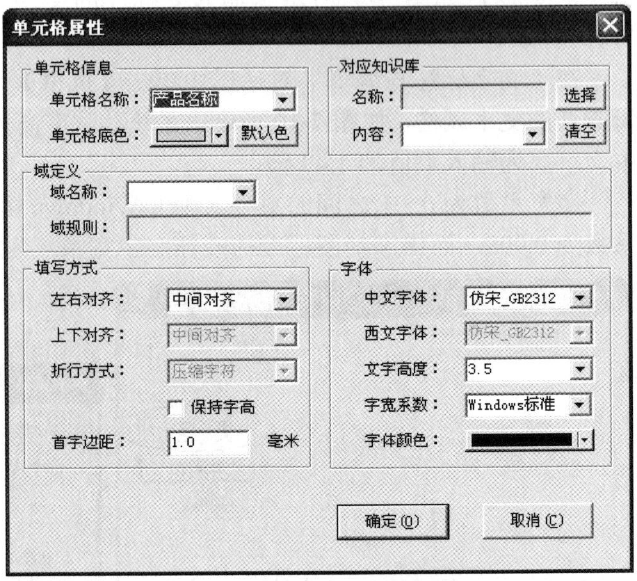

图 7-12 “单元格属性”对话框

（1）单元格名称　单元格名称是单元格的身份标识，具有唯一性，同一张卡片中的单元格不允许重名。单元格名称同工艺图表的统计操作、公共信息关联、工艺汇总表的汇总等多种操作有关，所以建议为单元格输入具有实际意义的名称，如“产品名称”、“材料牌号”等。

系统自动给单元格指定一个名称（如 cell0、cell1 等），用户也可输入自己需要的名称。如图 7-12 所示，可在“单元格名称”后的文本框中输入单元格的名称，也可以在下拉列表中选择，如图 7-14 所示。系统自动保存曾经填写过的单元格名称，并显示在下拉列表中，当输入字符时，下拉列表自动显示与之相符合的名称，以方便查找填写。

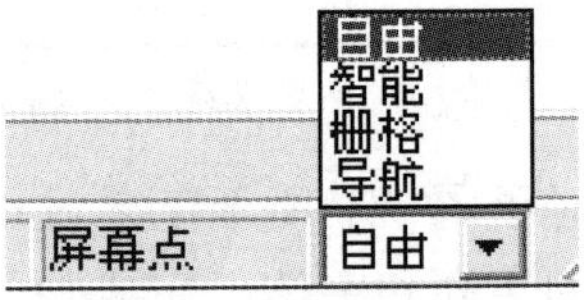

图 7-13 屏幕点设置

（2）单元格底色　在“单元格底色”下拉列表中可选择适合的颜色，以使卡片填写界面更加美观、清晰。但单元格底色不会通过打印输出。

单击【默认色】按钮，会恢复系统默认选择的底色。

（3）对应知识库　知识库是通过 CAXA 工艺图表的“工艺知识管理”模块定制的工艺资料库，如刀具库、夹具库、加工内容库等。用户为单元格指定对应的知识库后，在填写此单元格时，对应知识库的内容会自动显示在知识库列表中，供选择填写。为了使填写过程与知识库相关联，可以设置“对应知识库”。

在“对应知识库”选项区，“名称”后的文本框中显示当前选择的数据库节点名称，“内容”后的下拉列表显示的是在知识库中此节点的字段。

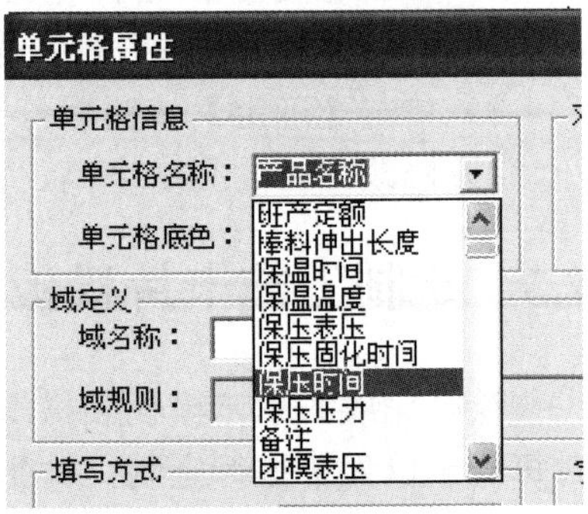

图 7-14 单元格名称下拉列表

设置时，单击“名称”后的【选择】按钮，在弹出的“选择知识库”对话框中选择希望对应的工艺资料库，然后在“内容”后的下拉列表中选择希望对应的内容即可。例如，在“选择知识库”对话框中选择“夹具”，在“内容”选项中选择“编号”，如图 7-15 所示，则填写此单元格时，在知识库列表中选择需要的夹具后，夹具的编号会自动填写到单元格中。单击【清空】按钮，则取消与“对应知识库”的对应。

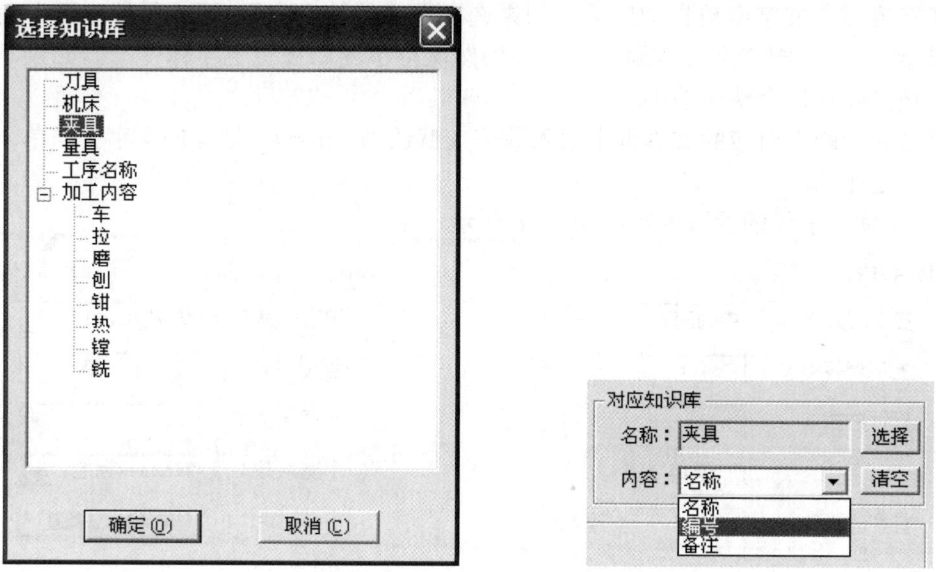

图 7-15　选择知识库和对应知识库

（4）域定义　如果为单元格定义了域，则创建卡片后，此单元格的内容不需输入，而由系统根据域定义自动填写。“域名称”后的下拉列表如图 7-16 所示。

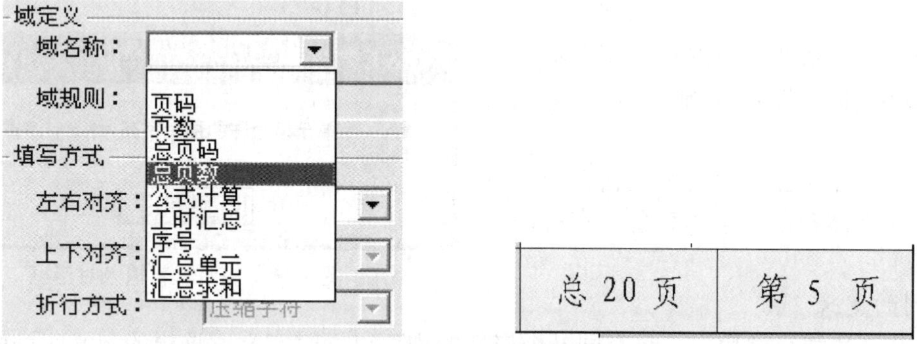

图 7-16 “域名称”后的下拉列表

工艺卡片通常会有四个页码选项，如图 7-16 所示。选项“页数”、“页码”代表卡片所在的卡片组（包括主页、续页、白卡片等），即“共×页　第×页”，而选项“总页数”、“总页码”则代表卡片在整个工艺规程中的排序，即“总×页　第×页”。

选项“公式计算”与“工时汇总”可对同一张卡片中的单元格进行计算或汇总。

选项“汇总单元”与“汇总求和”可对过程卡表区中的内容进行汇总。

“域定义”和“对应知识库”不能同时定义，即两个定义是相斥的。也就是说，一个单元格不可能同时来源于库和域，选择其中的一个定义时，另一个会自动失效。

（5）填写方式　填写方式的设置内容主要是对齐方式，如图 7-17 所示。

对齐选项决定了文字在单元格中的显示位置。“左右对齐”选项可以选择“左对齐”、“中间对齐”、“右对齐”三种方式，而“上下对齐”选项目前只支持“中间对齐”方式。

对于单个单元格，“折行方式”只能为“压缩字符”，即填写卡片时，当单元格的内容超出单元格宽度时，文字会被自动压缩。如果选择了“保持字高”，即“保持字高”前面的复选框中显示“√”，则文字被压缩后，字高仍然保持不变，视觉上字体变窄。如果不选中此项，文字被压缩后，会整体缩小。

在“首字边距”对应的文本框中输入数值（默认为 1mm），填写的文字会与单元格左右边线离开一定距离。

（6）字体　字体的设置内容如图 7-18 所示。

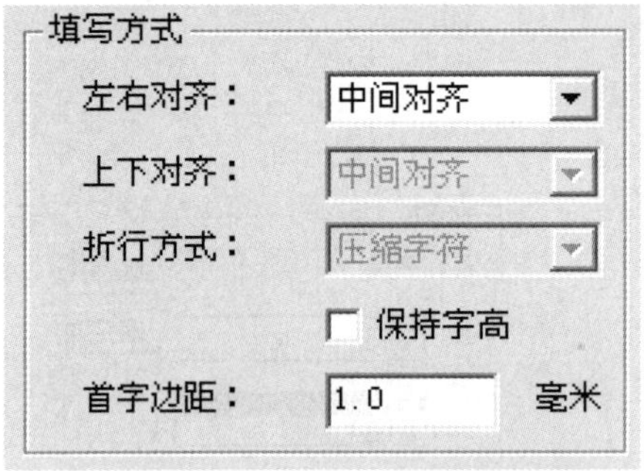

图 7-17 “填写方式”的设置

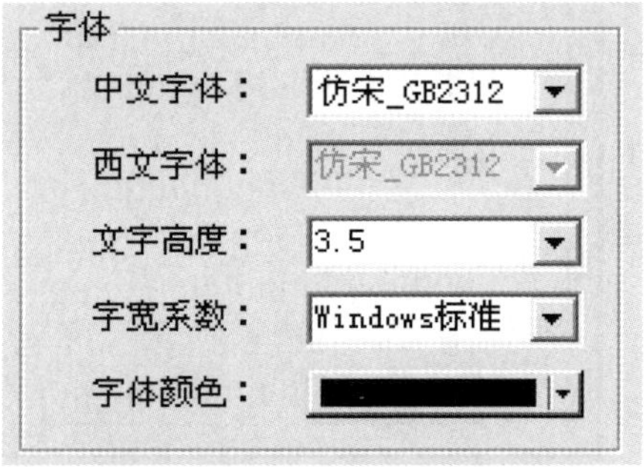

图 7-18 “字体”的设置

在“中文字体”选项中，前面带有“@”标志的字体是纵向填写的。

对于选项“文字高度”，如果定义的字高超过单元格高度，会弹出如图 7-19 所示的对话框。

选项“字宽系数”可选择“制图标准”或“Windows 标准”，也可输入 0～1 之间的数值。

选项“字体颜色”设置单元格在填写过程中默认的字体颜色，字体颜色会在打印时输出。

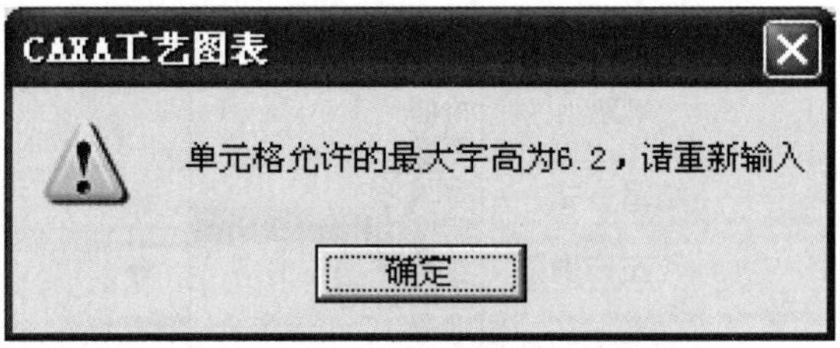

图 7-19　提示重新输入对话框

2. 列的定义

在工艺卡片填写过程中，具有同一个属性的列可以同时定义，这样的定义叫列的定义，主要操作方法如下：

1）选择主菜单【工艺】/【定义单元格】命令，或者按快捷键 Alt+D。

2）单击列的首行单元格，系统用红色虚线框高亮显示此单元格。

3）按住 Shift 键，单击此列的末行单元格，系统将首、末行之间的一列单元格（包括首、末行）全部用红色虚框高亮显示，如图 7-20 所示。

4）放开 Shift 键，单击鼠标右键，弹出“单元格属性”对话框。

5）列属性的设置内容和方法与单个单元格属性的设置基本相同，只是选项“折行方式”下有“自动换行”和“压缩字符”两个选项可供选择。如果选择“自动换行”，则文字填满该列的某一行之后，会自动切换到下一行继续填写；如果选择“压缩字符”，则文字填满该列的某一行后，文字被压缩，不会切换到下一行。

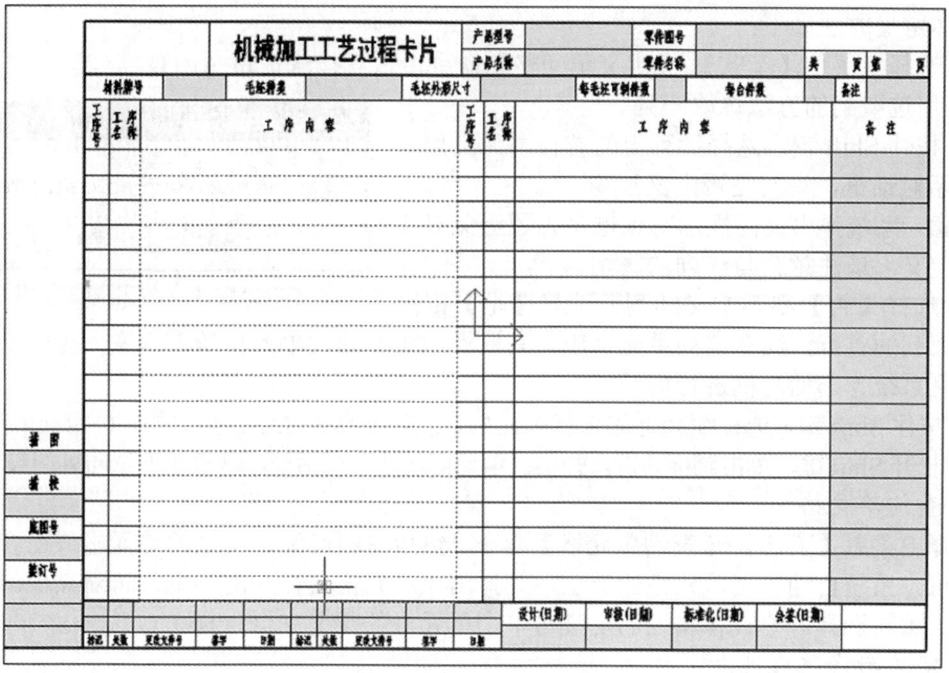

图 7-20　列的定义

3. 续列的定义

在同一张卡片中，不同的列也可以具有相同的属性，属性相同且具有延续关系的多列叫续列，如图 7-21 所示。续列的各个单元格应当等高等宽。

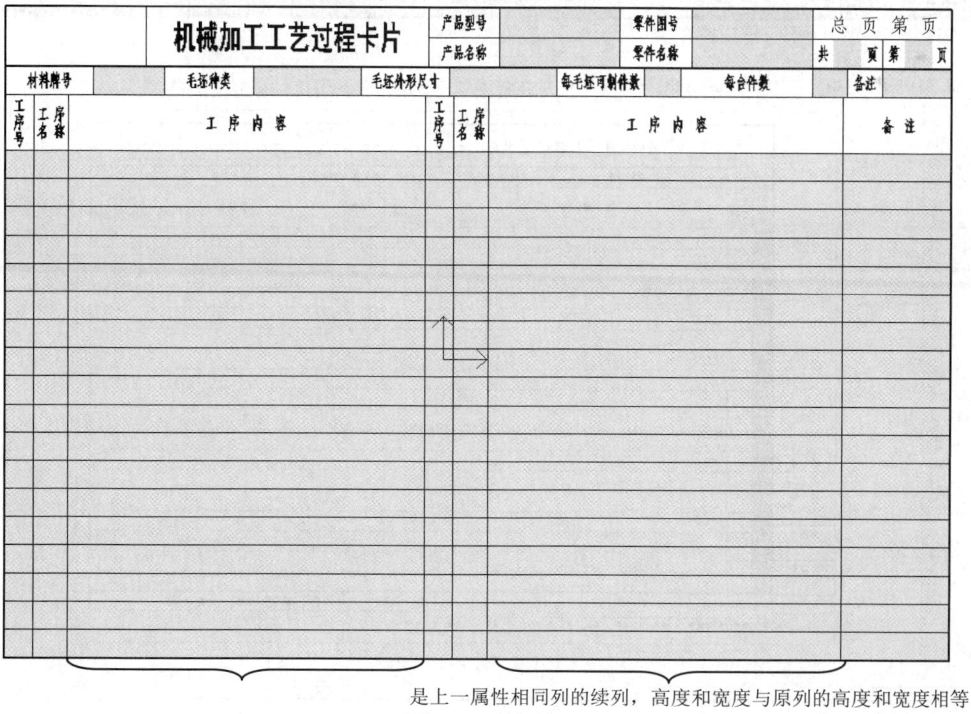

图 7-21　续列

具体定义方法如下：

1）选择主菜单【工艺】/【定义单元格】命令，或者按快捷键 Alt+D。

2）用选取列的方法选取一列。

3）按住 Shift 键，选择续列上的首行，弹出如图 7-22 所示对话框，询问是否定义续列。

注意：系统弹出询问提示对话框是为了避免对续列的误定义，请注意列与续列的区别。

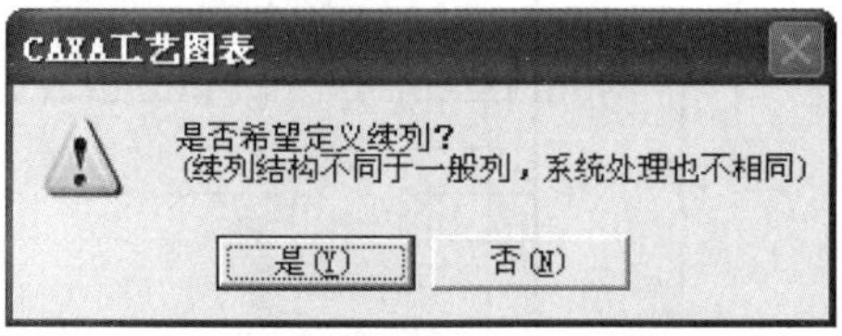

图 7-22　续列定义提示对话框

4）选择【否】则不定义续列，选择【是】则高亮显示续列的首行。注意续列单元格应与其属性相同的首列单元格等高等宽，否则不能添加续列，且系统弹出信息框进行提示。

5）按住 Shift 键，选择续列上的末行单元格，续列被高亮显示。类似的，可定义多个续列。

6）松开 Shift 键，单击鼠标右键，弹出“单元格属性”对话框，其设置方法与列的设置相同。

4. 查询单元格

选择主菜单【工艺】/【查询单元格】命令，然后单击已经定义过的单元格或已经定义过的列即可。系统自动识别单元格的类型，并弹出“单元格属性”对话框，可对其中的选项进行修改或重新选择。修改各属性的定义与单个单元格的定义完全一样。

5. 定义与修改表区

为了使公共信息等自动关联的属性能够在填写过程中自动关联，需要定义表区，且工艺过程卡表区必须支持续页。操作方法如下：

1）选择主菜单【工艺】/【定义表区】命令，单击表区最左侧一列中的任意一单元格，这一列则被高亮显示，如图 7-23 所示。

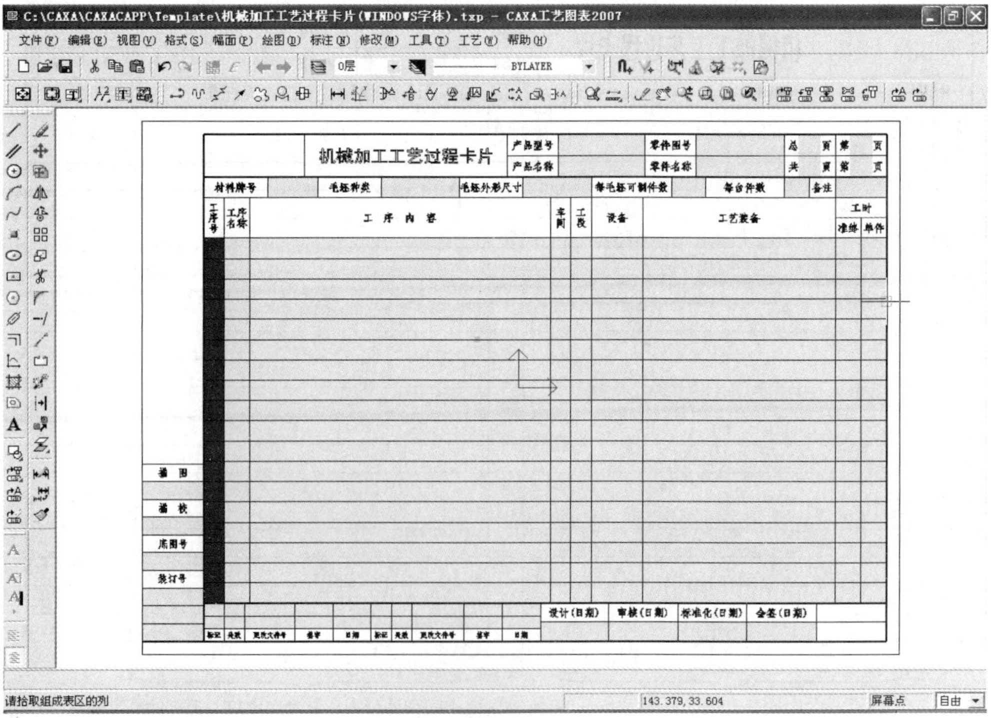

图 7-23　表区定义 1

2）按下 Shift 键，同时单击表区最右侧一列，则左右两列之间的所有列被选中，如图 7-24 所示。

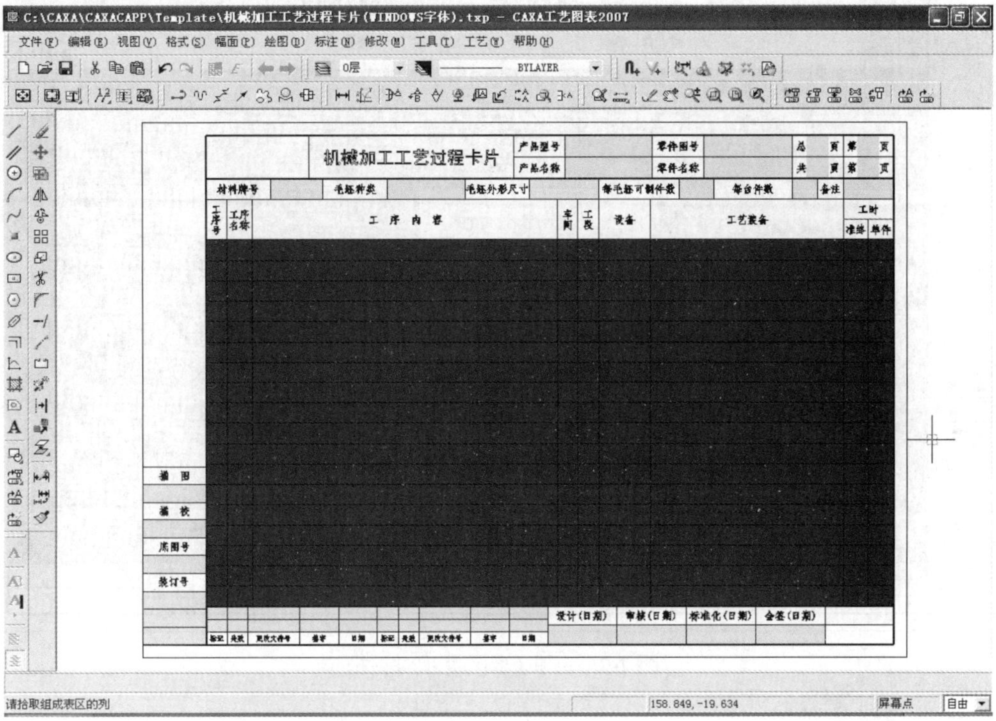

图 7-24 表区定义 2

3）在被选中列处单击鼠标右键，弹出如图 7-25 所示的“表区属性”对话框。如果希望表区支持续页，则选中“表区支持续页”前的复选框；单击【确定】按钮，完成表区的定义。

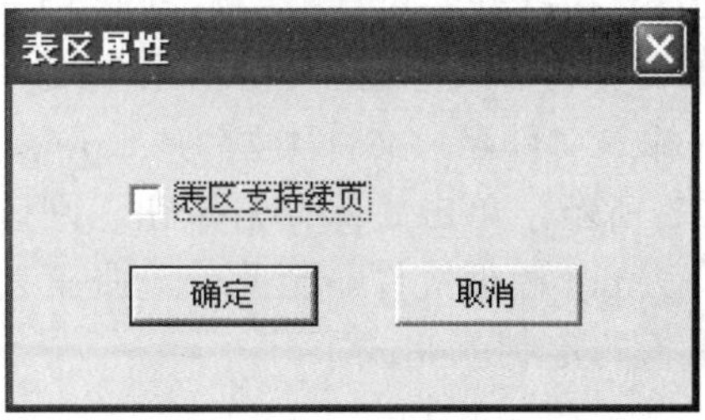

图 7-25 “表区属性”对话框

如果一个卡片的表区定义了“表区支持续页”属性，则可以添加续页。填写卡片时，如果填写内容超出了卡片表区的范围，系统会自动以当前卡片为模板，为卡片添加一张续页。

定义表区后，选择主菜单【工艺】/【查询表区】命令，会弹出“表区属性”对话框，可修改“表区支持续页”属性。

6. 删除单元格

如果需要把单元格定义的属性删除，或者将定义的列及表区删除，可以使用主菜单【工艺】/【删除表格】命令，或按快捷键 Alt＋R。

若需删除表区外的单元格或列，可以选择【工艺】/【删除表格】命令，再单击需要删除的单元格或列即可，系统没有提示。

若需删除表区，可以选择【工艺】/【删除表格】命令后单击表区，系统高亮显示表区并弹出如图 7-26 所示的对话框；单击【确定】后，表区被删除。

若要删除表区内的列，必须首先删除列所在的表区，然后才能将列删除。

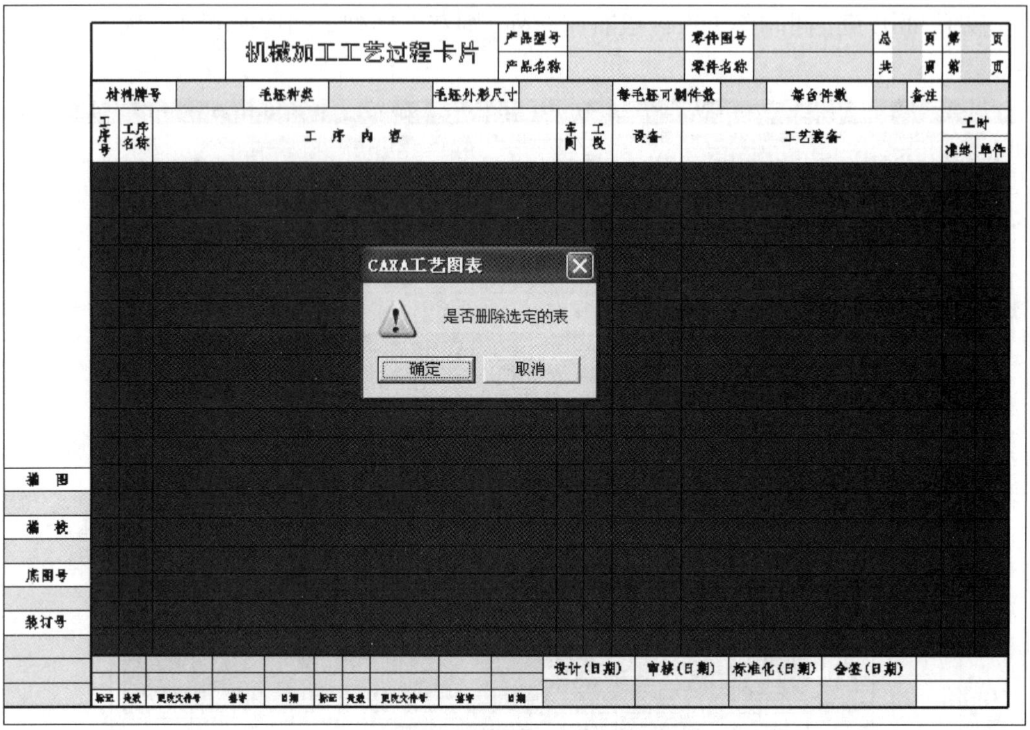

图 7-26　删除表区提示对话框

7. 保存模板文件

工艺卡片模板定制完成后，需要保存成模板文件。选择主菜单【文件】/【保存】命令，在打开的对话框中选择 CAXA 工艺图表安装目录下的“Template”文件夹，并输入文件名，文件类型为*.txp，如图 7-27 所示，单击【保存】按钮，则该文件存为.txp 模板文件。至此，一张工艺卡片模板的定制就完成了。

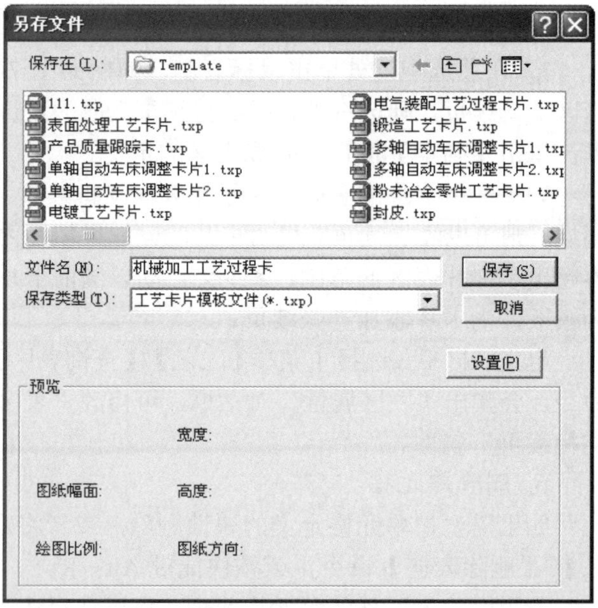

图 7-27　保存模板文件

7.4　定制及更新工艺规程模板

工艺规程中包含的工艺卡片（如机械加工工艺过程卡片、机械加工工序卡片、检验卡片等）定义完成后，需要定义工艺规程模板，即把这些卡片定义到一个规程中。

在工艺卡片的填写过程中，有时需要为工艺规程模板添加或者删除一个卡片模板，或者需要对某张卡片模板作出修改（例如增加、删除单元格，为表区增加、删除一列，更改单元格字体、排版模式，指定新的知识库等），使用规程模板的管理与更新功能，可以方便地管理模板，也可以根据修改后的模板，对当前已有的工艺文件进行更新，而不必重新建立、输入工艺文件。

1. 定制工艺规程模板

新建工艺规程模板的具体步骤如下：

1）选择主菜单【文件】/【新文件】命令，或单击图标，或按快捷键 Ctrl+N，会弹出“新建文件类型”对话框。

2）选择“工艺模板”选项卡，双击列表框中的“工艺规程模板”选项，或单击“工艺规程模板”选项并单击【确定】按钮，如图 7-28 所示。

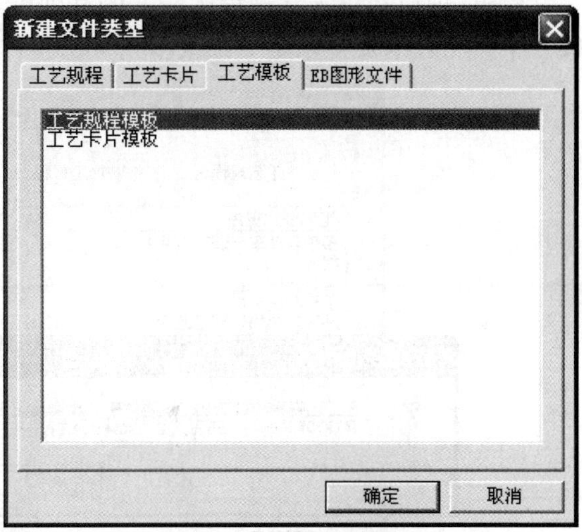

图 7-28　新建工艺规程模板

3）在弹出的“新建工艺规程”对话框中填入要创建的工艺规程名称，并单击【下一步】按钮，如图 7-29 所示。

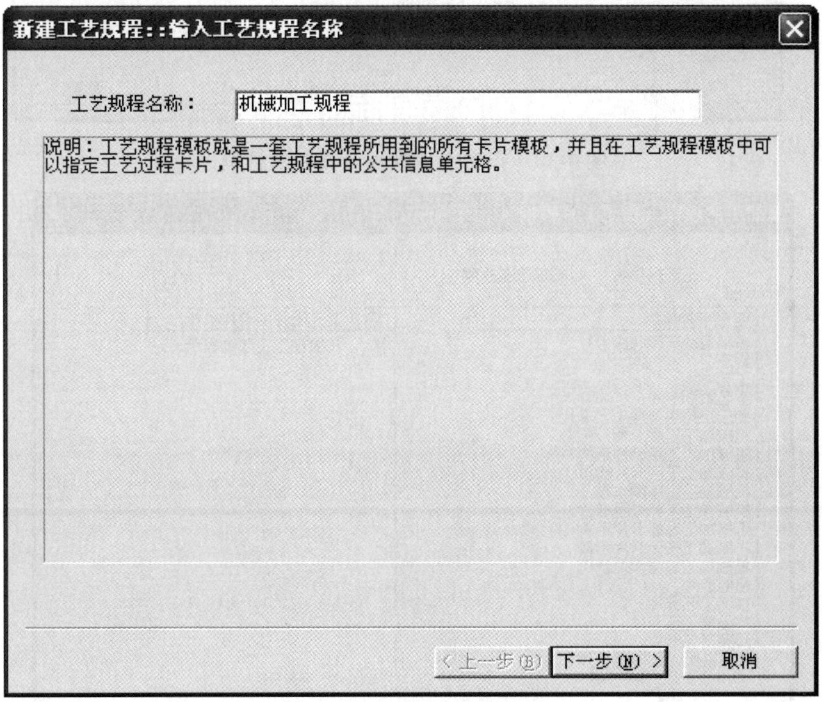

图 7-29　输入工艺规程名称

4）弹出“新建工艺规程：指定卡片模板”对话框。在“工艺卡片模板”选项中选择需要的模板，单击【指定】按钮，在没有指定工艺过程卡片之前，系统会提示是否指定所选卡片为工艺过程卡片，如图 7-30 所示。如果所选的是过程卡片，单击【是】即可将此过程卡添加到右侧列表中，且过程卡名称前添加标志（图 7-31）；单击【否】，则将此卡片作为普通卡片添加到右侧列表中。

5）逐项选择该工艺规程中需要的其他卡片，并列于对话框右边的“工艺规程中卡片模板”下。工艺卡片可以是一张或多张，由具体工艺决定。

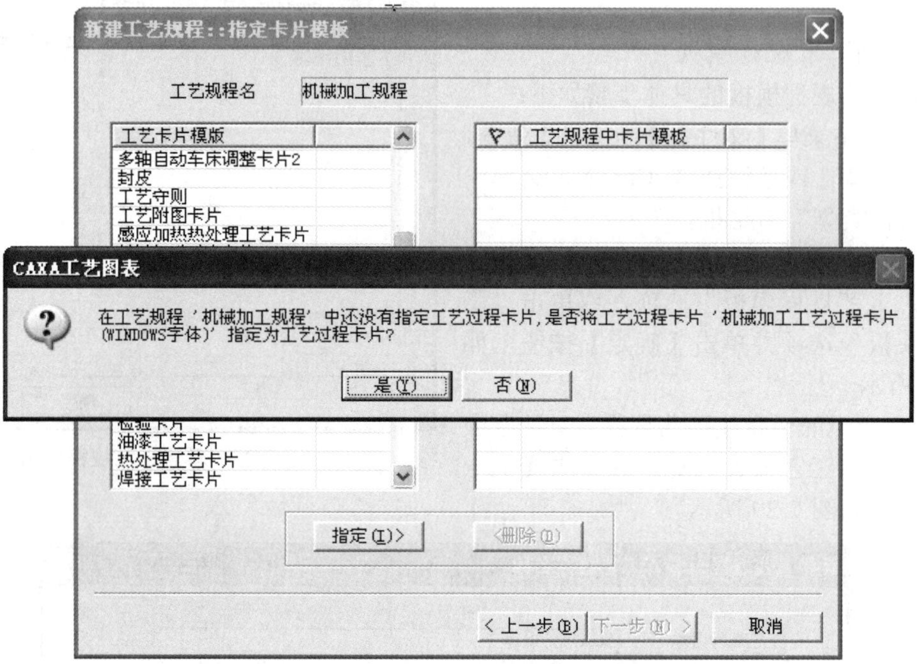

图 7-30　指定卡片模板及提示对话框

图 7-31　指定的工艺过程卡片

在右侧列表框中，单击卡片模板名称前中的 ♥ 列，可以重新指定过程卡。一个工艺规程模板中只能指定一个过程卡片模板。

选中右侧列表中的某一个卡片模板，单击【删除】按钮，可将其从列表中删除。

6）指定了规程模板中所包含的所有卡片后，单击【下一步】按钮，会弹出图 7-32 所示对话框，以指定工艺规程中所有卡片的公共信息。可在左侧列表框中选取所需的公共信息项，单击【指定】按钮，将其显示在右侧列表中。在右侧列表中选择不需要的公共信息项，单击【删除】按钮，可将其删除。

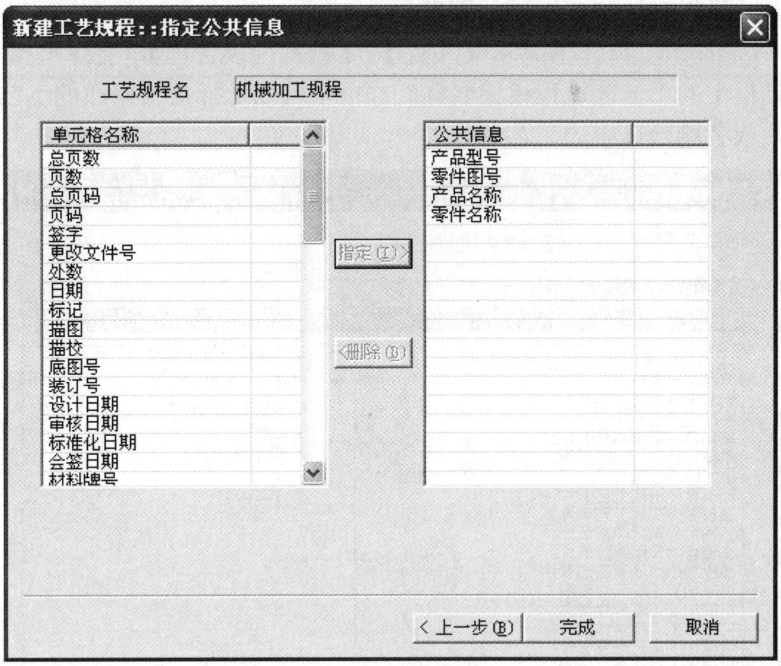

图 7-32　指定公共信息

7）单击【完成】按钮，即完成了一个新的工艺规程模板的创建。此时选择【文件】/【新文件】命令，或者单击图标，弹出“新建文件类型”对话框，在“工艺规程”列表框中可以找到刚刚建立的工艺规程模板，如图 7-33 所示。

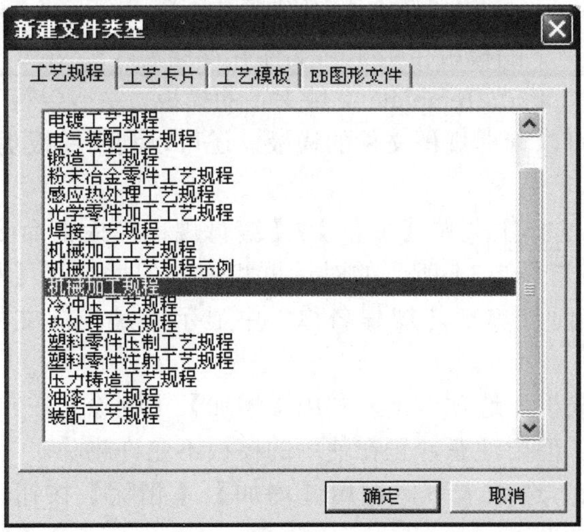

图 7-33　显示新建的工艺规程

有些简单的工艺，不要求提供工序卡片。这时，可以把整套工艺中用到的全部工艺过程卡都以附页的形式，放在同一工艺规程中，使整套工艺存在同一个文件中，方便管理。

2. 更新工艺规程模板

对工艺规程模板的管理分为两类：规程模板管理和编辑工艺规程。

在工艺图表安装目录下的 Template 文件夹下，存储了系统现有的工艺规程模板，利用规程模板管理工具，可以对这些模板进行管理。

在图形绘制界面下，选择主菜单【文件】/【规程模板管理】，会弹出如图 7-34 所示的对话框。在对话框中的“工艺规程模板名称”选项中可以选择需要修改的工艺规程，进而增加和删除卡片，或者删除选中的工艺规程。

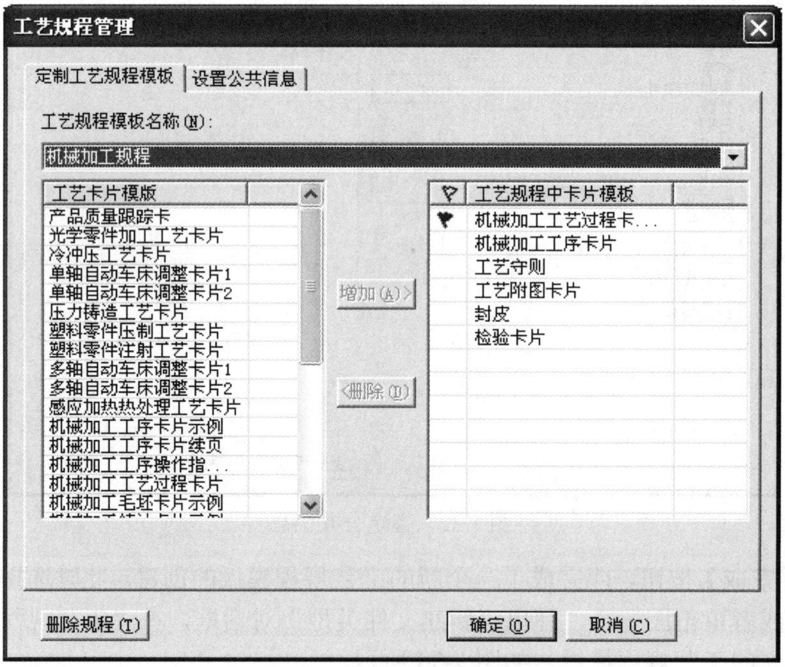

图 7-34 “工艺规程管理”对话框

利用 Template 文件夹下的模板生成工艺文件并存储后（*.cxp），模板信息即与卡片信息一同保存在文件中，此时，修改 Template 文件夹下的模板，并不会对工艺规程文件造成影响。利用规程模板管理工具可以管理规程文件的模板，还可以利用模板更新功能，对现有文件中的模板进行更新。

在工艺编制界面，选择主菜单【文件】/【编辑规程模板】命令，会弹出如图 7-35 所示的对话框。此对话框与图 7-34 所示的对话框相似，但增加了【模板更新】按钮，缺少了【删除模板】按钮，而且“工艺规程名称”中显示的是当前文件应用的模板，不允许修改。

在“编辑工艺规程模板”选项卡下，利用【增加】、【删除】按钮，可以为当前工艺文件的模板增加、删除卡片，但要注意，正在使用的模板不允许删除。

在“编辑公共信息”选项卡下，利用【增加】、【删除】按钮，可以增加或删除公共信息。

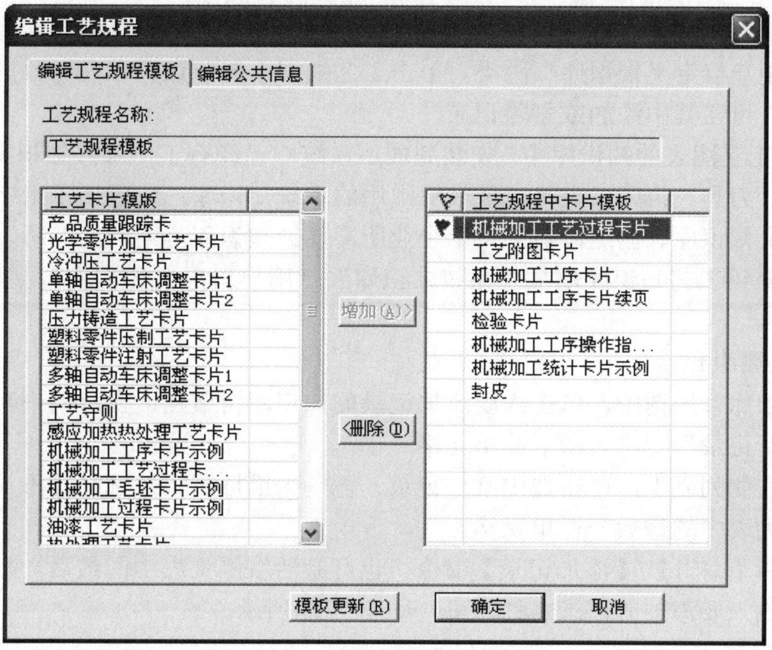

图 7-35　“编辑工艺规程”对话框

7.5　定制工艺知识库

工艺知识库是 CAPP 软件重要的组成部分。在 CAXA 工艺图表中，可以通过【开始】/【程序】/【CAXA】/【CAXA 工艺图表 2007】/【工艺知识库管理】命令打开工艺知识库管理，其界面如图 7-36 所示。

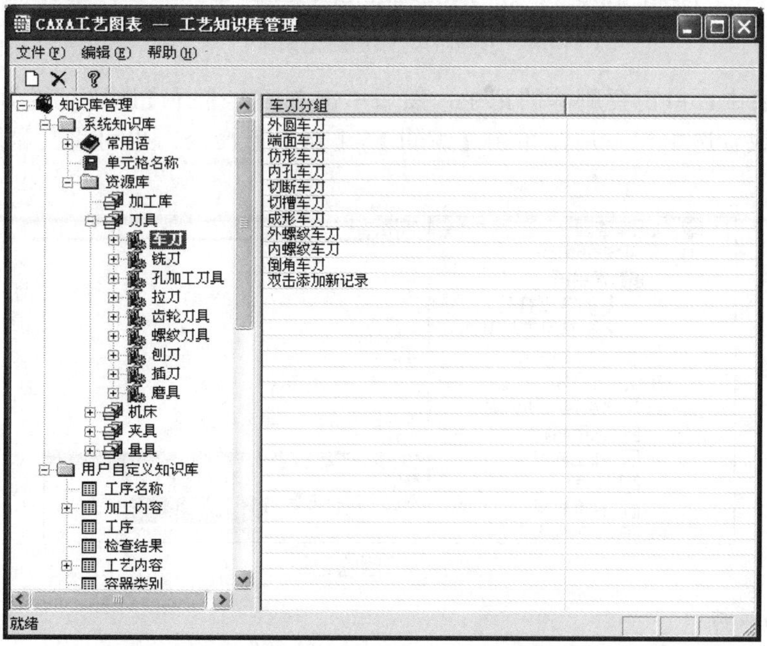

图 7-36　CAXA 工艺图表—工艺知识库管理界面

从工艺知识库界面可以看出，左侧列表框中显示的是工艺知识库的树结构，分为“系统知识库”与“用户自定义知识库”两类。单击工艺知识库树节点，在右侧数据库中将显示节点的记录内容，可在其中添加或删除记录。

在 CAXA 工艺图表的知识库中，安装完成后系统即已经有了一部分知识库的内容。其中包括了加工库、刀具、机床、夹具、量具等常用的系统知识库；还包括了工序名称、加工内容等用户自定义知识库。但是，对于每个企业所需要的知识库是不同的，所以需要自定义知识库。以下将介绍工艺知识库增加“系统知识库”、“用户自定义知识库”，以及删除工艺知识库的方法。

1. 添加或删除记录

在左侧知识库管理树中，单击需要添加记录的知识库树节点，在右侧列表中，双击最后的“双击添加新记录”行，可激活此单元格。

或者，在右侧列表中，单击选中某一记录，再单击鼠标右键，选择【添加记录】命令，也可激活右侧列表中的最后一行单元格。

或者，选择【编辑】/【添加记录】命令，也可激活右侧列表中的最后一行单元格。在激活的单元格中输入要添加的记录名称即可。如图 7-37 所示。

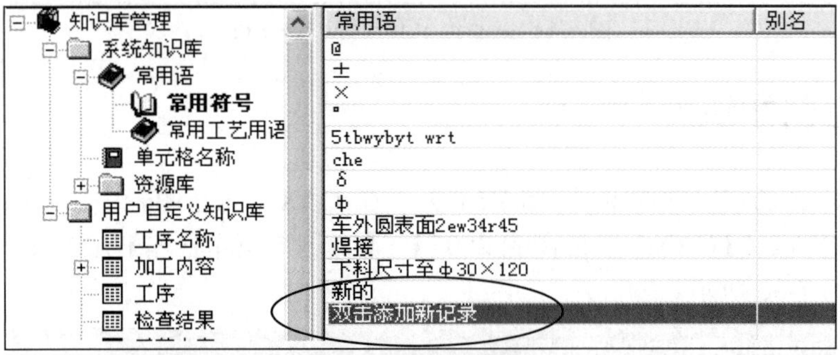

图 7-37　添加新记录

在右侧列表中，单击要删除的记录，然后单击右键，选择【删除记录】命令，即可将此记录删除。或者选中记录后，单击【编辑】/【删除】命令，也可将其删除，如图 7-38 所示。

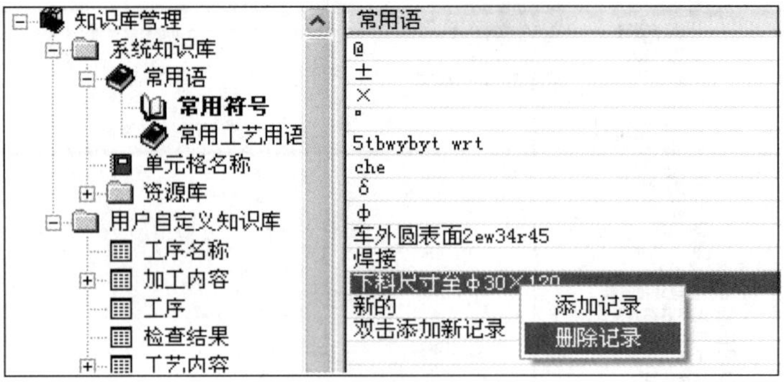

图 7-38　删除记录

2. 系统知识库

系统知识库包含了常用语、单元格名称、资源库三个数据库，如图 7-39 所示。

（1）常用语　常用语指经常用到的特殊符号、工艺用语等内容。用户在填写过程中可直接调用，以减少重复输入的工作量。

安装 CAXA 工艺图表后，常用语知识库下只有“常用符号”一个分类，用户可以根据需要为常用语知识库添加更多的分类，也可为其子数据库（例如“常用符号”）添加分类。

鼠标右键单击“常用语”或其子数据库，选择【新建分类】命令，弹出“常用语”对话框，如图 7-40 所示，在文本框中输入分类名称后单击【确认】，即可新建分类。

图 7-39　系统知识库

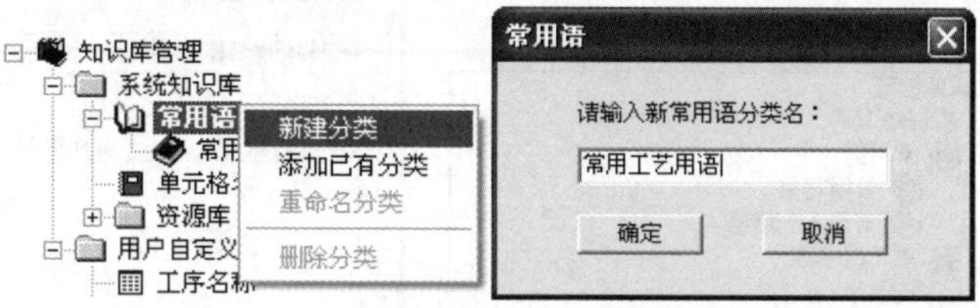

图 7-40　新建分类

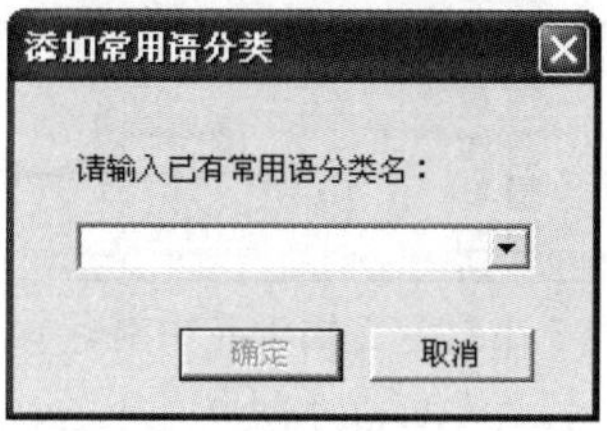

图 7-41　添加已有分类

1）添加已有分类。用户可以将曾经被删除但仍保留在系统数据库中的分类添加到当前节点。鼠标右键单击某个分类，选择【添加已有分类】命令，弹出如图 7-41 所示的对话框，下拉列表中显示的即是临时被删除的数据库名称。选择其中的数据库，单击【确定】即可。

2）重命名分类。作为常用语知识库根节点的“常用语”是不允许重命名的，但可重命名其分类。鼠标右键单击某个分类，然后选择【重命名分类】命令，将弹出“常用语”对话框。在文本框中输入新的名称，单击【确定】即可。

3）删除分类。作为常用语知识库根节点的“常用语”是不允许删除的，但可删除其分类。鼠标右键单击某个分类，选择【删除分类】命令，会弹出“删除节点”对话框。选择“保存数据表”选项后，即使此分类被删除后，数据也会被临时保存在系统数据库中，且使用【添加已有分类】命令还可重新添加到数据库中。

（2）单元格名称　单元格名称数据库下保存的是定制单元格时曾输入的单元格名称。用户可对其中的记录进行添加或删除。

（3）资源库　资源库主要是为了兼容旧版本的 CAXA 工艺图表模板而设置的，其中存储了刀具、夹具、机床、量具四个数据库，每个数据库均有三个等级。等级结构不允许用户修改，但用户可以对底层节点中的记录进行添加和删除。

3. 用户自定义知识库

使用用户自定义知识库，如图 7-42 所示，可以更加灵活地定义所需的各类知识库。鼠标右键单击自定义数据库中的某个节点，会弹出右键快捷菜单，利用快捷菜单中的命令可以方便地完成自定义数据库结构的创建。

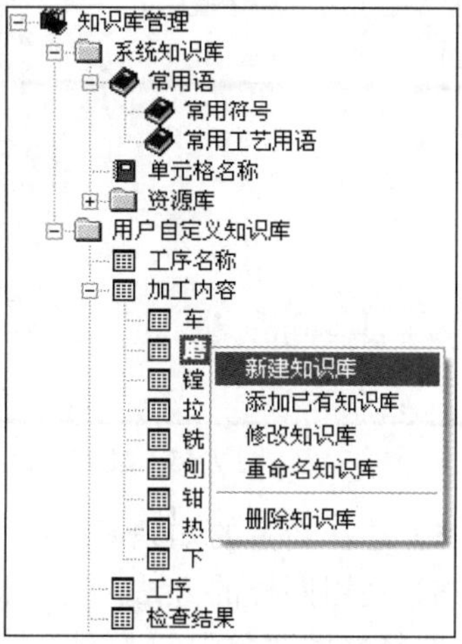

图 7-42　自定义知识库

新建知识库的操作方法如下：

1）在“用户自定义知识库”上单击鼠标右键，会弹出右键菜单，如图 7-43 所示。

2）选择【新建知识库】命令，会弹出“知识库结构定义”对话框，输入新建知识库名称，如图 7-44 所示。

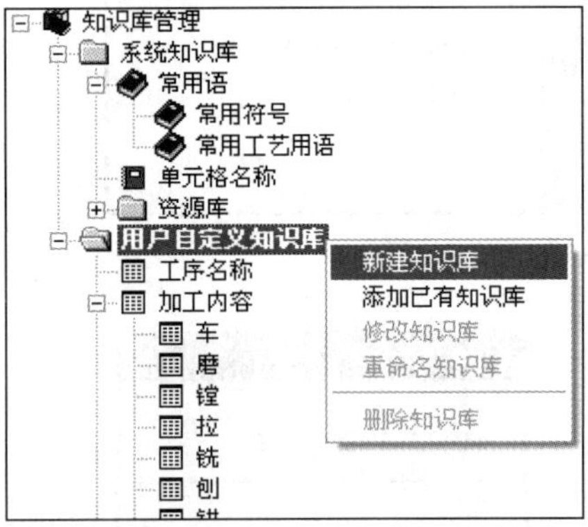

图 7-43　在自定义知识库中新建知识库

图 7-44　输入知识库名称

3）输入字段名称，指定字段属性后，单击【插入】按钮，将字段添加到左边窗口的已有字段列表下，如图 7-45 所示，完成字段的添加后单击【确定】。

4）选择新建知识库，单击鼠标右键，弹出右键菜单，可修改、重命名、删除该知识库，或继续创建该知识库下面的子知识库。如图 7-46 所示。

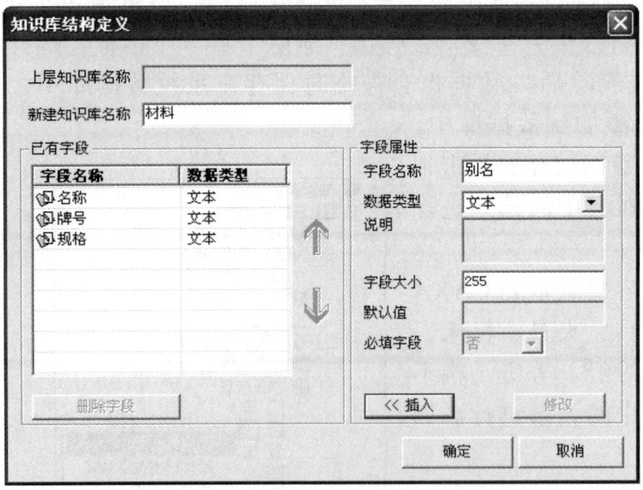

图 7-45　插入字段名称

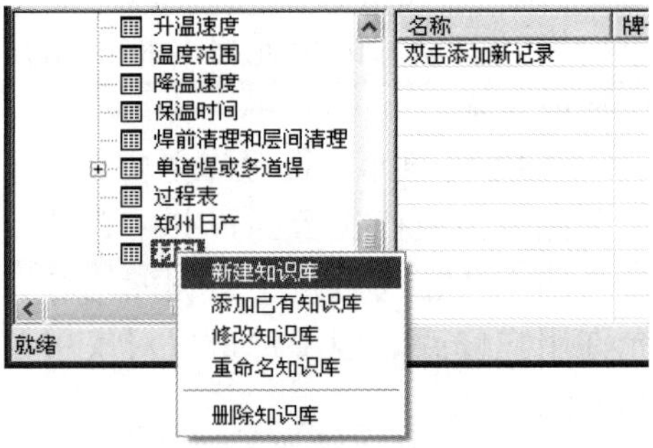

图 7-46　对新建的知识库进行修改

5）选择新建的知识库，在知识库管理工具的右侧窗口即可添加新的记录。

6）使用同样的方法，可以添加多级知识库。

选择右键菜单中的【删除知识库】命令，会弹出“删除节点”对话框，选择“保存数据表”选项，则知识库虽然被删除，节点的数据表仍然保存在系统数据库中，且使用【添加已有知识库】命令，可将其重新添加到数据库中来。

7.6 模板定制实例

以上各节介绍了 CAXA 工艺图表中的模板定制方法，这一节举例说明模板的定制，包括机械加工工艺过程卡片及机械加工工艺规程的定制方法。

1. 定制机械加工工艺过程卡片

定制完成的机械加工工艺过程卡片如图 7-47 所示，其定制过程如下。

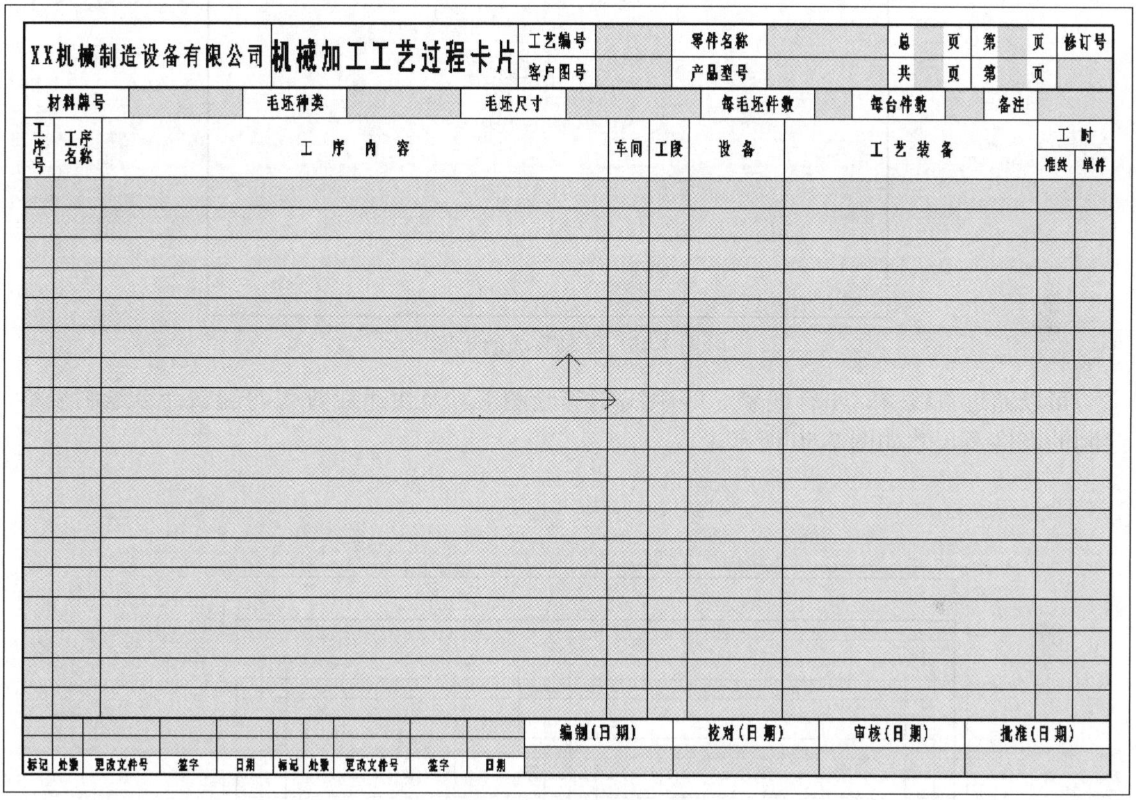

图 7-47 定制完成后的机械加工工艺过程卡片

（1）界面及幅面设置　打开 CAXA 工艺图表软件，选择主菜单【文件】/【新文件】命令，或单击图标🗋、或按快捷键 Ctrl+N，弹出“新建文件类型”对话框；选择“工艺模板”选项卡（图 7-5），双击列表框中的“工艺卡片模板”项，进入图形绘制界面，或直接打开软件进入图形绘制界面。

选择主菜单【幅面】/【图幅设置】命令，会弹出“图幅设置”对话框，设置图纸幅面、绘图比例以及图纸方向，如图 7-2 所示。设置完成后单击【确定】。

（2）绘制表格　选择主菜单【绘图】/【矩形】命令，设置左下角的矩形提示栏，如图 7-48 所示，输入定位点：0，0，按 Enter 键确认。即绘制了长度×宽度为 297mm×210mm 的矩形，定位点为（0，0）。绘制完成的矩形如图 7-49 所示。

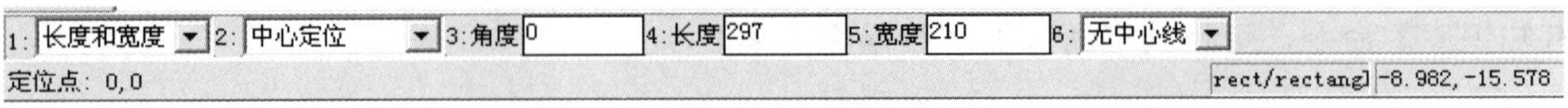

图 7-48　矩形提示栏设置

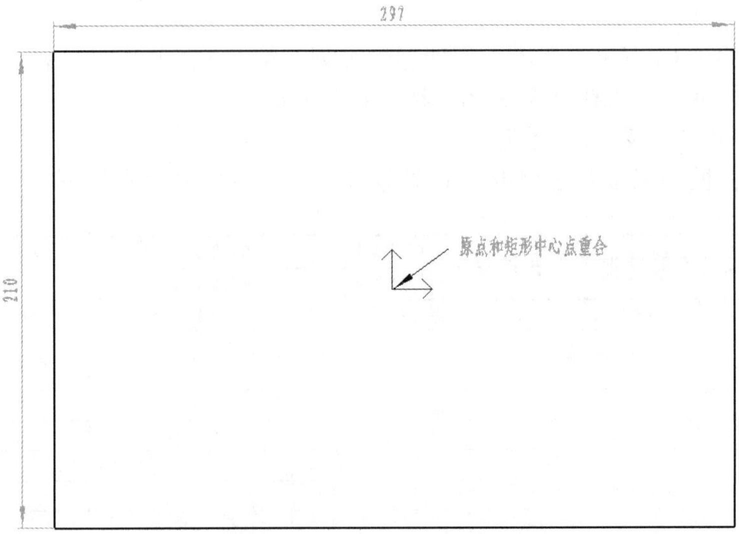

图 7-49　绘制完成的矩形

可以通过直线，平行线，等距线等绘图工具及快速裁剪等编辑命令绘制表格。绘制的表格及尺寸如图 7-50 所示。

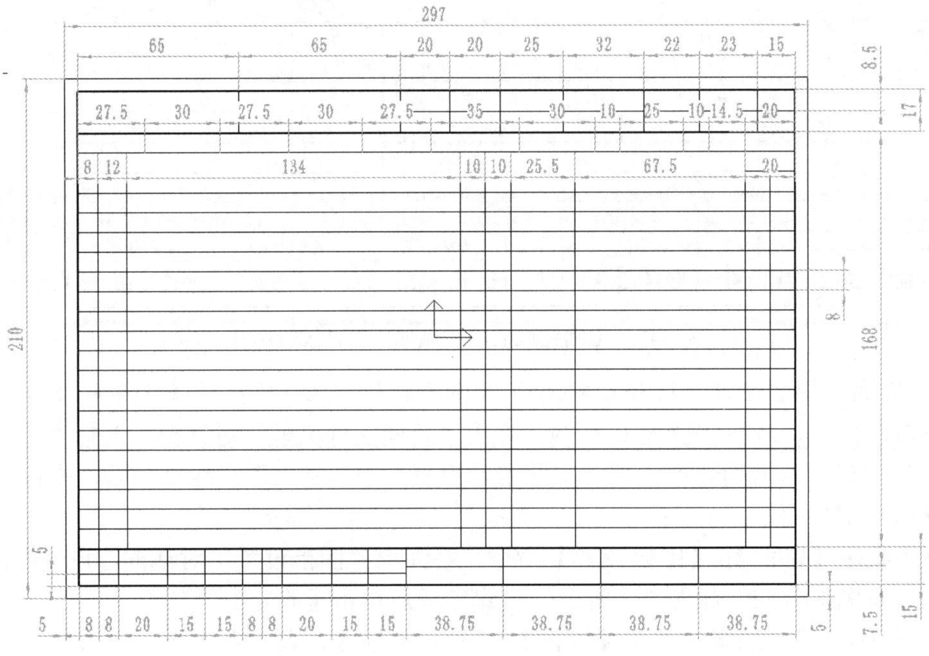

图 7-50　绘制的表格及尺寸

（3）标注文字　选择绘图工具栏中的图标 **A**，即可进行文字标注。首先，需在窗口底部的即时菜单中设置文字的定位方式为“搜索边界”（图 7-4），然后单击单元格，弹出“文字标注与编辑”对话框，输入所要标注的文字（图 7-51）；单击【风格】，设置文本风格，如图 7-52 所示，最后单击【确定】，文字即被填入目标区域。

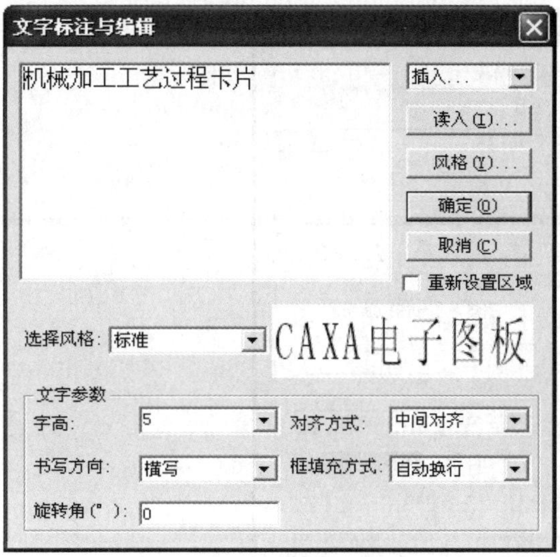

图 7-51　填写文字

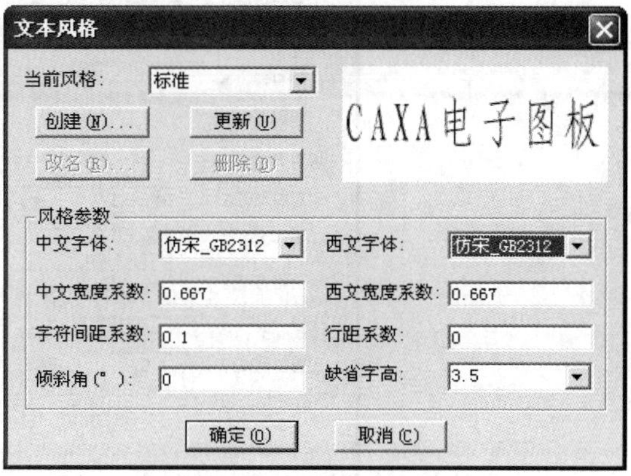

图 7-52　设置文本风格

按照以上步骤填写其他单元格，文字参数中的字高设置为 3.5，其他参数不变。文字标注完成后的表格如图 7-53 所示。

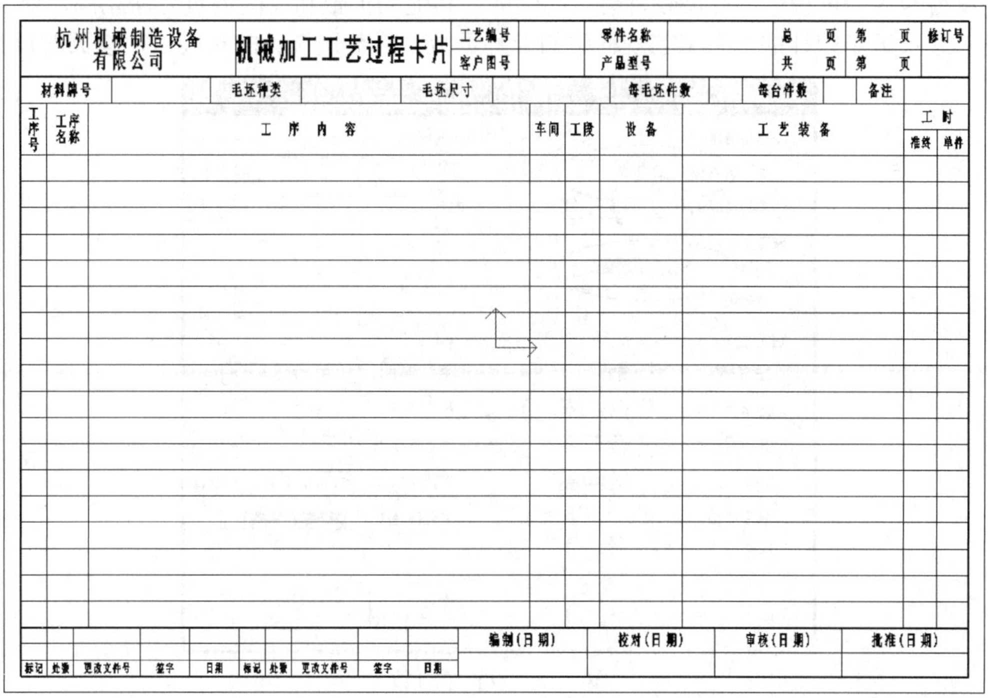

图 7-53　文字标注完成后的表格

（4）定制单元格　绘制完成后的表格还不是一个完整的工艺卡片模板，还需要定制单元格。

选择主菜单【工艺】/【定义单元格】命令（或者直接按快捷键 Alt+D），用鼠标左键单击单元格，系统将用红色虚线加亮显示所选单元格边框；再单击鼠标右键，弹出“单元格属性”对话框,如图 7-54 所示，定义单元格属性。

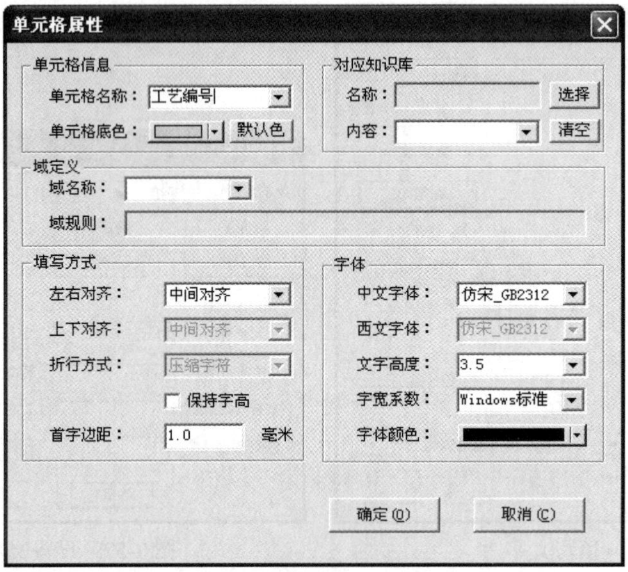

图 7-54　设置单元格属性

定义单元格“总页数”时，选择“域名称”下拉菜单中的“总页数”，如图 7-55 所示，这样，在填写卡片的过程中，总页数将会自动生成。其他的页数和页码设置方法相同，填写后的区别是：总页数是统计的所有工艺规程中的卡片页数，页数是统计的相同卡片续页的页数。

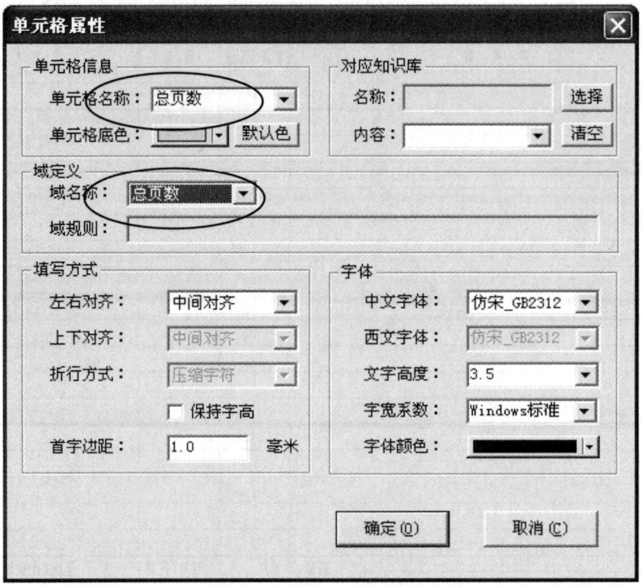

图 7-55　设置总页数

（5）定义列　选择主菜单【工艺】/【定义单元格】命令（或者单击快捷键 Alt+D），单击“工序号”首行单元格，系统用红色虚线框高亮显示此单元格。按住 Shift 键，单击此列的末行单元格，系统将首、末行之间的一列单元格（包括首、末行）全部用红色虚框高亮显示。

放开 Shift 键，单击鼠标右键，弹出“单元格属性”对话框，如图 7-56 所示。在“单元格名称”中填写的内容一定为工序号，这样在填写过程中可以自动生成工序号。

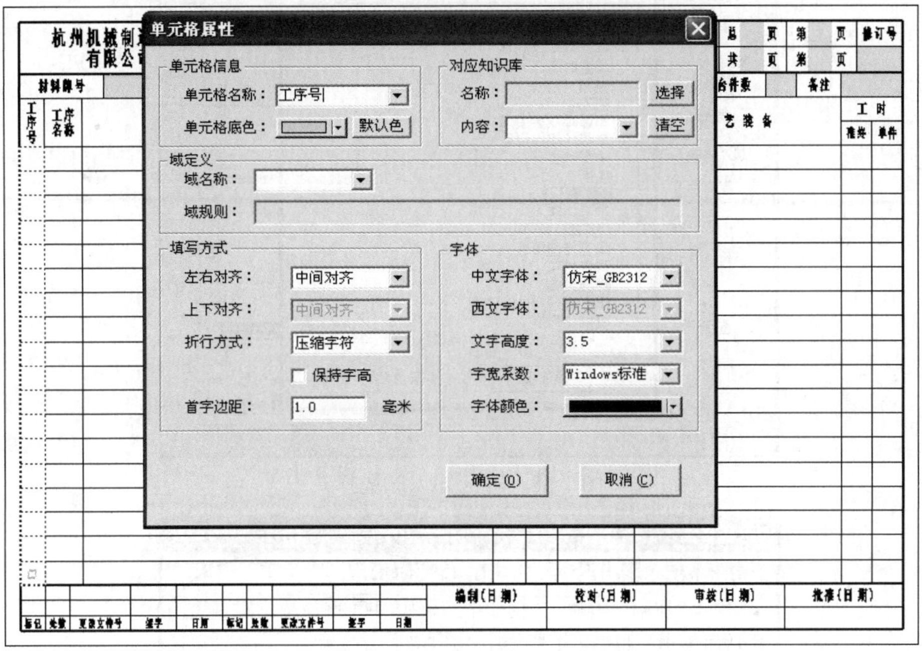

图 7-56 设置“工序号”列

用同样的操作方法定义第二列“工序名称”。在单元格属性中需设置“对应知识库”，如图 7-57 所示。单击【选择】按钮，弹出“选择知识库”对话框，选择知识库中的“工序名称”，如图 7-58 所示；之后单击【确定】按钮。“对应知识库”中的“内容”选择为“工序名称”，如图 7-59 所示。最后单击【确定】按钮，完成列的定义。

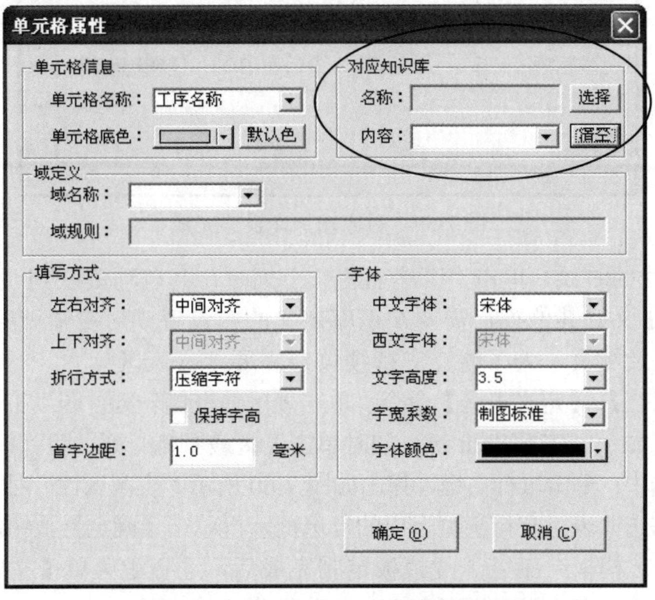

图 7-57 “工序内容”单元格属性设置

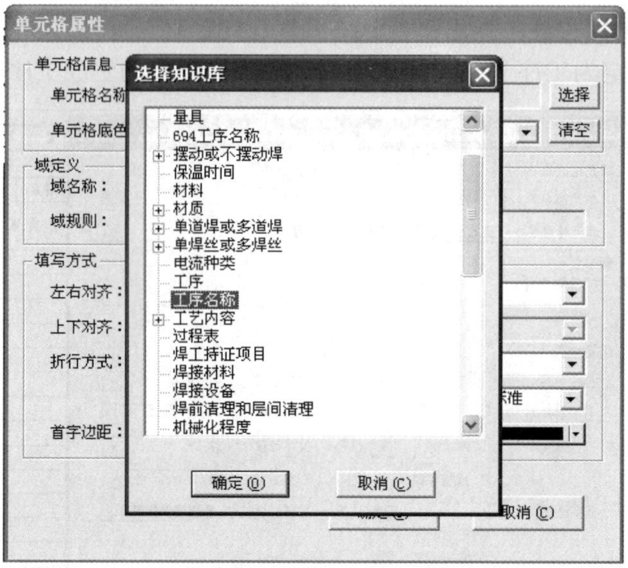

图 7-58　对应知识库选择

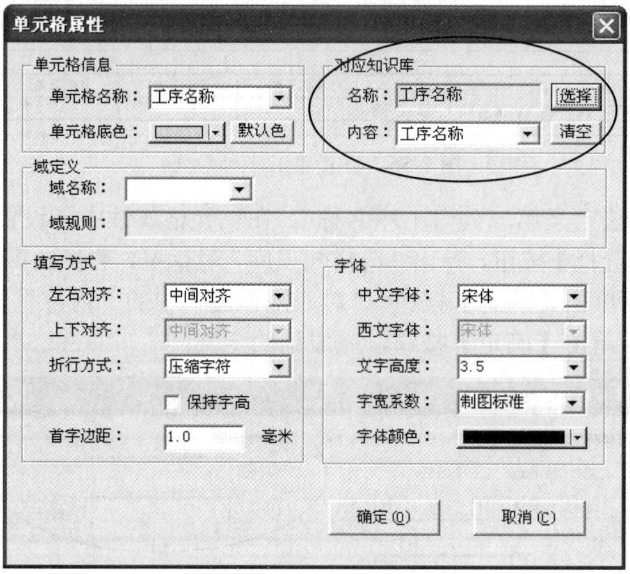

图 7-59　对应知识库设置完成

用户在填写卡片的时候，单击“工序名称”一列时，会自动关联到“工序名称”知识库。用同样的方法定义好其他列，需要知识库定义的应设置“对应知识库”。

（6）定义表区及续页　为了能够支持续页，需要定义表区。

选择主菜单【工艺】/【定义表区】命令，单击表区最左侧一列，即“工序号”中的任意一单元格，这一列被高亮显示；按下 Shift 键，同时单击表区最右侧一列，即“单件工时”，则左右两列之间的所有列被选中；单击鼠标右键，弹出如图 7-60 所示“表区属性”对话框。用户如果希望表区支持续页，则勾选“表区支持续页”前的复选框，再单击【确定】按钮，完成表区的定义。

（7）保存成工艺模板　工艺卡片模板定制完成后，选择主菜单【文件】/【保存】命令，再选择 CAXA 工艺图表安装目录下的“Template”文件夹，输入文件名“机械加工工艺过程卡（自定义）.txp”，文件类型为“工艺卡片模板文件（.txp）”（图 7-61），单击【保存】，该文件存为模板文件。至此，一张工艺卡片模板的定制就完成了。

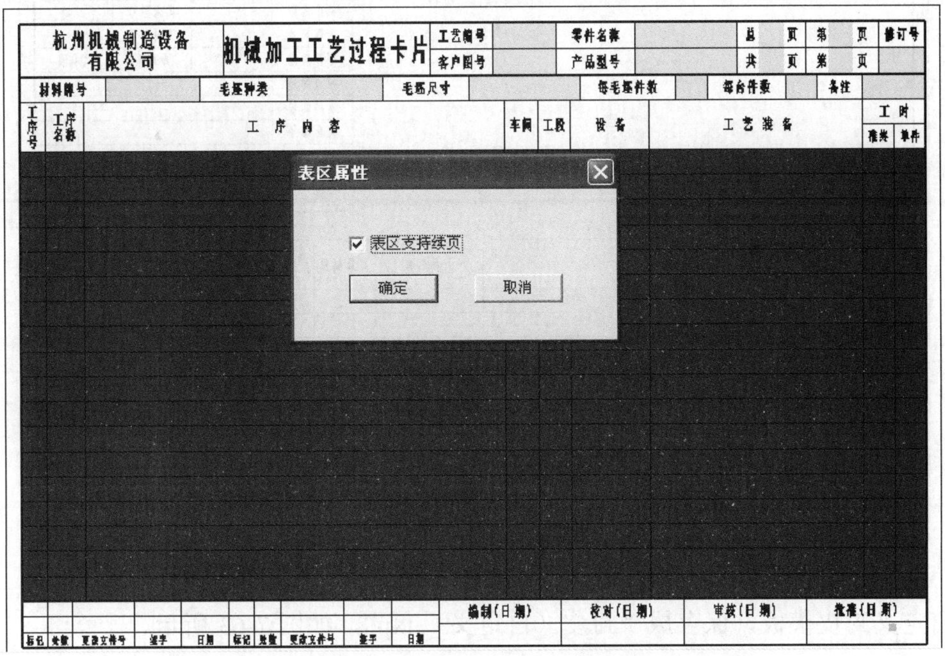

图 7-60　设置表区支持续页

图 7-61　保存成工艺卡片模板文件

2. 建立机械加工工艺规程

使用定制机械加工工艺过程卡片的方法定制好机械加工工序卡片，如图 7-62 所示，并保存成“机械加工工序卡片（自定义）.txp”。

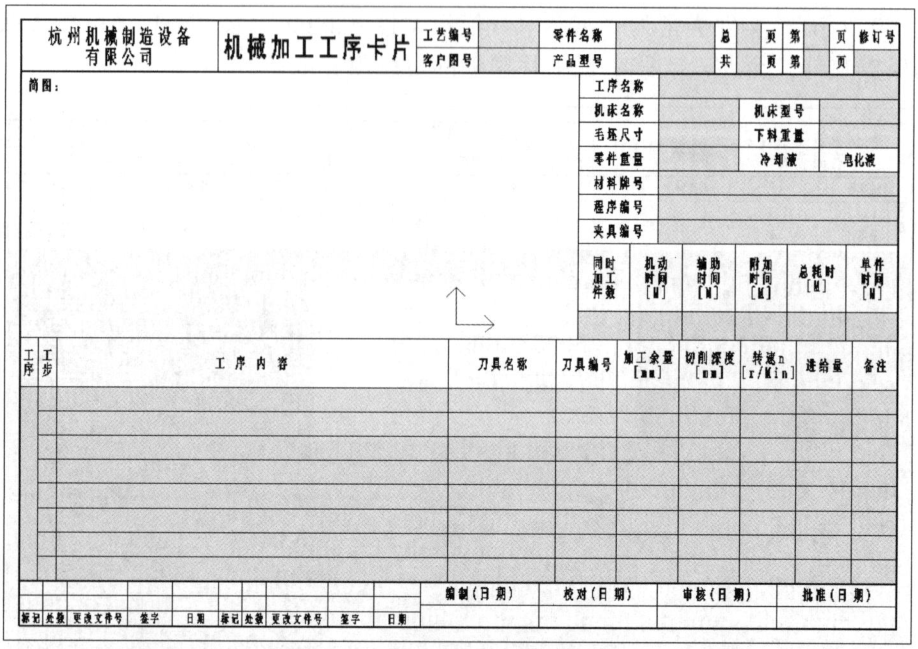

图 7-62　定制好的机械加工工序卡片

接着定义封皮模板，保存成“封皮（自定义）.txp”，如图 7-63 所示。

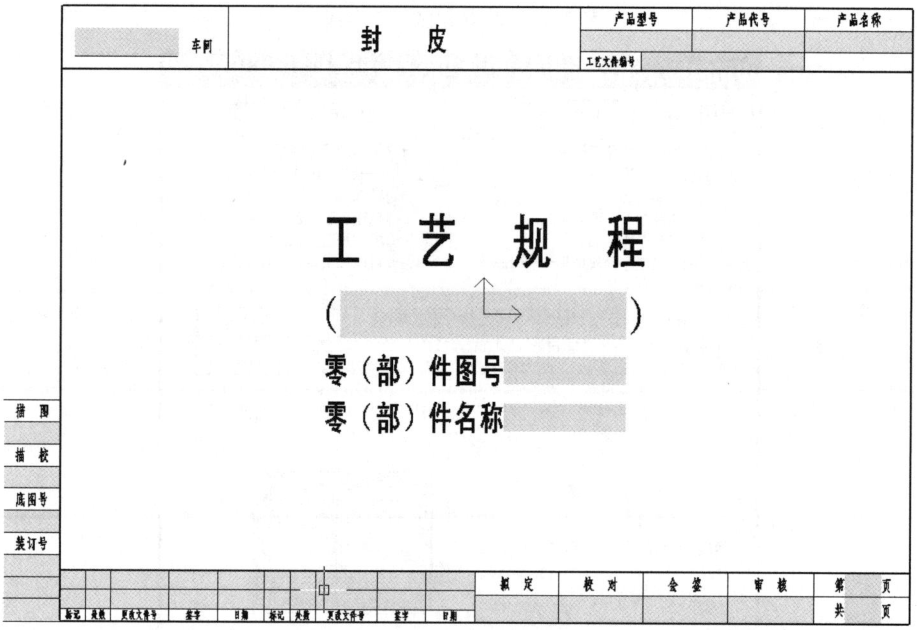

图 7-63　封皮模板

建立工艺规程模板的步骤如下：

1）选择主菜单【文件】/【新文件】命令（或单击图标🗋，或单击快捷键 Ctrl+N），弹出“新建文件类型”对话框。

2）选择“工艺模板”选项卡，双击列表框中的“工艺规程模板”选项，或单击“工艺规程模板”选项并单击【确定】，如图 7-28 所示。

3）在弹出的“新建工艺规程”对话框中，填入所要创建的工艺规程名称“自定义加工工艺规程”，并单击【下一步】按钮，如图 7-64 所示。

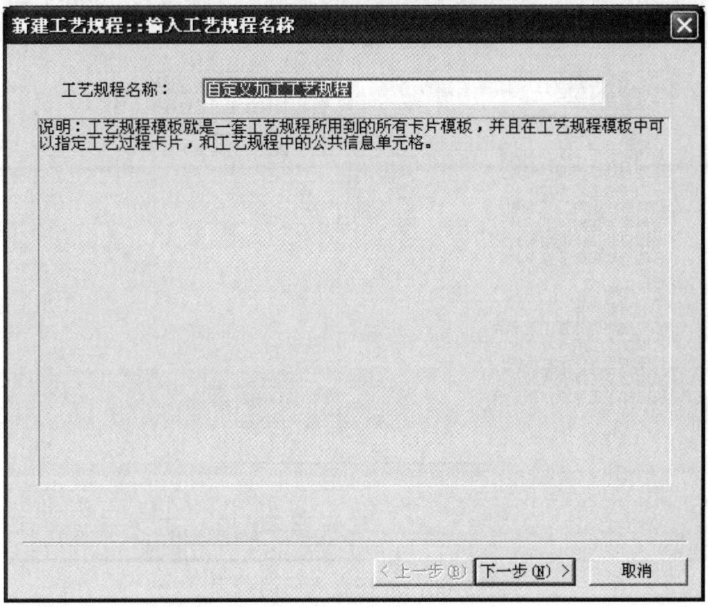

图 7-64　输入工艺规程名称（示例）

4）在弹出的对话框中指定卡片模板。在“工艺卡片模板”中选择“机械加工工艺过程卡（自定义）”，单击【指定】按钮（在没有指定工艺过程卡片之前，系统会提示是否指定所选卡片为工艺过程卡片，单击【是】即可将此过程卡添加到右侧列表中，且过程卡名称前添加标志 ♥ ）。指定的工艺过程卡片如图 7-65 所示。

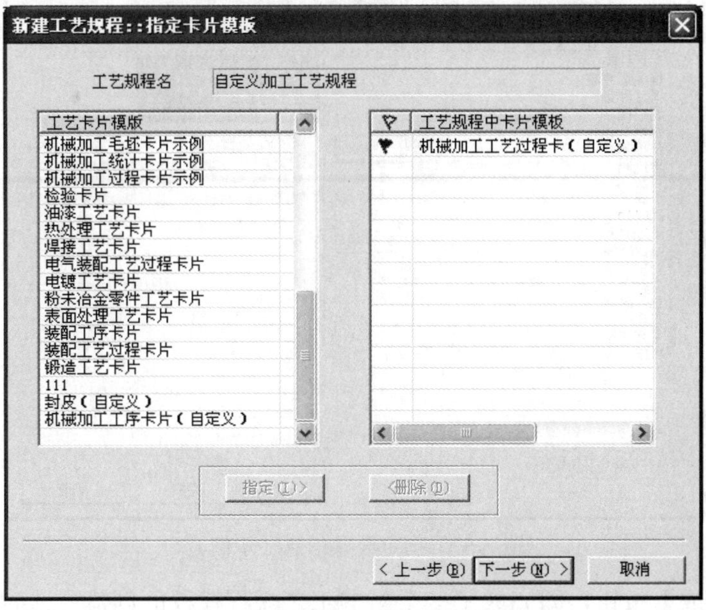

图 7-65　指定的工艺过程卡片

5）选择该工艺过程中需要的其他卡片，如“机械加工工序卡片（自定义）”，“封皮（自定义）”，选择完成后的规程如图 7-66 所示。

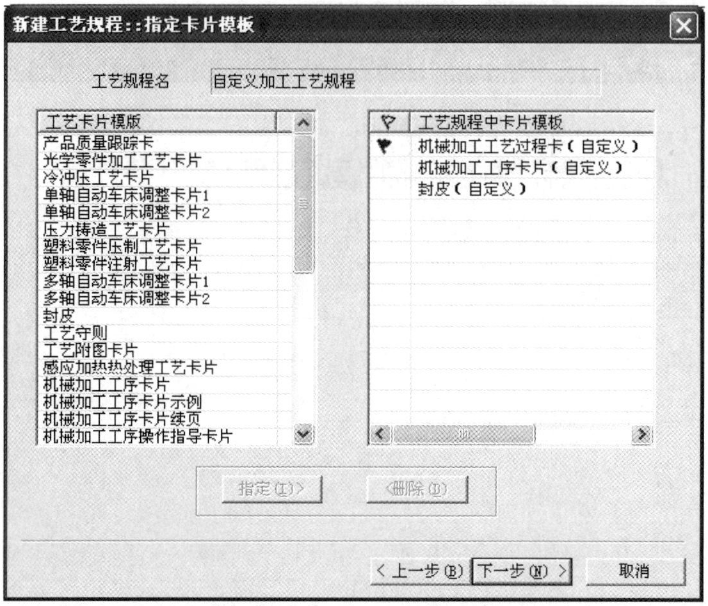

图 7-66　选择完成后的规程

6）指定了规程模板中所包含的所有卡片后，单击【下一步】按钮，会弹出“新建工艺规程:: 指定公共信息”对话框。在对话框中指定工艺规程中所有卡片的公共信息。在左侧列表框中选取所需的公共信息，单击【指定】按钮，将其显示在右侧列表中，如图 7-67 所示。

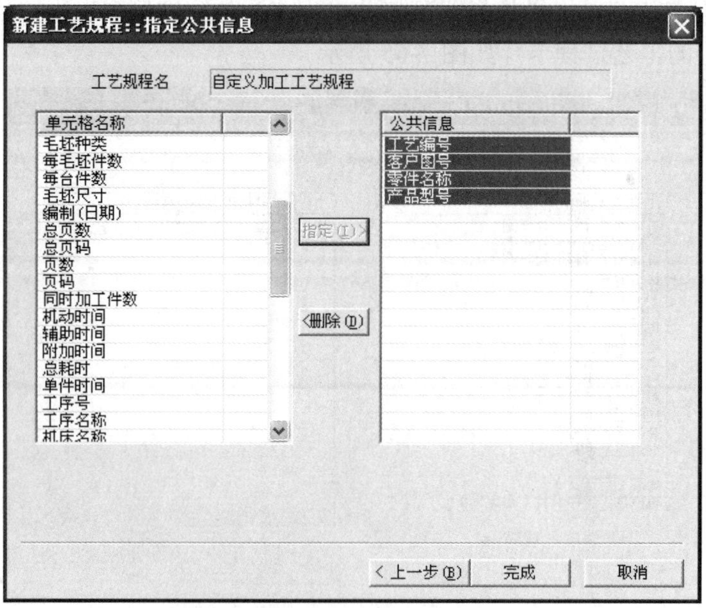

图 7-67　指定公共信息（示例）

7）单击【完成】按钮，即完成了一个新的工艺规程模板的创建。此时，单击【文件】/

【新文件】命令（或者单击图标），弹出“新建文件类型”对话框，在“工艺规程”列表框中可以找到刚刚建立的工艺规程模板，如图 7-68 所示。

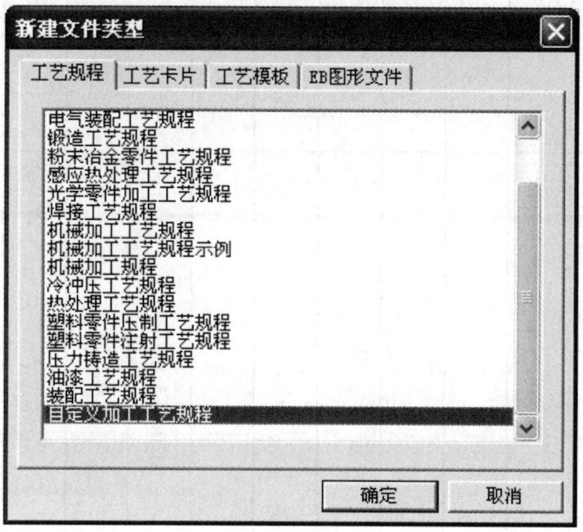

图 7-68　定义完成后显示的工艺规程

思考及练习

7-1　在 CAXA 工艺图表中绘制卡片前需要注意哪几个要点？

7-2　CAXA 工艺图表中知识库是如何定义的？

7-3　根据 7.6 节定义的工艺卡片定制机械加工工艺卡片、机械加工工序卡片及封皮，并定制相应的工艺规程。

7-4　根据连接螺母的工艺过程，见表 7-1～表 7-12，在 CAXA 工艺图表中定制相应的工艺卡片及规程，并填写工艺卡片。

表 7-1 工艺过程卡（连接螺母）

XX 车辆有限公司	机械加工工艺过程卡片	产品型号	T-25	零部件名称	连接螺母		
		产品名称	客车装置部件	零部件图号	104-00-01	共 13 页	第 1 页

材料牌号	40Cr	毛坯种类	棒料	毛坯外形尺寸/mm	ϕ54×192（36×5+3×4）	每毛坯可制件数	5	每台件数	8	备注	

工序号	工序名称	工序内容	车间	工段	设备	工艺装备	工时	
							准终	单件
05	车	平端面，钻扩内孔		加工	车床 CA6140			
10	车	车间隔槽		加工	车床 CA6140			
15	热处理	240～270 HB	外协					
20	车	内孔倒角，车外圆		加工	车床 CA6140			
25	铣	铣六方		加工	立铣 XKA5032A/E			
30	车	车内孔，倒角，切断		加工	车床 CA6140			
35	车	车螺纹		加工	车床 J1CJK6132	M30×1.5-6H 量规		
40	铣	铣 7mm×10mm 槽		加工	立铣 XKA5032A/E			
45	钳	修毛刺		加工				
50	检查			加工		M30×1.5-6H 量规		
55	热处理			加工				

										设计（日期）	校对（日期）	审核（日期）
标记	处数	更改文件号	签字	日期	标记	处数	更改文件号	签字	日期			

表 7-2　工序号 05

XX 车辆有限公司	机械加工工序卡片	产品型号	T-25	零部件名称	连接螺母		
		产品名称	客车装置部件	零部件图号	104-00-01	共 13 页	第 2 页

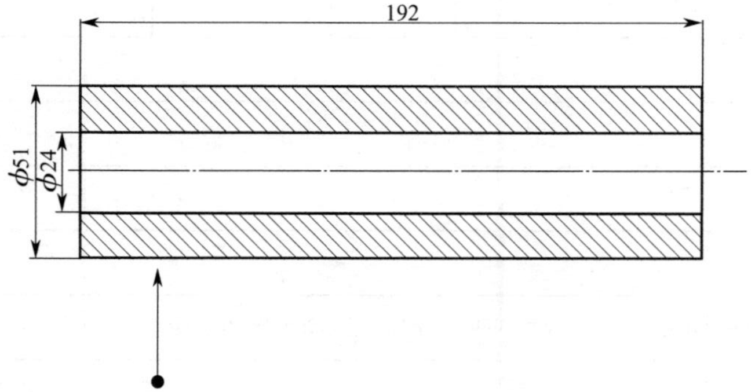

车间	工序号	工序名称	材料牌号
	05	车	40Cr
毛坯种类	毛坯外形尺寸/mm	每毛坯可制件数	每台件数
棒料	ϕ54×192 （36×5+3×4）	5	8
设备名称	设备型号	设备编号	同时加工数
普通车床	CA6140		
工序工时	准终		
	单件		

工步号	工步内容	工夹名称及编号	量具名称及编号	技术要求
1	夹一端，车端面，钻扩通孔 ϕ24 mm		0～200mm游标卡尺	
2	顶内孔，车外圆至 ϕ51mm			

										设计（日期）	校对（日期）	审核（日期）
标记	处数	更改文件号	签字	日期	标记	处数	更改文件号	签字	日期			

表 7-3　工序号 10

XX 车辆有限公司	机械加工工序卡片	产品型号	T-25	零部件名称	连接螺母		
		产品名称	客车装置部件	零部件图号	104-00-01	共 13 页	第 3 页

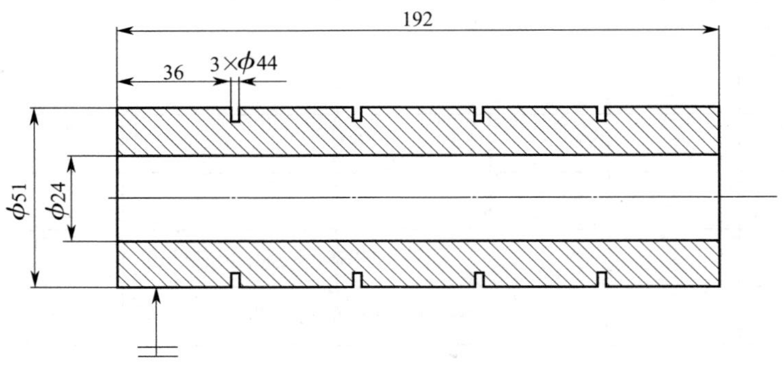

车间	工序号	工序名称	材料牌号
	10	车	40Cr
毛坯种类	毛坯外形尺寸/mm	每毛坯可制件数	每台件数
棒料	φ54×192 （36×5+3×4）	5	8
设备名称	设备型号	设备编号	同时加工数
普通车床			

工序工时		
	准终	
	单件	

工步号	工步内容	工夹名称及编号	量具名称及编号	技术要求
1	夹紧外径，用顶尖顶紧，切 4 个 3mm×φ44mm（间距 36mm）间隔槽		游标卡尺	

										设计（日期）	校对（日期）	审核（日期）
标记	处数	更改文件号	签字	日期	标记	处数	更改文件号	签字	日期			

表 7-4　工序号 15

XX 车辆有限公司	机械加工工序卡片	产品型号	T-25	零部件名称	连接螺母		
		产品名称	客车装置部件	零部件图号	104-00-01	共 13 页	第 4 页

车间	工序号	工序名称	材料牌号
	15	热处理	40Cr
毛坯种类	毛坯外形尺寸/mm	每毛坯可制件数	每台件数
棒料	ϕ54×192（36×5+3×4）	5	8
设备名称	设备型号	设备编号	同时加工数

工序工时		
	准终	
	单件	

工步号	工步内容	工夹名称及编号	量具名称及编号	技术要求
1	热处理，240～270 HB			

										设计（日期）	校对（日期）	审核（日期）
标记	处数	更改文件号	签字	日期	标记	处数	更改文件号	签字	日期			

表 7-5　工序号 20

XX 车辆有限公司	机械加工工序卡片	产品型号	T-25	零部件名称	连接螺母		
		产品名称	客车装置部件	零部件图号	104-00-01	共 13 页	第 5 页

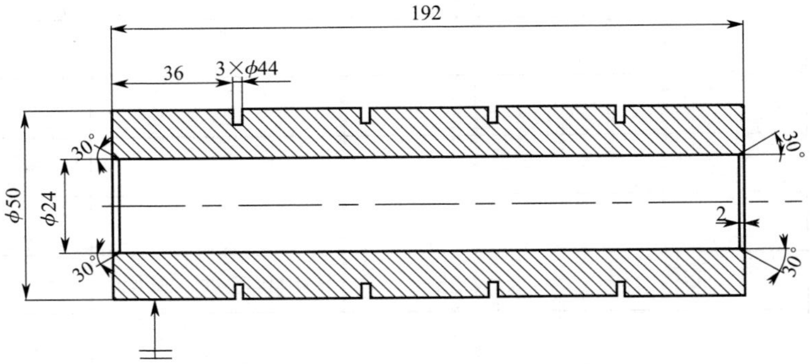

车间	工序号	工序名称	材料牌号
	20	车	40Cr
毛坯种类	毛坯外形尺寸/mm	每毛坯可制件数	每台件数
棒料	ϕ54×192 （36×5+3×4）	5	8
设备名称	设备型号	设备编号	同时加工数
普通车床	CA6140		

工序工时	准终	
	单件	

工步号	工步内容	工夹名称及编号	量具名称及编号	技术要求
1	顶车外圆至 ϕ50mm		0～125mm 游标卡尺	

										设计（日期）	校对（日期）	审核（日期）
标记	处数	更改文件号	签字	日期	标记	处数	更改文件号	签字	日期			

表 7-6　工序号 25

XX 车辆有限公司	机械加工工序卡片	产品型号	T-25	零部件名称	连接螺母		
		产品名称	客车装置部件	零部件图号	104-00-01	共 13 页	第 6 页

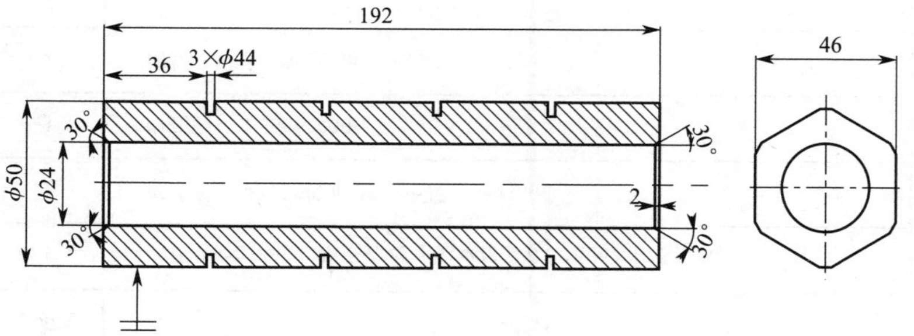

车间	工序号	工序名称	材料牌号
	25	铣	40Cr
毛坯种类	毛坯外形尺寸/mm	每毛坯可制件数	每台件数
棒料	ϕ54×192 （36×5+3×4）	5	8
设备名称	设备型号	设备编号	同时加工数
立铣	XKA5032A/E		

工序工时	准终	
	单件	

工步号	工步内容	工夹名称及编号	量具名称及编号	技术要求
1	夹一端（不超过 10mm），顶一端，铣出六方		0～125mm 游标卡尺	

										设计（日期）	校对（日期）	审核（日期）
标记	处数	更改文件号	签字	日期	标记	处数	更改文件号	签字	日期			

表 7-7 工序号 30

XX 车辆有限公司	机械加工工序卡片	产品型号	T-25	零部件名称	连接螺母		
		产品名称	客车装置部件	零部件图号	104-00-01	共 13 页	第 7 页

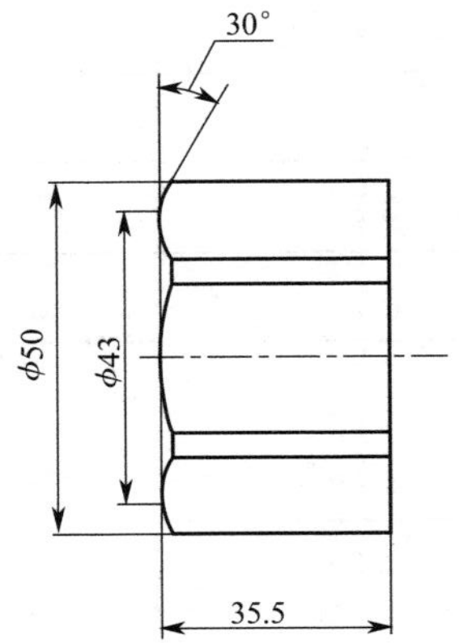

车间	工序号	工序名称	材料牌号
	30	车	40Cr
毛坯种类	毛坯外形尺寸/mm	每毛坯可制件数	每台件数
棒料	ϕ54×192 （36×5+3×4）	5	8
设备名称	设备型号	设备编号	同时加工数
车床			
工序工时	准终		
	单件		

工步号	工步内容	工夹名称及编号	量具名称及编号	技术要求
1	扩孔至 ϕ27mm，车底孔尺寸至 $\phi 28.376_{0}^{+0.300}$ mm，Ra3.2 μm		0～150mm 游标卡尺	
2	车端面，车外圆倒角 30° 至尺寸 ϕ43mm			
3	内孔倒角 1.5mm×30°			
4	切断，尺寸为35.5mm			
5	重复 2、3、4 工步			

										设计（日期）	校对（日期）	审核（日期）
标记	处数	更改文件号	签字	日期	标记	处数	更改文件号	签字	日期			

（续）

XX 车辆有限公司	机械加工工序卡片	产品型号	T-25	零部件名称	连接螺母		
		产品名称	客车装置部件	零部件图号	104-00-01	共 13 页	第 8 页

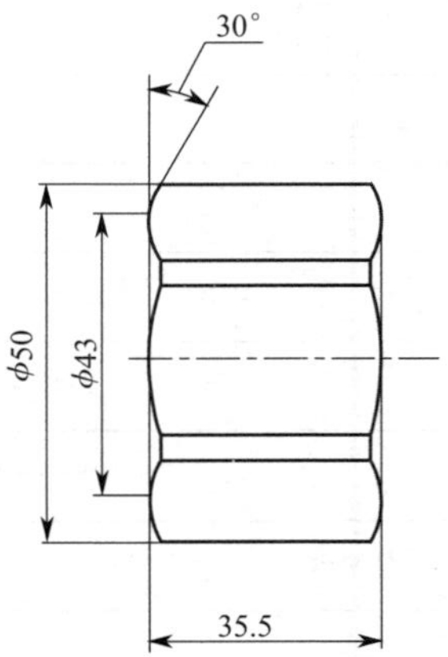

车间	工序号	工序名称	材料牌号
	30	车	40Cr
毛坯种类	毛坯外形尺寸/mm	每毛坯可制件数	每台件数
棒料	ϕ54×192 （36×5+3×4）	5	8
设备名称	设备型号	设备编号	同时加工数
车床	CA6140		

工序工时	准终	
	单件	

工步号	工步内容	工夹名称及编号	量具名称及编号	技术要求
6	车另一端面，保证尺寸 35mm		0～125mm 游标卡尺	
7	车外圆倒角 30° 至尺寸 ϕ43mm，内孔倒角 1.5mm×30°			

										设计（日期）	校对（日期）	审核（日期）
标记	处数	更改文件号	签字	日期	标记	处数	更改文件号	签字	日期			

表 7-8　工序号 35

XX 车辆有限公司	机械加工工序卡片	产品型号	T-25	零部件名称	连接螺母		
		产品名称	客车装置部件	零部件图号	104-00-01	共 13 页	第 9 页

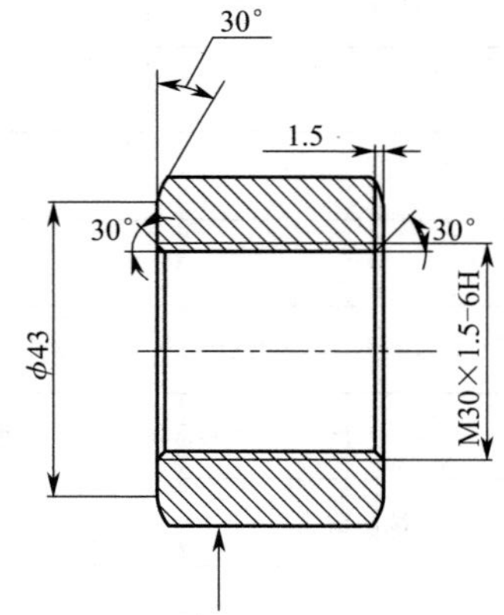

车间	工序号	工序名称	材料牌号
	35	车	40Cr
毛坯种类	毛坯外形尺寸/mm	每毛坯可制件数	每台件数
棒料	ϕ54×192 （36×5+3×4）	5	8
设备名称	设备型号	设备编号	同时加工数
数控车床	J1CJK6132		

工序工时		
	准终	
	单件	

工步号	工步内容	工夹名称及编号	量具名称及编号	技术要求
1	车螺纹 M30×1.5-6H		0～125mm 游标卡尺	
2	去除螺纹毛刺		M30×1.5-6H 量规	

										设计（日期）	校对（日期）	审核（日期）
标记	处数	更改文件号	签字	日期	标记	处数	更改文件号	签字	日期			

表 7-9　工序号 40

XX 车辆有限公司	机械加工工序卡片	产品型号	T-25	零部件名称	连接螺母		
		产品名称	客车装置部件	零部件图号	104-00-01	共 13 页	第 10 页

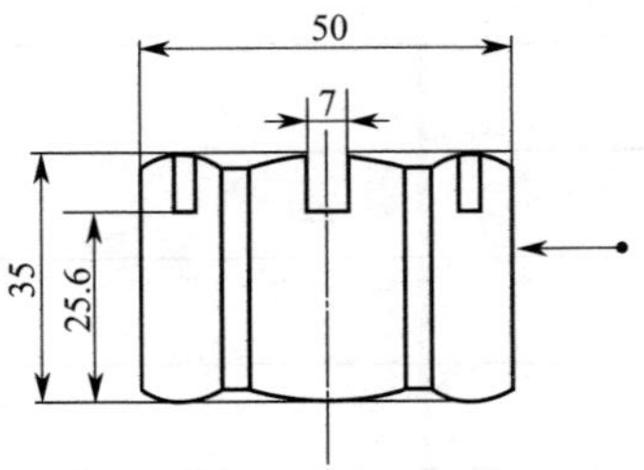

车间	工序号	工序名称	材料牌号
	40	铣	40Cr
毛坯种类	毛坯外形尺寸/mm	每毛坯可制件数	每台件数
棒料	ϕ54×192 （36×5+3×4）	5	8
设备名称	设备型号	设备编号	同时加工数
立铣	XKA5032A/E		
工序工时	准终		
	单件		

工步号	工步内容	工夹名称及编号	量具名称及编号	技术要求
1	用台钳夹住工件，伸出长度多于 10mm，铣刀对中，铣 7mm×9.4mm（35mm–25.6mm=9.4mm）（六个均匀分布）至尺寸		0～125mm 游标卡尺	

										设计（日期）	校对（日期）	审核（日期）
标记	处数	更改文件号	签字	日期	标记	处数	更改文件号	签字	日期			

表 7-10　工序号 45

<table>
<tr><td rowspan="2">XX 车辆有限公司</td><td rowspan="2">机械加工工序卡片</td><td>产品型号</td><td>T-25</td><td>零部件名称</td><td colspan="3">连接螺母</td></tr>
<tr><td>产品名称</td><td>客车装置部件</td><td>零部件图号</td><td>104-00-01</td><td>共 13 页</td><td>第 11 页</td></tr>
</table>

车间	工序号	工序名称	材料牌号
	45	钳	40Cr
毛坯种类	毛坯外形尺寸/mm	每毛坯可制件数	每台件数
棒料	ϕ54×192 （36×5+3×4）	5	8
设备名称	设备型号	设备编号	同时加工数

工序工时		
	准终	
	单件	

工步号	工步内容	工夹名称及编号	量具名称及编号	技术要求
1	去除铣后毛刺			

										设计（日期）	校对（日期）	审核（日期）
标记	处数	更改文件号	签字	日期	标记	处数	更改文件号	签字	日期			

表 7-11　工序号 50

XX 车辆有限公司	机械加工工序卡片	产品型号	T-25	零部件名称	连接螺母		
		产品名称	客车装置部件	零部件图号	104-00-01	共 13 页	第 12 页

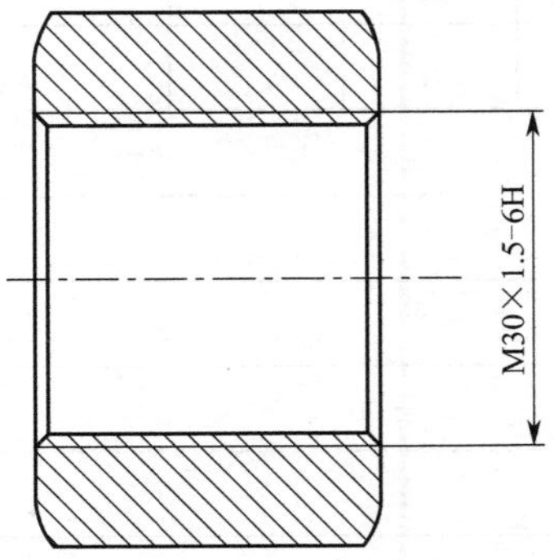

车间	工序号	工序名称	材料牌号
	50	检查	40Cr
毛坯种类	毛坯外形尺寸/mm	每毛坯可制件数	每台件数
棒料	ϕ54×192 （36×5+3×4）	5	8
设备名称	设备型号	设备编号	同时加工数
工序工时	准终		
	单件		

工步号	工步内容	工夹名称及编号	量具名称及编号	技术要求
1	检查		M30×1.5-6H 螺纹量规	

										设计（日期）	校对（日期）	审核（日期）
标记	处数	更改文件号	签字	日期	标记	处数	更改文件号	签字	日期			

表 7-12　工序号 55

XX 车辆有限公司	机械加工工序卡片	产品型号	T-25	零部件名称	连接螺母		
		产品名称	客车装置部件	零部件图号	104-00-01	共 13 页	第 13 页

车间	工序号	工序名称	材料牌号
	55	热处理	40Cr
毛坯种类	毛坯外形尺寸/mm	每毛坯可制件数	每台件数
棒料	ϕ54×192（36×5+3×4）	5	8
设备名称	设备型号	设备编号	同时加工数

工序工时		
	准终	
	单件	

工步号	工步内容	工夹名称及编号	量具名称及编号	技术要求
1	发黑			

标记	处数	更改文件号	签字	日期	标记	处数	更改文件号	签字	日期	设计（日期）	校对（日期）	审核（日期）

第 8 章　CAXA 工艺汇总表概述

CAXA 工艺汇总表是一套专门对电子化的设计数据和工艺数据进行汇总，并生成各种产品明细表和管理用工艺表格的软件系统，系统简练、实用、有效。CAXA 工艺汇总表和 CAXA 工艺图表相结合构成了 CAXA 工艺解决方案。

8.1　工艺汇总的意义

工艺汇总（PBOM）涉及的内容众多，包括总装配图标题栏和明细栏信息，零件图的标题栏信息以及各类工艺卡片的表头信息和工艺内容信息，汇总工作量很大，耗时长，容易出错，耗费很多人力和物力。在激烈的市场竞争环境下，企业迫切需要建立工艺快速反应能力，提高企业的工艺标准化水平和工艺管理水平，缩短工艺技术准备周期。

CAXA 工艺汇总表可以大大缩短工艺设计周期，对新产品设计、改型产品和变更设计能快速做出响应；使工艺人员的经验得到充分地积累和继承，劳动强度大大减轻；而且还可以加强工艺标准化，减小编制工艺文件的工作量和产生错误的可能性，并为建立集成的数字化制造系统打下基础。

CAXA 工艺汇总可以将工艺信息提取、汇总出来形成各种管理用的工艺表格和 BOM 信息（各种明细汇总表），这些信息既可以用图表形式表现，也可以采用数据库形式来表现，可以实现与其后的各种 ERP/MIS 等软件的集成，如成本核算系统、车间作业系统、生产计划系统、材料供销系统等。

8.2　常见的工艺汇总表格

企业中有不同的汇总表格，企业不同部门所需要的汇总表格也不一样。在机械行业中最常用的汇总表格有各种工时定额汇总明细、材料消耗汇总明细、工具工装汇总明细、外购外协件明细。如图 8-1～图 8-4 所示为一些常见的表格。在第 9 章将详细介绍这些表格数据库是如何定制和汇总的。

除了以上一些常见的表格，另外还有如“标准件汇总表”、“产品零件”、“工艺路线”、“ 工序成本汇总表” 等报表。

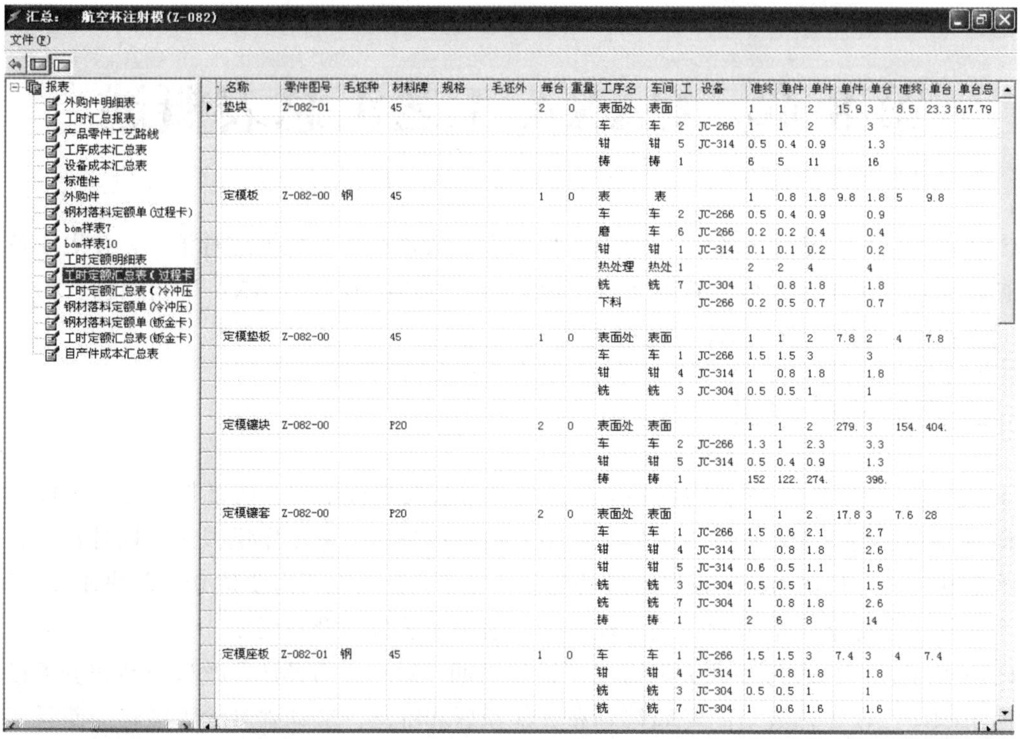

名称	零件图号	毛坯种	材料牌	规格	毛坯外	每台	重量	工序名	车间	工	设备	准终	单件	单件	单件	单台	准终	单台	单台总
垫块	Z-082-01		45			2	0	表面处	表面			1	1	2	15.9	3	8.5	23.3	617.79
								车	车	2	JC-266	1	1	2		3			
								钳	钳	5	JC-314	0.5	0.4	0.9		1.3			
								铸	铸	1		6	5	11		16			
定模板	Z-082-00	钢	45			1	0	表	表			1	0.8	1.8	9.8	1.8	5	9.8	
								车	车	2	JC-266	0.5	0.4	0.9		0.9			
								磨	车	6	JC-266	0.2	0.2	0.4		0.4			
								钳	钳	1	JC-314	0.1	0.1	0.2		0.2			
								热处理	热处	1		2	2	4		4			
								铣	铣	7	JC-304	1	0.8	1.8		1.8			
								下料			JC-266	0.2	0.5	0.7		0.7			
定模垫板	Z-082-00		45			1	0	表面处	表面			1	1	2	7.8	2	4	7.8	
								车	车	1	JC-266	1.5	1.5	3		3			
								钳	钳	4	JC-314	1	0.8	1.8		1.8			
								铣	铣	3	JC-304	0.5	0.5	1		1			
定模镶块	Z-082-00		P20			2	0	表面处	表面			1	1	2	279.	3	154.	404.	
								车	车	2	JC-266	1.3	1	2.3		3.3			
								钳	钳	5	JC-314	0.5	0.4	0.9		1.3			
								铸	铸	1		152	122.	274.		396.			
定模镶套	Z-082-00		P20			2	0	表面处	表面			1	1	2	17.8	3	7.6	28	
								车	车	1	JC-266	1.5	0.6	2.1		2.7			
								钳	钳	4	JC-314	1	0.8	1.8		2.6			
								钳	钳	5	JC-314	0.6	0.5	1.1		1.6			
								铣	铣	3	JC-304	0.5	0.5	1		1.5			
								铣	铣	7	JC-304	1	0.8	1.8		2.6			
								铸	铸	1		2	6	8		14			
定模座板	Z-082-01	钢	45			1	0	车	车	1	JC-266	1.5	1.5	3	7.4	3	4	7.4	
								钳	钳	4	JC-314	1	0.8	1.8		1.8			
								铣	铣	3	JC-304	0.5	0.5	1		1			
								铣	铣	7	JC-304	1	0.6	1.6		1.6			

图 8-1　工艺汇总后的表格（工时定额汇总）

产品型号		Z-082	钢材落料定额单（金工）						第 1 页
序号	图号	名称	每台件数	坯料					备注
				种类	牌号	规格	重量（kg）	坯内件数	
1	Z-082-001	定模镶块	2		P20			2	
2	Z-082-010	定模座板	1	钢	45			2	
3	Z-082-012	垫块	2		45			2	
4	Z-082-013	定位圈	1		45			1	
5	Z-082-014	推杆	6		45			6	
6	Z-082-015	连结杆	2		45			2	
7	Z-082-016	螺纹套	2		45			2	
8	Z-082-017	阀杆	2		p20			2	
9	Z-082-019	推件环	2		P20			2	
10	Z-082-002	定模镶套	2		P20			2	
11	Z-082-003	型芯	2		P20			2	
12	Z-082-004	动模镶套	2	钢	45			2	
13	Z-082-006	定模板	1	钢	45			1	
14	Z-082-007	动模板	1	钢	45			1	
15	Z-082-008	定模垫板	1		45			1	
16	Z-082-009	支撑板	1		45			1	
17	Z-082-020	支撑柱	2		P20			2	
18	Z-082-021	管接头	8	钢	45			4	

图 8-2　Excel 表的格式（钢材落料定额单）

（外购、企业标准）明细表					产品型号				
					产品名称			共页	第页
序号	件号	零件名称	零件材料	备注	序号	件号	零件名称	零件材料	备注

描图
描校
底图号
装订号

标记	处数	更改文件号	签字	日期	标记	处数	更改文件号	签字	日期	编制（日期）	审核（日期）	

图 8-3　（外购、企业标准）明细表

XX机械有限公司			工艺工时汇总明细表									产品型号		共　页		第　页		
												产品名称		总工时		297.99		
工序号	零件名称	图纸编号	坯料					单件件数	工序名称	车间	工段	设备	准终工时	单件工时	准终总工时	工时定额		备注
			种类	牌号	规格	尺寸	重量									单件	单台	
1	垫块	Z-082-011	钢	45				2	车	车	1	JC-266	1.5	1.5	4	7.4	10.8	
									钳	钳	4	JC-314	1	0.8				
									铣	铣	3	JC-304	0.5	0.5				
									铣	铣	7	JC-304	1	0.6				
2	垫块	Z-082-012		45				2	表面处理	表面处理			1	1	8.5	15.9	23.3	
									车	车	2	JC-266	1	1				
									钳	钳	5	JC-314	0.5	0.4				
									铸	铸	1		6	5				
3	定模板	Z-082-006	钢	45				1	表	表			1	0.8	5	9.8	9.8	
									车	车	2	JC-266	0.5	0.4				
									磨	车	6	JC-266	0.2	0.2				
									钳	钳	1	JC-314	0.1	0.1				
									热处理	热处理	1		2	2				
									铣	铣	7	JC-304	1	0.8				
									下料			JC-266	0.2	0.5				
4	定模垫板	Z-082-008		45				1	表面处理	表面处理			1	1	4	7.8	7.8	
									车	车	1	JC-266	1.5	1.5				
									钳	钳	4	JC-314	1	0.8				
									铣	铣	3	JC-304	0.5	0.5				
5	定模镶块	Z-082-001		P20				2	表面处理	表面处理			1	1	4.8	9.6	14.4	
									车	车	2	JC-266	1.3	1				
									钳	钳	5	JC-314	0.5	0.4				
									铸	铸	1		2	2.4				
6	定模镶套	Z-082-002		P20				2	表面处理	表面处理			1	1	7.6	17.8	28	
									车	车	1	JC-266	1.5	0.6				
									钳	钳	4	JC-314	1	0.8				

描图
描校
底图号
装订号

标记	处数	更改文件号	签字	日期	标记	处数	更改文件号	签字	日期	编制（日期）	审核（日期）	批准（日期）

图 8-4　工艺工时汇总明细表

8.3 CAXA 工艺汇总表的主要特点与功能

CAXA 工艺汇总表是专门对电子化的设计数据和工艺数据进行统计汇总，并生成各种产品明细表、材料定额报表、管理用工艺表格的软件系统。其主要功能与特点如下：

1. 数据导入

CAXA 工艺汇总表可以从本地及服务器上导入各种 CAD 文件（如 DXF、DWG、EXB 等格式文件）和工艺图表文件中的所有设计信息和工艺信息，可以将重用的信息完整地再利用，形成面向产品结构的工艺信息汇总资料。CAXA 工艺汇总表可针对企业实际生产需求，在进行产品信息汇总及材料定额计算时方便灵活地添加与编辑零部件信息。

2. 汇总表格定制与汇总

CAXA 工艺汇总表提供强大的报表定制功能，用户可根据自己的需求定制及汇总报表的内容和要求，如按分厂、按产品汇总材料消耗、工时定额、外购件外协件明细、工装刀具明细等。

3. 材料定额计算

CAXA 工艺汇总表具有对产品及零部件进行“材料定额计算”的功能。用户可在数据库中进行相关设置，最后通过“材料定额计算”功能，针对生产单位质量合格产品所必须消耗的一定规格的材料进行计算，并可生成材料消耗汇总明细。

4. 工序编辑器

CAXA 工艺汇总表针对企业生产过程中某些不需进行传统工艺编制的产品或零部件，通过工序编辑器功能对其进行完整的工艺编制，快速指导生产。

5. 输出 Excel、XML 文件

CAXA 工艺汇总表根据汇总出的各种报表，提供存储、打印或者以 Excel、XML 的格式进行输出，极大地简化和方便了为生产管理提供基础数据的工作。

6. 输出到工艺图表

CAXA 工艺汇总表与工艺图表紧密结合，充分利用工艺图表定制模版的快速高效性，将汇总表汇总的数据快速地输出到工艺图表指定的模版当中，更加有效地对报表的格式与数据进行修改，并可通过工艺图表进行批量及排版打印。

8.4 CAXA 工艺汇总表的安装及卸载

本书介绍的软件版本为 CAXA 工艺汇总表 2007，所以，安装及以下的功能都是以 CAXA 工艺汇总表 2007 为基础，安装前应关闭其他正在运行的应用程序。

CAXA 工艺汇总表是基于 Microsoft SQL Server 数据库开发的软件，以电子化的设计数据和工艺数据为基础，可以方便地进行各种工艺汇总，自动生成各种企业管理所需要的明细表和汇总统计表等。安装 CAXA 工艺汇总表之前最好安装 Microsoft SQL Server 数据库，如果没有安装，在安装完 CAXA 工艺汇总表后会自动安装 Microsoft SQL Server 组件。

1. CAXA 工艺汇总表的安装

CAXA 工艺汇总表提供了一个安装向导，用户可以方便地根据向导的操作提示逐步进行安装。

启动 Windows2000/XP 后，放入软件安装光盘，初始安装界面会自动运行，或者单击光盘根目录下的“AutoRun.exe”文件，也可启动初始安装界面。安装界面如图 8-5 所示。

图 8-5　CAXA 工艺汇总表 2007 初始安装界面

选择“工艺汇总表安装”，弹出如图 8-6 所示的安装欢迎对话框。如果要继续，单击【下一步】按钮；如果不想安装，单击【取消】按钮。

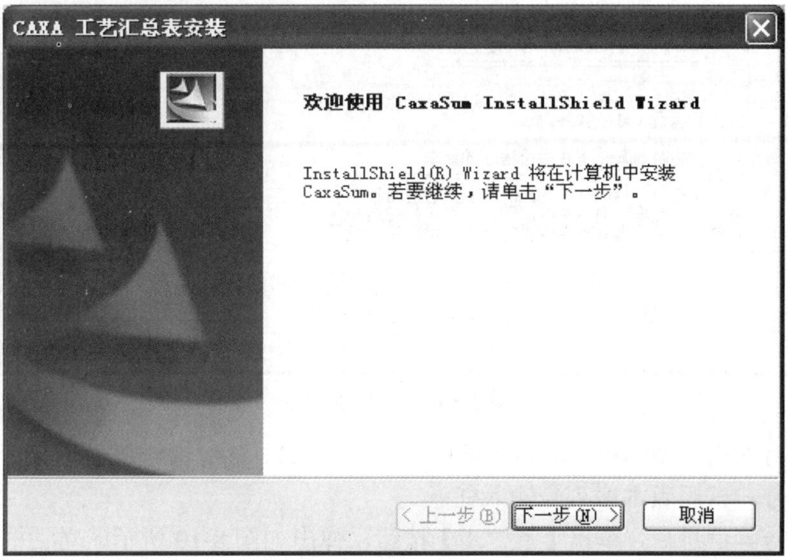

图 8-6　安装欢迎对话框

继续安装将弹出如图 8-7 所示对话框（CAXA 软件许可使用协议），选择【是】，继续安装。如果不接受此协议，选择【否】，则会退出安装程序。

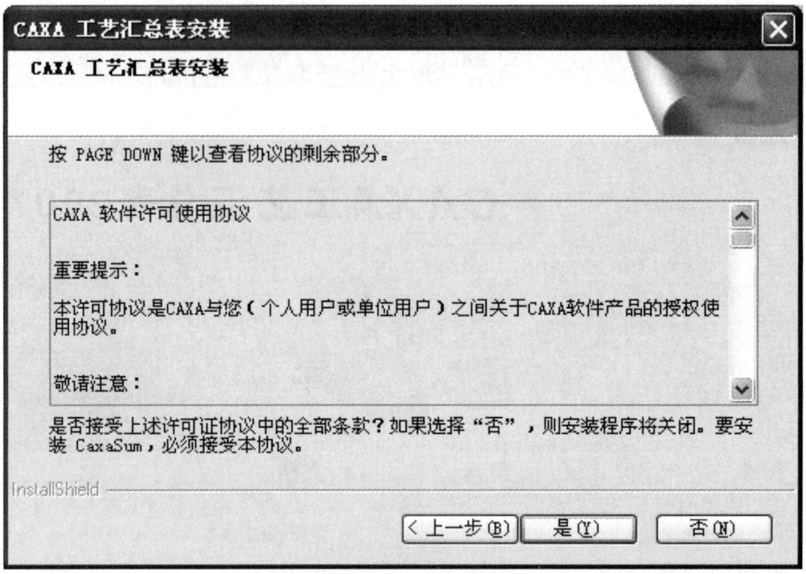

图 8-7　安装许可协议

继续安装将弹出如图 8-8 所示对话框（CAXA 软件安装特别说明），提示安装过程中保证成功安装的注意事项。选择【下一步】按钮继续进行安装。

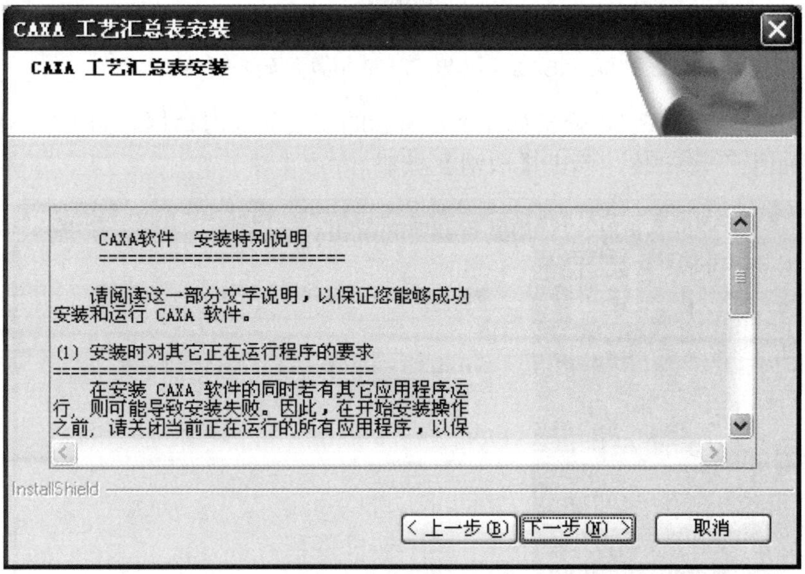

图 8-8　安装特别说明

继续安装将弹出如图 8-9 所示的对话框（客户信息）。该对话框要求输入用户名、公司名称、软件序列号，试用版本序列号输入任意。

输入序列号等信息后，单击【下一步】按钮，弹出如图 8-10 所示的对话框（选择目的地位置）。

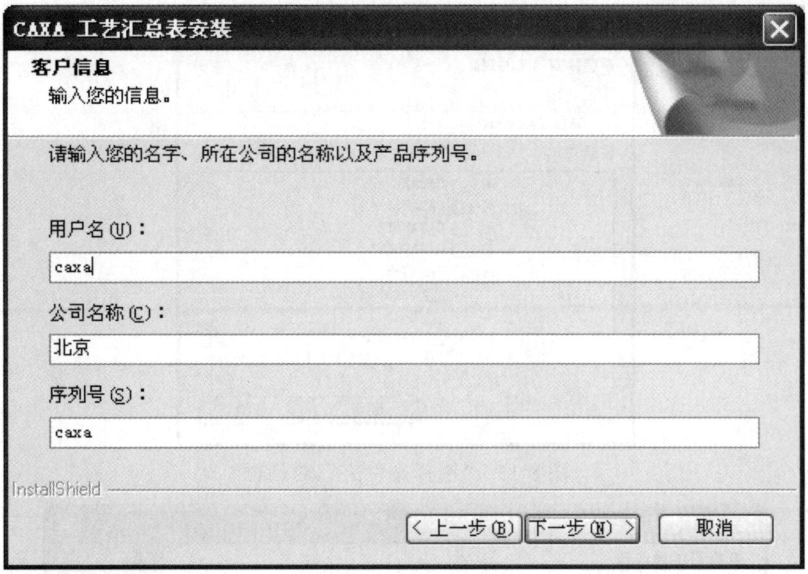

图 8-9　输入客户信息

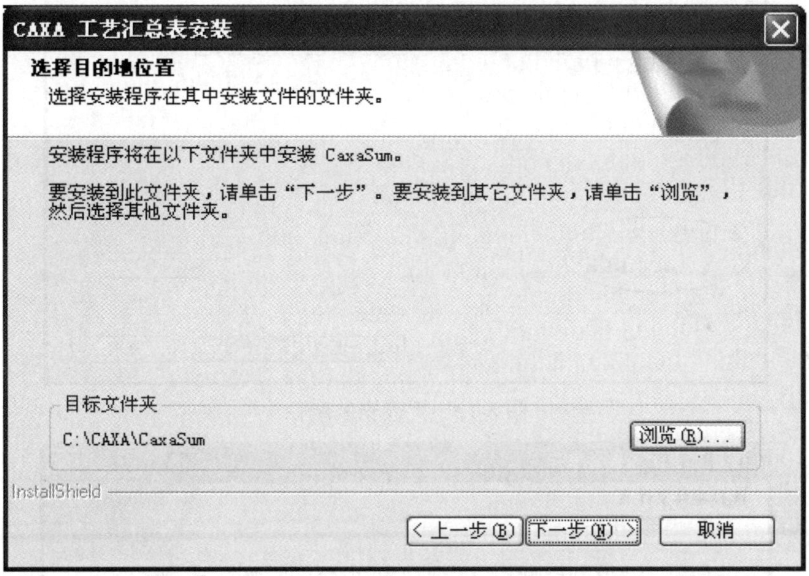

图 8-10　选择目标文件夹

图 8-10 所示对话框要求用户确定安装 CAXA 工艺汇总表应用程序的文件夹位置。若单击【浏览】按钮，会弹出如图 8-11 所示的对话框。安装程序允许用户更改默认的 CAXA 工艺汇总表程序安装路径。

单击【确定】按钮，再次出现“选择目的地位置”对话框，确认 CAXA 工艺汇总表程序的安装路径，如图 8-12 所示。

单击【下一步】按钮，弹出如图 8-13 所示的对话框（选择程序文件夹）。在对话框中输入 CAXA 工艺汇总表应用程序文件夹名称或选择其默认名称。

图 8-11　“选择文件夹”对话框

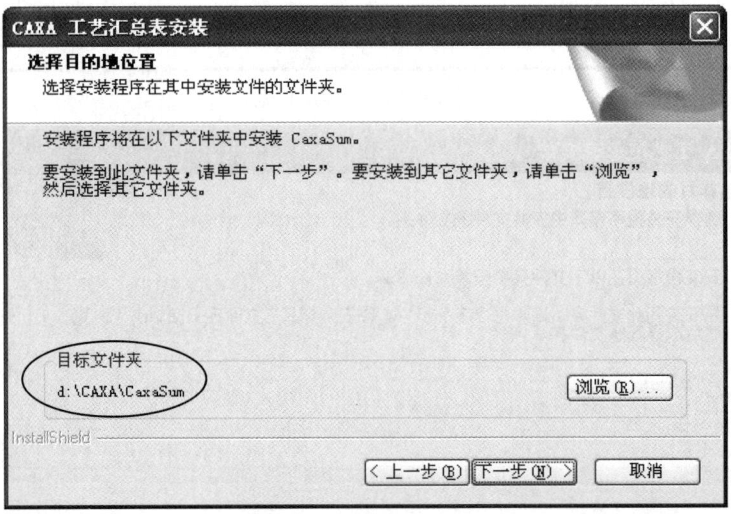

图 8-12　更改安装路径

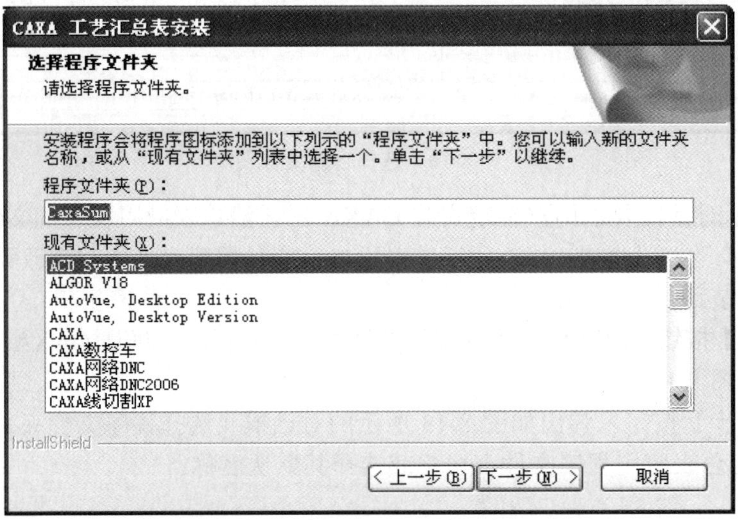

图 8-13　输入程序文件夹

单击【下一步】按钮后，弹出图 8-14 所示对话框，要求用户确认当前的安装信息。

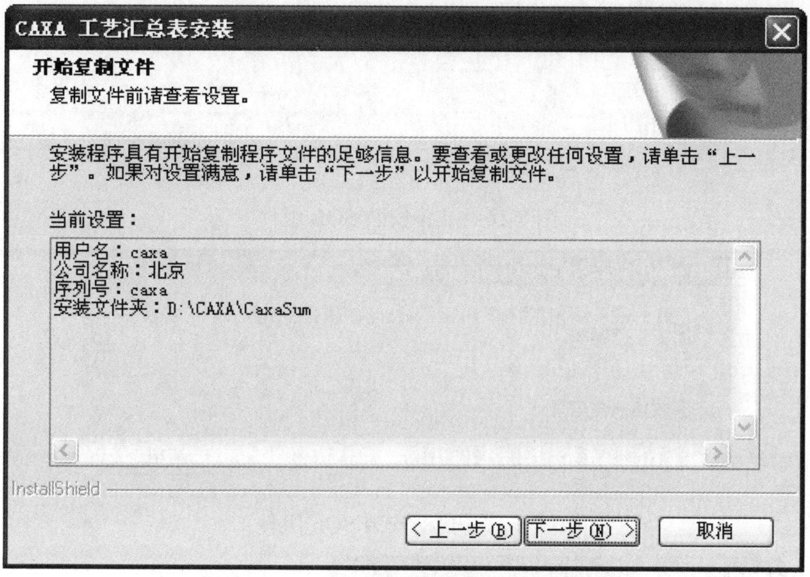

图 8-14　确认当前的安装信息

如果安装信息无误，请单击【下一步】按钮，系统开始向硬盘复制文件，并显示如图 8-15 所示的 CAXA 工艺汇总表的安装进程。

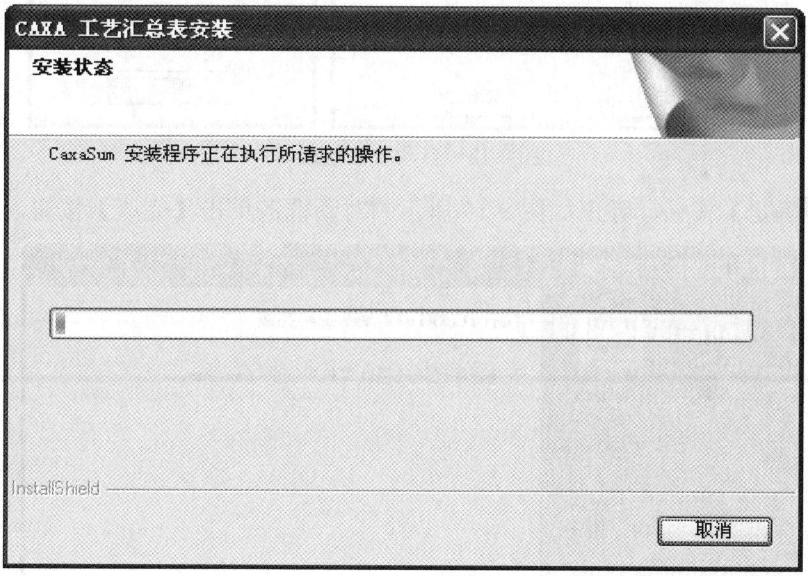

图 8-15　安装进程

复制完毕后，弹出如图 8-16 所示的窗口，系统自动安装 Windows Installer。

安装完毕后，弹出如图 8-17 所示的窗口，自动安装 Microsoft SQL Server Desktop Engine。

安装完毕后弹出如图 8-18 所示“安装数据库”对话框，单击【确定】按钮，提示安装数据库成功。

图 8-16　准备安装 SQL 组件

图 8-17　自动安装 SQL 组件

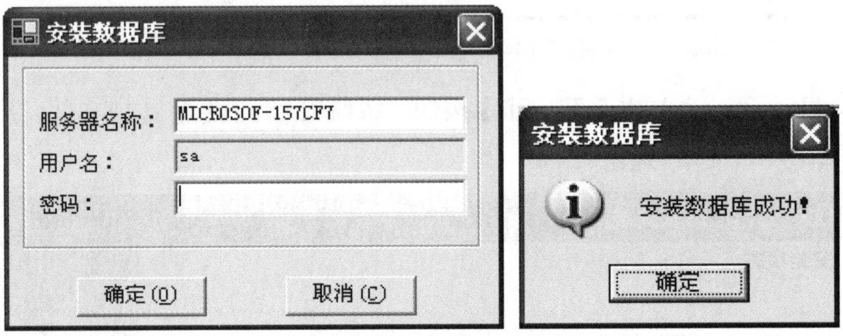

图 8-18　自动安装数据库

再单击【确定】按钮，弹出如图 8-19 所示的对话框；单击【完成】按钮，安装完成。

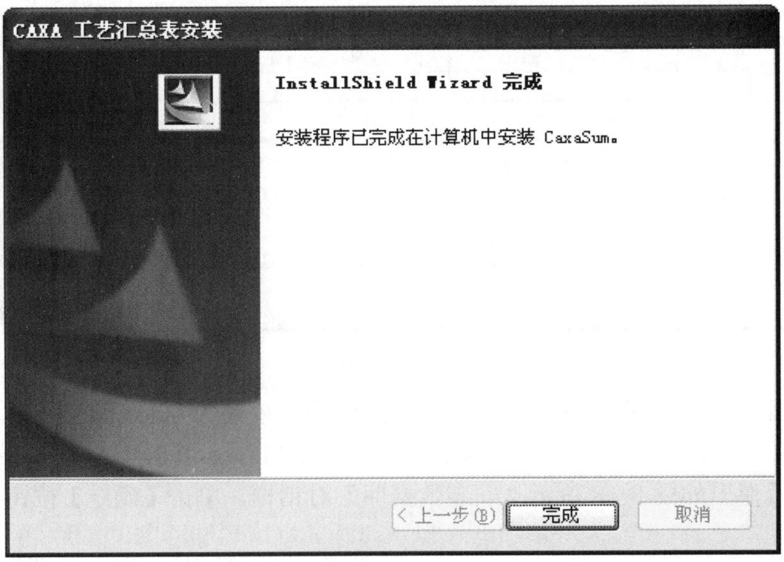

图 8-19　安装完成

CAXA 工艺汇总表安装完成后，会要求用户重新启动计算机。只有重新启动后，在系统任务栏中才会出现图标，表示 SQL Server 服务管理器正在运行，CAXA 工艺汇总表才正式安装完毕。

2. 加密锁驱动程序的安装

CAXA 工艺汇总表的加密锁安装与 CAXA 工艺图表的安装方法一样，加密方式上分为单机版和网络版，安装方法可参考 CAXA 工艺图表的加密锁安装方法。

3. CAXA 工艺汇总表的卸载

单击【开始】/【设置】/【控制面板】，打开“添加/删除程序”对话框，选择“CAXASUM”，单击【删除】按钮，【确认】后即可卸载工艺汇总表。

4. CAXA 工艺汇总表的运行

CAXA 工艺汇总表软件安装完成后，在桌面上会出现两个桌面快捷图标，如图 8-20 所示。

图 8-20 桌面快捷图标

运行 CAXA 工艺汇总表主要有以下几种方法：

1）单击【开始】/【程序】/【CAXA】/【CAXA 工艺汇总表 2007】/【CAXA 工艺图表 2007】，可以运行软件。

2）双击桌面上的 CAXA 工艺汇总表图标，即可运行软件。

3）直接运行安装目录下的 CaxaSum.exe 文件（如默认路径的时候，可以找到并双击 C:\CAXA\CaxaSum 下的 CaxaSum.exe），可以启动软件。

8.5 CAXA 工艺汇总表的主要界面

CAXA 工艺汇总表有一个主界面，另外还有两个界面，分别为报表汇总界面和数据库定制界面。

1. 主界面

双击桌面上的 CAXA 工艺汇总表图标，启动 CAXA 工艺汇总表程序，即进入 CAXA 工艺汇总表的主界面。主界面主要分为四部分：产品列表、产品基本信息、零部件明细表和工艺规程名称，如图 8-21 所示。

产品列表以结构树形式显示，选择树中的产品和零件，其他相应区域会显示出不同效果。

1）选择产品列表中的产品时，产品基本信息部分会显示出产品名称、产品代号和产品型号等信息，如图 8-22 所示。

2）选择产品列表中的零件时，会显示零件的工艺规程、零部件明细表等，如图 8-23 所示。

3）选择零件的工艺规程，在界面右侧会显示相应的工艺信息，如图 8-24 所示。

2. 数据库定制界面

双击桌面上的 CAXA 数据库定制图标，启动 CAXA 工艺汇总表程序，即进入 CAXA 工艺汇总表的数据库定制界面。数据库定制界面主要包括两大部分：产品的数据库名称列表和数据库内容，如图 8-25 所示。

在数据库定制界面中，主要定制需要的报表。刚刚安装的 CAXA 工艺汇总表是不能汇总报表的，通过数据库定制界面，可把设计及工艺过程中需要提取的信息设定出来，并设置报表格式，以形成汇总报表。

1）产品的数据库名称列表。显示出工艺文件或者图形文件的数据库的名称及汇总报表的名称。

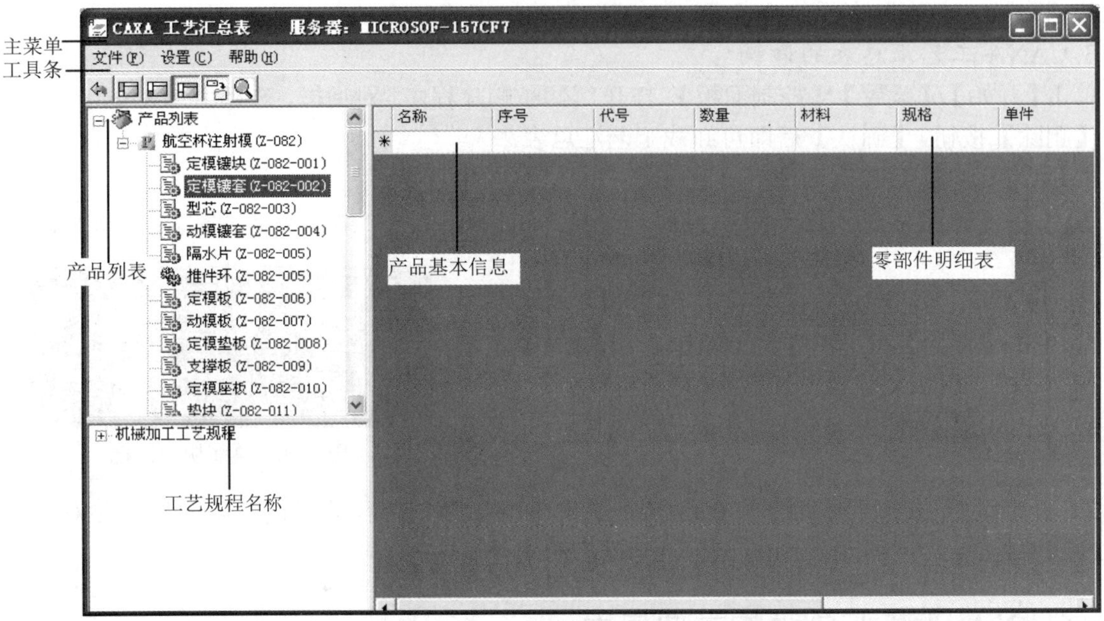

图 8-21　CAXA 工艺汇总表主界面

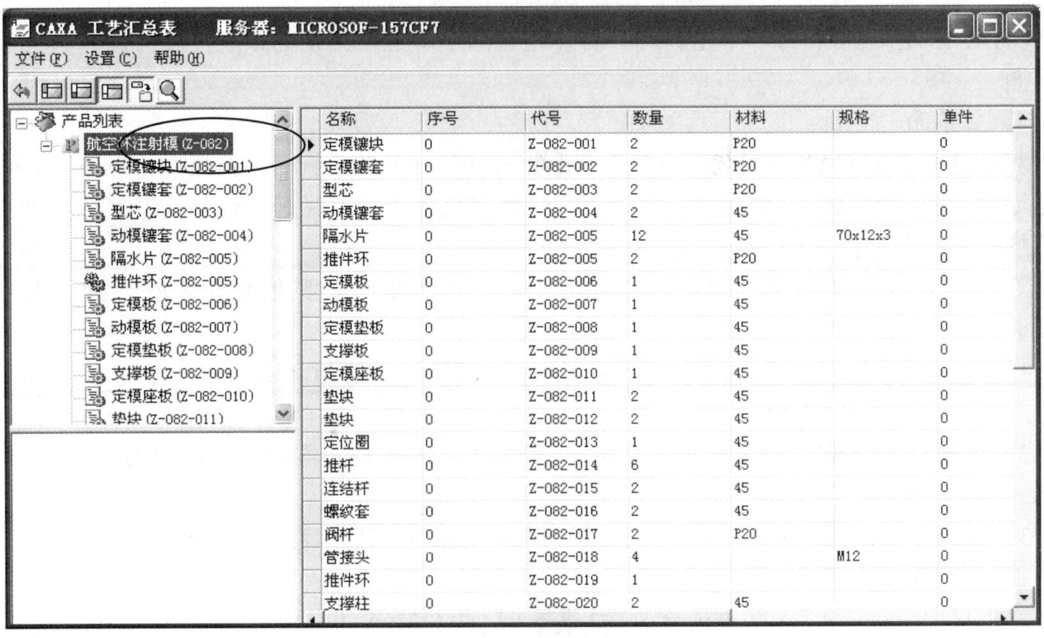

图 8-22　主界面显示产品明细

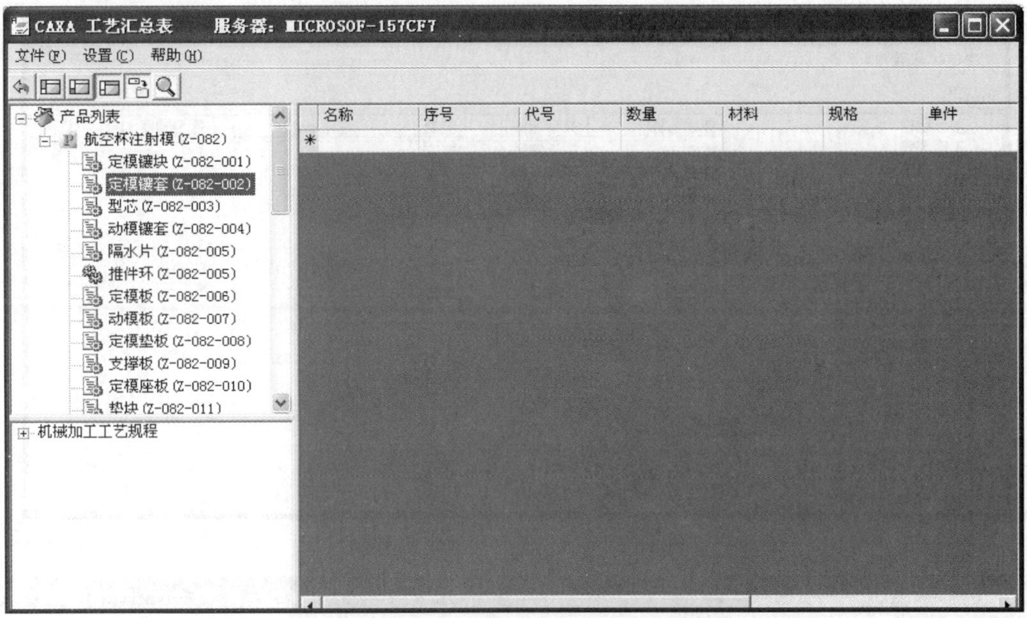

图 8-23　主界面显示零件明细及工艺规程

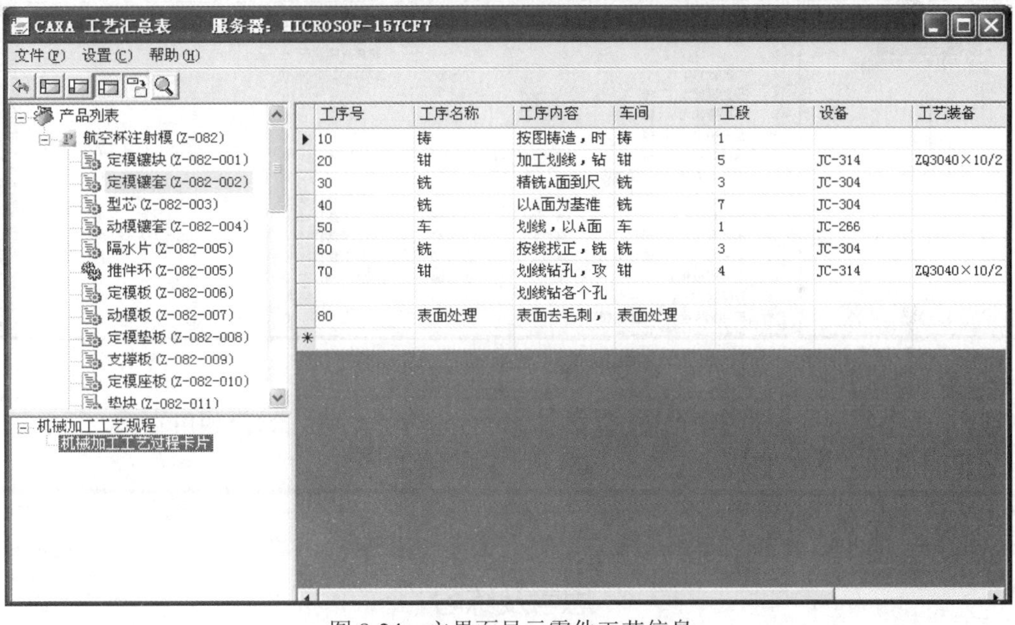

图 8-24　主界面显示零件工艺信息

2）数据库内容。显示出对应数据库名称的详细数据信息，可以对数据信息进行添加、修改、删除和编辑。

3. 报表汇总界面

软件安装完成后，在数据库定制界面中定制好数据库，并且在工艺汇总表的主界面导入需要汇总的产品和工艺信息。在工艺汇总表的主界面下，鼠标右键单击产品列表中的产品，在弹出的快捷菜单中选择【汇总】命令，即可进入报表汇总界面，如图 8-26 所示，在报表汇总界面可以对工艺文件或者图形的报表内容进行汇总，并可做适当的修改。

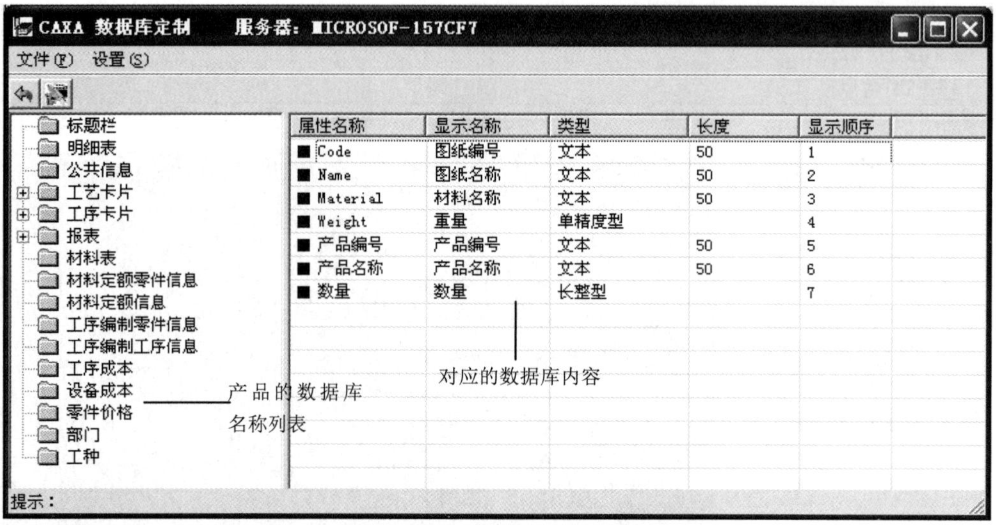

图 8-25　CAXA 数据库定制界面

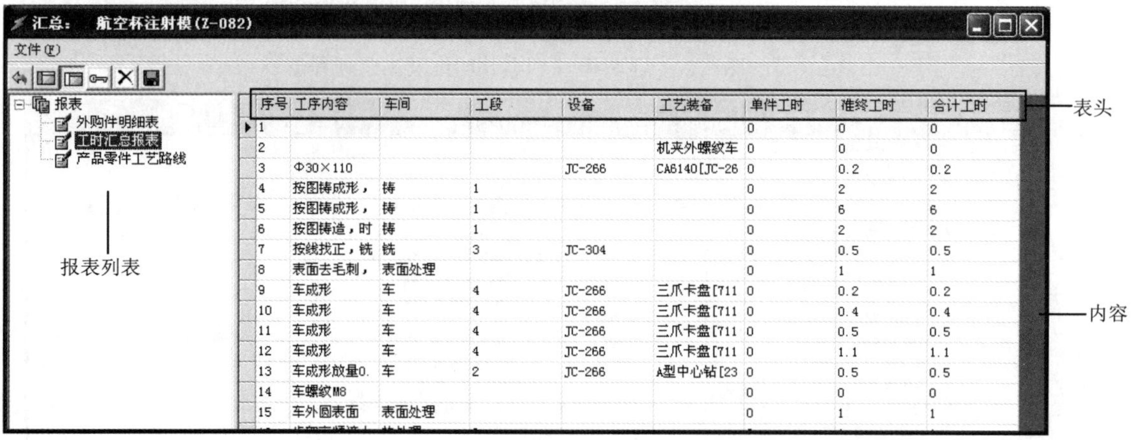

图 8-26　报表汇总界面

CAXA 工艺汇总表的报表汇总界面分为三部分：报表列表、表头和内容。

1）报表列表。显示产品的报表汇总类别及各报表的名称。

2）内容。显示产品的报表汇总的结果。

3）表头。显示汇总报表的表头信息。

思考及练习

8-1　工艺汇总的意义是什么？

8-2　CAXA 工艺汇总表的主要功能特点是什么？

8-3　CAXA 工艺汇总表主要有哪些界面？如何进入这些界面？

第 9 章　CAXA 工艺汇总表数据库定制及汇总输出

CAXA 工艺汇总表在做汇总前需要对数据库进行定制，包括定制导入数据信息的类别、名称，定制报表数据提取的条件和汇总数据信息输出的格式等。CAXA 工艺汇总表提供了开放以及强大的定制功能，本章详细介绍定制数据库和对定制完成后的信息汇总输出。

下面以一个完整的实例，介绍 CAXA 工艺汇总表中定制数据库及报表输出定制的应用。以下定制以电子图板中 GB 标题栏、明细表以及 CAXA 工艺图表中机械加工工艺过程卡为标准。

9.1　定制数据库

CAXA 工艺汇总表的基本信息指 CAD 中的基础数据和 CAPP 的基本信息。CAD 信息，即电子图板中的标题栏信息、明细表信息；CAPP 信息包括工艺规程、工艺卡片以及卡片中的信息。

为了能够顺利提取 CAD 和 CAPP 中的信息，CAXA 工艺汇总表的基本信息应该与标题栏和明细表或工艺卡片的信息相一致，这样，工艺汇总时就能够识别 CAD 和 CAPP 数据并能够提取数据。

如在电子图板中的“填写标题栏”中，若需要提取“图样名称”和“图样编号”，那么在工艺汇总表数据库定制时应该在“填写标题栏”中增加这两项。“填写标题栏”对话框如图 9-1 所示。

下面详细介绍具体的录入方法。

1. 启动连接数据库功能

双击“数据库定制”图标，弹出如图 9-2 所示的“连接数据库”对话框。

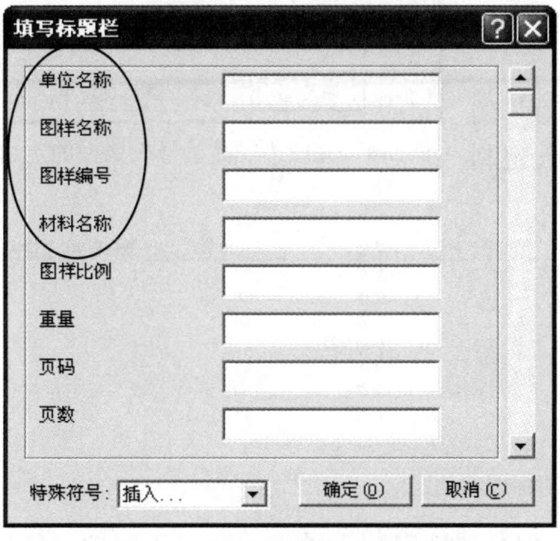

图 9-1　“填写标题栏”对话框

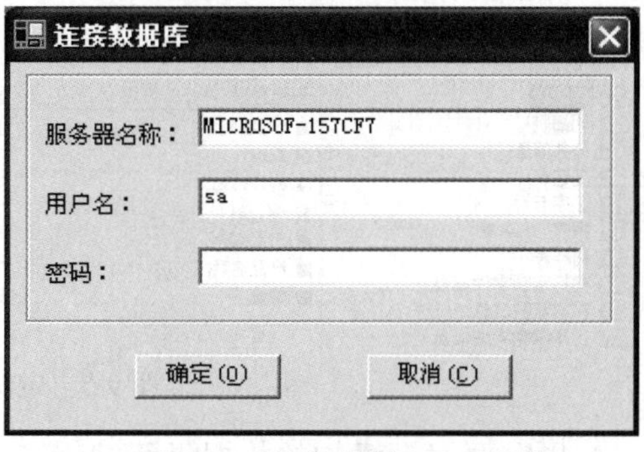

图 9-2　“连接数据库”对话框

2. 进入数据库定制界面

单击【确定】按钮，进入“CAXA 数据库定制”界面，如图 9-3 所示。此时的数据库只有安装完成的默认设置。

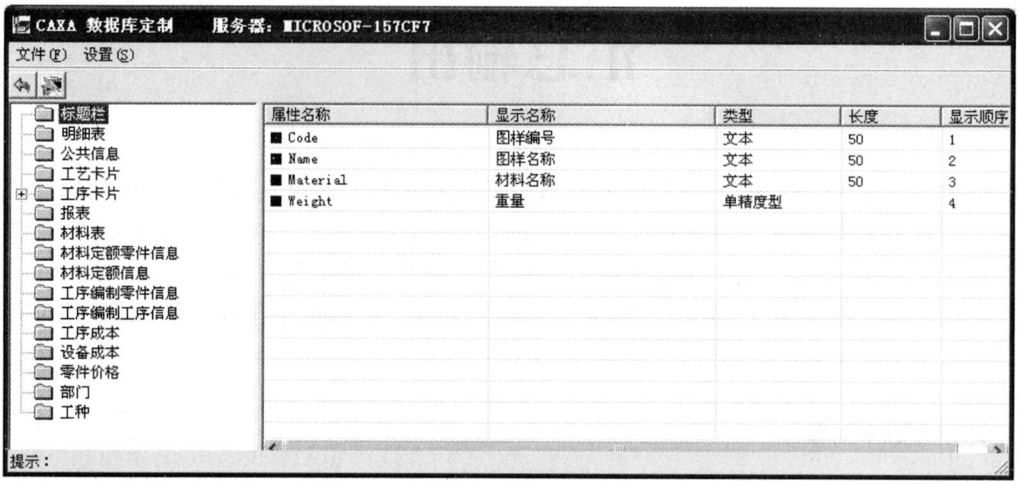

图 9-3 进入“CAXA 数据库定制”界面

3. 定制标题栏信息

选择“CAXA 数据库定制”界面左侧结构树中的“标题栏”，右侧窗口显示的是将要导入数据库的图样标题栏中的数据名称。如图 9-3 所示，在右侧窗口显示的是系统自带的标题栏信息。在没有填加其他新的属性名称前，导入图样信息时，设计图样中的标题栏信息只有上述 4 项能够被导入到 CAXA 工艺汇总表中。

在左侧结构树“标题栏”处单击鼠标右键，在弹出的快捷菜单中选择【新建属性】命令，在弹出的“新建属性”对话框“属性名称”和“显示名称”文本框中分别输入“产品编号”，在“类型”中选择“文本”，在“长度”和“显示顺序”文本框中输入“50”和“5”。单击【确定】按钮，完成“产品编号”属性的定制，如图 9-4 所示。

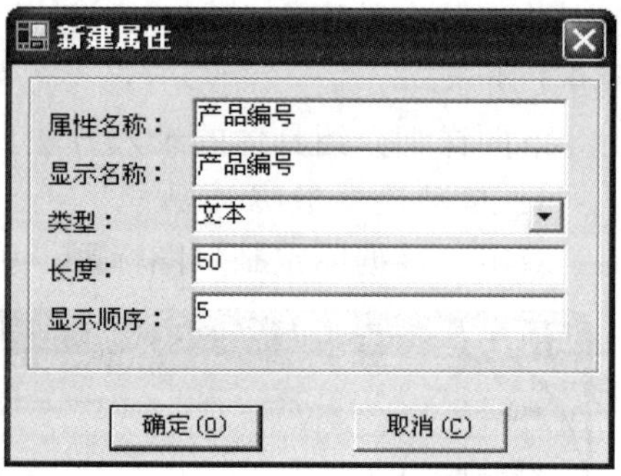

图 9-4 完成“产品编号”属性的定制

用同样的操作过程完成“产品名称”和“数量”的定制。注意，数量的数据“类型”为“长整型”。定制完成的标题栏信息如图 9-5 所示。

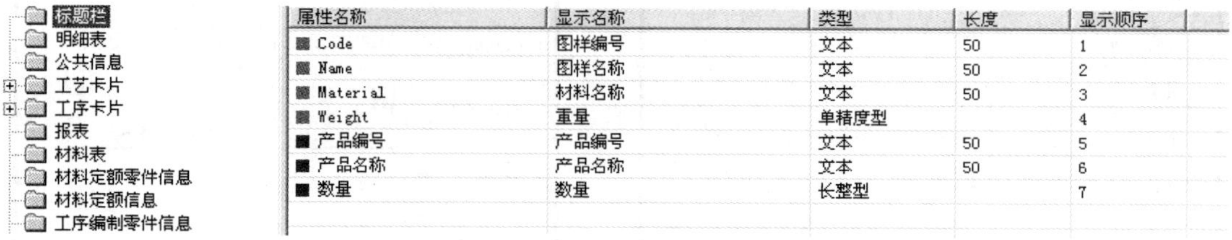

图 9-5 定制完成的标题栏信息

如果需要对新添加的数据进行编辑、删除和别名属性定制等操作。选中“属性名称”，用右键快捷菜单编辑属性，如图 9-6 所示。

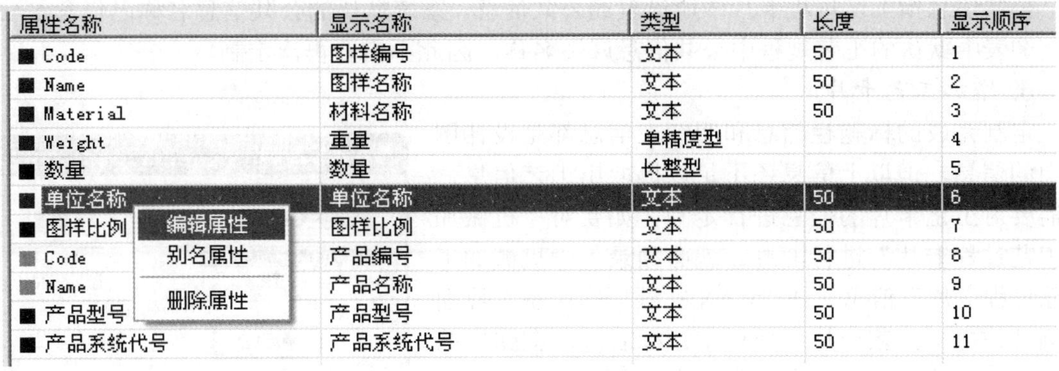

属性名称	显示名称	类型	长度	显示顺序
Code	图样编号	文本	50	1
Name	图样名称	文本	50	2
Material	材料名称	文本	50	3
Weight	重量	单精度型		4
数量	数量	长整型		5
单位名称	单位名称	文本	50	6
图样比例	图样比例	文本	50	7
Code	产品编号	文本	50	8
Name	产品名称	文本	50	9
产品型号	产品型号	文本	50	10
产品系统代号	产品系统代号	文本	50	11

图 9-6　编辑属性

4. 定制明细表信息

明细表信息指设计图样中明细表表头所包含的信息，如图 9-7 所示。

2							
1							
序号	代号	名称	数量	材料	单件	总计	备注
					重量		

图 9-7　明细表表头信息

明细表信息的录入方法和标题栏信息的录入方法完全一样。

单击“CAXA 数据库定制”界面左侧结构树中的“明细表”，在右侧窗口中利用【新建属性】命令定制“热处理”和“标准”两个属性。

因“备注”属性在有些图样中称为“来源”，因此应对“备注”属性进行“别名属性”的处理。在右侧窗口“显示名称”列“备注”处单击鼠标右键，在弹出的菜单中选择【别名属性】命令，在 “别名属性”对话框中输入“来源”，如图 9-8 所示。

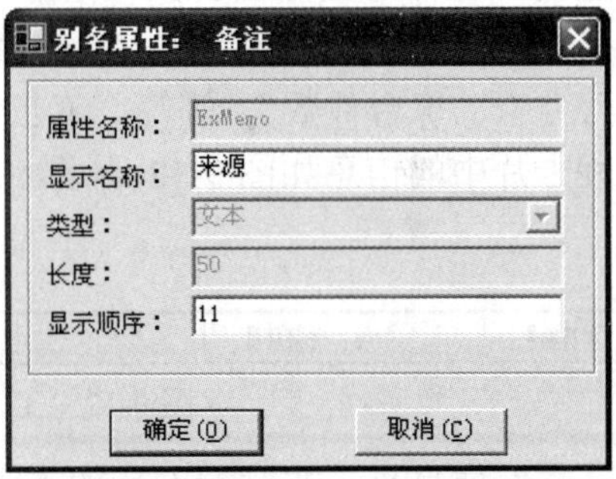

图 9-8　将“备注”别名为“来源”

定制完成后的明细表信息如图 9-9 所示。

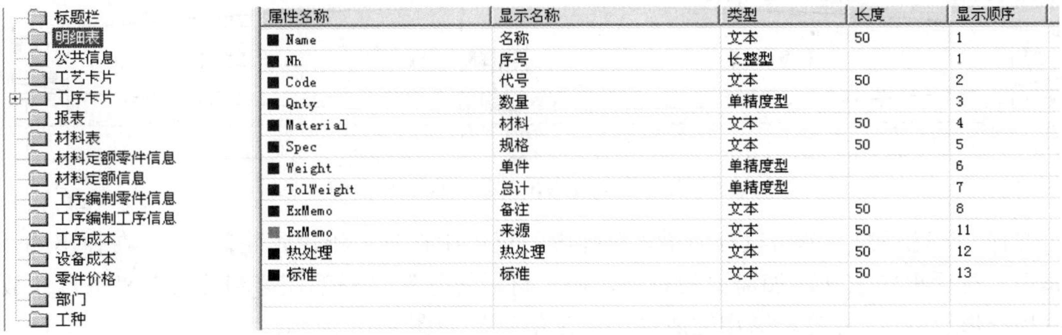

属性名称	显示名称	类型	长度	显示顺序
Name	名称	文本	50	1
Nh	序号	长整型		1
Code	代号	文本	50	2
Qnty	数量	单精度型		3
Material	材料	文本	50	4
Spec	规格	文本	50	5
Weight	单件	单精度型		6
TolWeight	总计	单精度型		7
ExMemo	备注	文本	50	8
ExMemo	来源	文本	50	11
热处理	热处理	文本	50	12
标准	标准	文本	50	13

图 9-9　定制完成后的明细表信息

5. 录入公共信息

公共信息指工艺规程卡片中所设置的公共信息。系统默认的公共信息名称已包含 CAXA 工艺图表中默认的工艺规程中公共信息属性名称，因此不需要再次定制。

6. 增加工艺卡片

定制完成的标题栏信息和明细表信息都是设计图样中的信息，但以上信息还不足以提取出工艺信息，还需要对工艺卡片的信息进行定制。如要对“机械加工工艺过程卡片”进行汇总，就必须录入“机械加工工艺过程卡片”信息。在“CAXA 数据库定制”界面左侧结构树“工艺卡片”处单击鼠标右键，在弹出的菜单中选择【新建工艺卡片】命令，并输入工艺卡片模板名称为“机械加工工艺过程卡片”。“新建工艺卡片”对话框如图 9-10 所示。

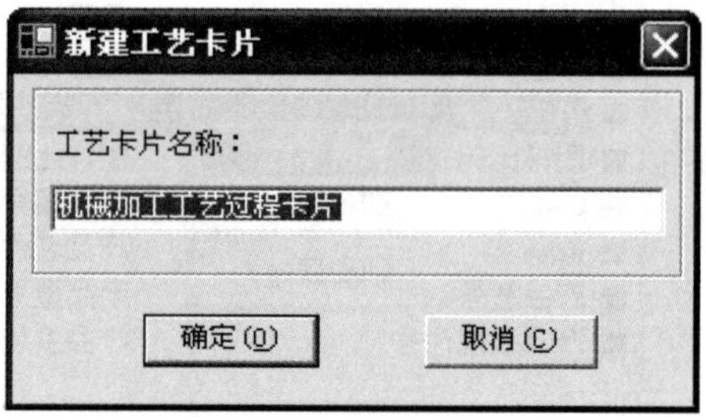

图 9-10　“新建工艺卡片”对话框

这时可以看到，在窗口左侧数据库结构树中已经新建了“机械加工工艺过程卡片”。选择“机械加工工艺过程卡片”左侧的“+”号，系统显示两项基本内容：“工艺信息”和“工序信息”，如图 9-11 所示。

图 9-11　增加的“机械加工工艺过程卡片”

7. 增加卡片中的工艺、工序信息

工艺卡片信息分为“工艺信息”与“工序信息”。这里的工艺信息指除去公共信息和工序信息之外的信息，如工艺过程卡片中的“材料牌号”、“毛坯外形尺寸”、“每台件数”，等等。工艺信息对应在工艺过程卡片中的信息如图 9-12 所示。

材料牌号		毛坯种类		毛坯外形尺寸		每毛坯可制件数		每台件数		备注	

图 9-12　工艺信息对应在工艺过程卡片中的信息

工序信息是工艺过程卡片的基本内容，如“工序号”、“工序名称”、“工序内容”、“车间”“工艺装备”等，如图 9-13 所示。

工序号	工序名称	工序内容	车间	工段	设备	工艺装备	工时	
							准终	单件

图 9-13　工序信息对应在工艺过程卡片中的信息

选择“工艺信息，单击鼠标右键，在弹出的菜单中选择【新建属性】命令。在弹出的“新建属性”对话框中依次添加需要的属性，如“材料牌号”、“每毛坯可制件数”、“每台件数”、“毛坯外形尺寸”，等等。增加完成的“工艺信息”如图 9-14 所示。

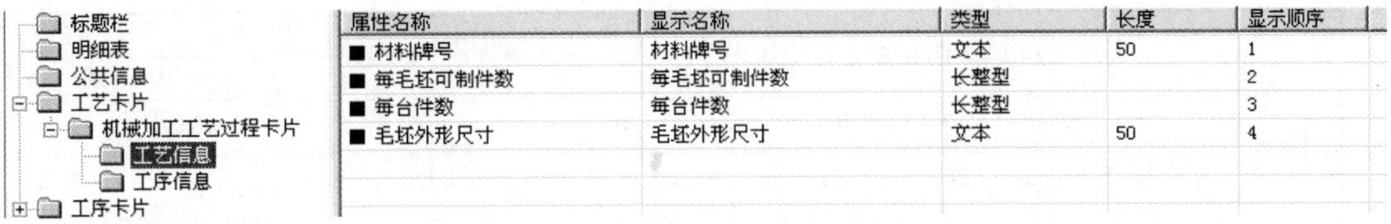

图 9-14　增加完成的“工艺信息”

使用相同的方法来添加“工序信息”，增加完成的“工序信息”如图 9-15 所示。

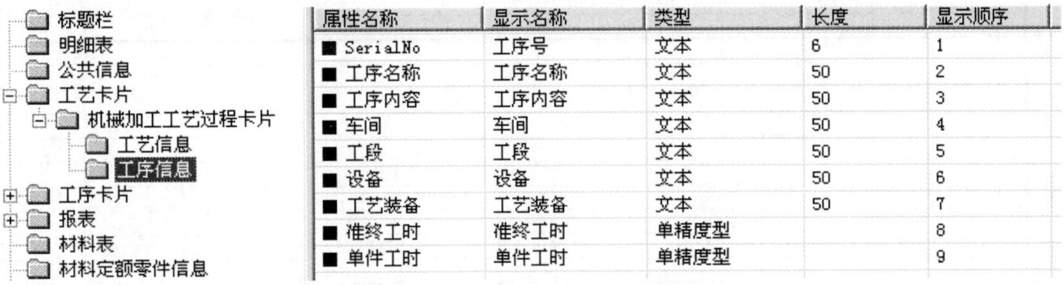

图 9-15　增加完成的“工序信息”

至此，定制数据库基础数据基本完成，接下来将对报表进行定制。

9.2　定制报表及输出定制

在安装的 CAXA 工艺汇总表中并没有报表模板，需要对报表进行定制。对于不同行业和企业，各种报表模板有一定的差异，而汇总报表模板的自由定制是 CAXA 工艺汇总表产品不同于其他工艺汇总表产品的一个非常突出的特点。可以通过使用 CAXA 工艺汇总表中的报表定制功能来定制自己实际需要的汇总报表模板，使其能够更好地适应实际工作。

一张常用报表中包含着两种不同的信息：一是报表中的数据，二是报表的格式；报表的数据是报表的内容，由数据提供具体的信息，而报表的格式则规定了数据的组合方式，也就是规定了数据表现信息的形式。例如，零部件明细表中，零件的名称、使用数量等都是报表的数据，而产品的名称填写在哪个位置，产品的型号填写在哪个方格中，这些都是报表的格式。

CAXA 工艺汇总表的报表定制只是定制了内容模板，而格式模板则需要自己在 Excel 表格中绘制或者直接输出到 XML 格式中。CAXA 工艺汇总表的汇总模块提供了一个功能，即可以将内容模板和格式模板结合起来。

下面我们以“外购件明细表”为例定制工艺汇总报表。

1. 外购件明细表的定制格式

外购件明细表最终输出的 Excel 格式如图 9-16 所示。

2. 具体步骤

（1）进入“CAXA 数据库定制”界面　在界面左侧数据库结构树“报表”处单击鼠标右键，在弹出的菜单中选择【新建报表】命令，在“新建报表”对话框中的“报表名称”文本框中输入“外购件明细表”，报表类型选择“三表”，如图 9-17 所示。

图 9-16　外购件明细表最终输出的 Excel 格式

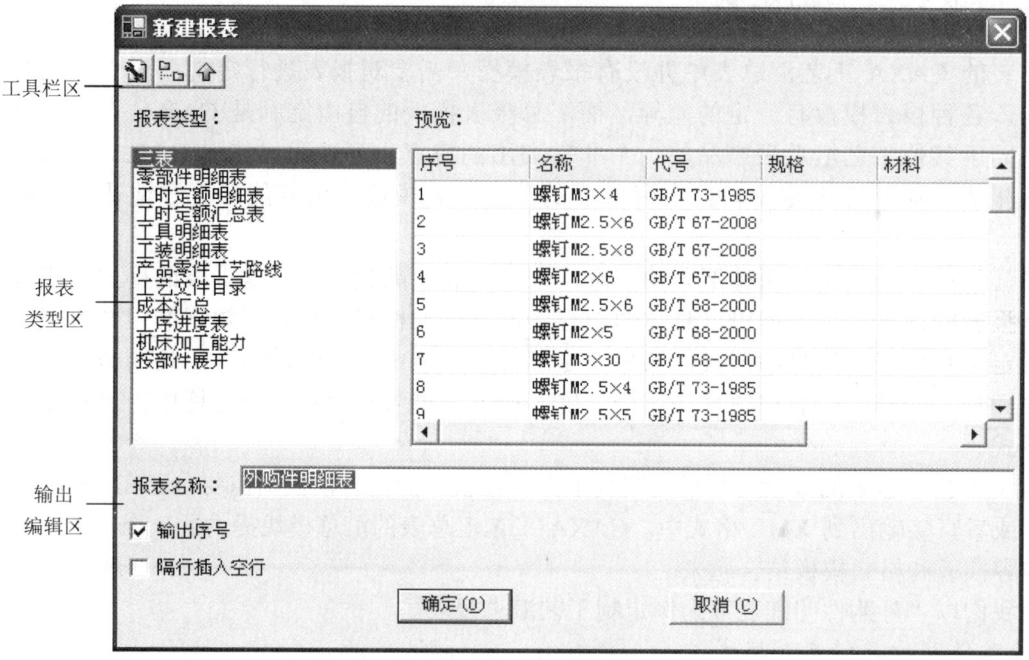

图 9-17　“新建报表”对话框

“新建报表”对话框分为三个部分：报表类型区、工具栏区、输出编辑区。

1）“报表类型”区。“报表类型”是指该报表以什么信息为主要线索来查询数据库数据，在其下框中列出了 CAXA 工艺汇总表报表定制所支持的 12 种查询类型。如果不选择具体的查询类型，则默认为按“三表”查询。以下简要介绍各种查询类型的使用场合。

三表：是最常用的查询类型，用来汇总单一产品或部件的图样数据（标题栏、明细表）。

零部件明细表：对单一产品零部件信息进行分类查询，其组成结构分为两类，一类是部件，另一类是零件。

工时定额明细表：在汇总零件工艺数据中，对各种工时进行汇总与求和。

工时定额汇总表：在汇总零件工艺数据中，按工种汇总工时。

工具明细表：对工艺数据进行工具信息的汇总。

工装明细表：对工艺数据进行工装信息的汇总。

产品零件工艺路线：对工艺数据中的工序信息进行汇总。

工艺文件目录：对产品工艺文件的名称进行汇总。

成本汇总：对产品中的零件价格、工序成本、设备成本等进行统计。

工序进度表：是一种工艺数据横向延续的表格形式。

机床加工能力：对机床的工作时间、成本的统计。

按部件展开：是一种特殊的报表形式，对于要汇总的产品，先列出该产品的直接装配零件，再对该产品的直接装配部件进行同样的操作。

2）工具栏区。工具栏图标分别是条件、分类、排序。

①条件，为新建的报表建立汇总条件。在整个报表定制过程中，可能需要设置的条件为列条件、分类条件和表条件。

a）选择“新建报表”对话框中的“条件”图标，弹出“条件”对话框。在“条件”对话框中单击【添加条件】按钮，会出现一条未经过编辑的空白条件，如图 9-18 所示。

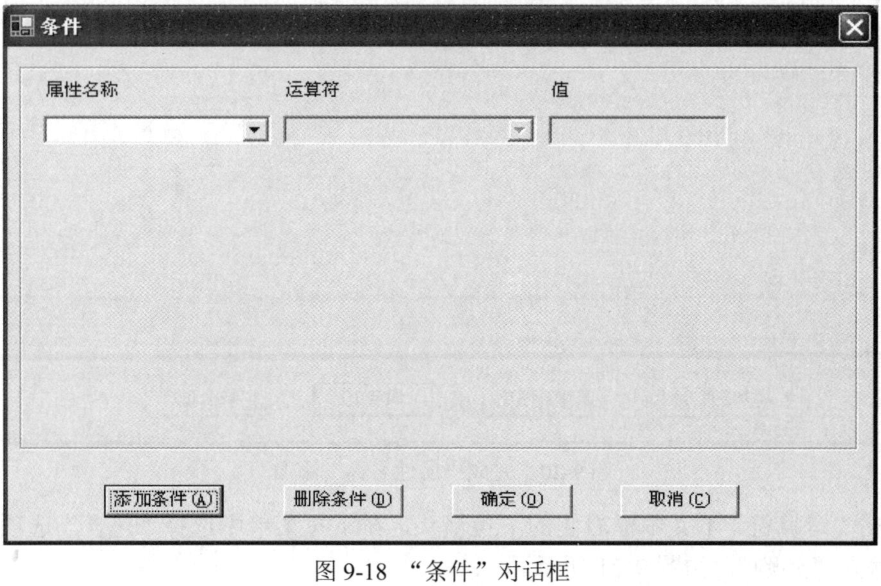

图 9-18　“条件”对话框

b）单击“属性名称”下文本框右侧的下拉箭头，单击下拉菜单中“选择属性”选项，弹出“选择属性”对话框。单击“选择属性”对话框中的“明细表”，再双击右侧的“备注”或“来源”，如图 9-19 所示。

“备注”或“来源”将出现在“条件”对话框中的“属性名称”文本框中，同时“运算符”中默认“等于”，如图 9-20 所示。

图 9-19　选择“明细表”中的“来源”

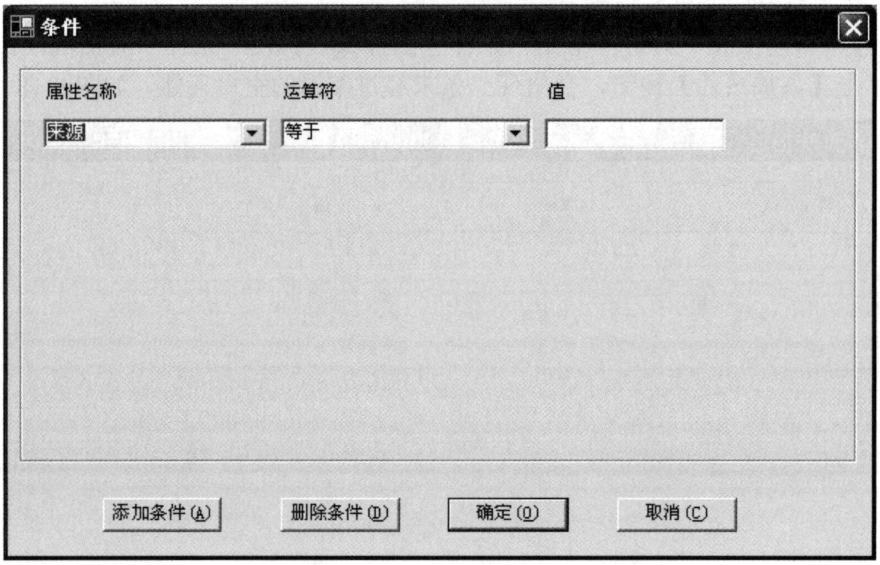

图 9-20　完成“属性名称”添加

c）单击“运算符”下文本框右侧的下拉箭头，在下拉菜单中选择“包含”选项，在“值”文本框中输入“外购”，如图 9-21 所示。

d）单击【确定】按钮，回到“CAXA　数据库定制”界面。

e）单击“CAXA　数据库定制”界面左侧的“报表”选项，可以显示出所有定制完成的报表条件，如图 9-22 所示。

注意：当使用多条件语句时，“条件”对话框的右侧会出现“条件关系”的选择，即“或”和“与”，两者之间为互斥关系，一次只能选择其中一种，如图 9-23 所示。

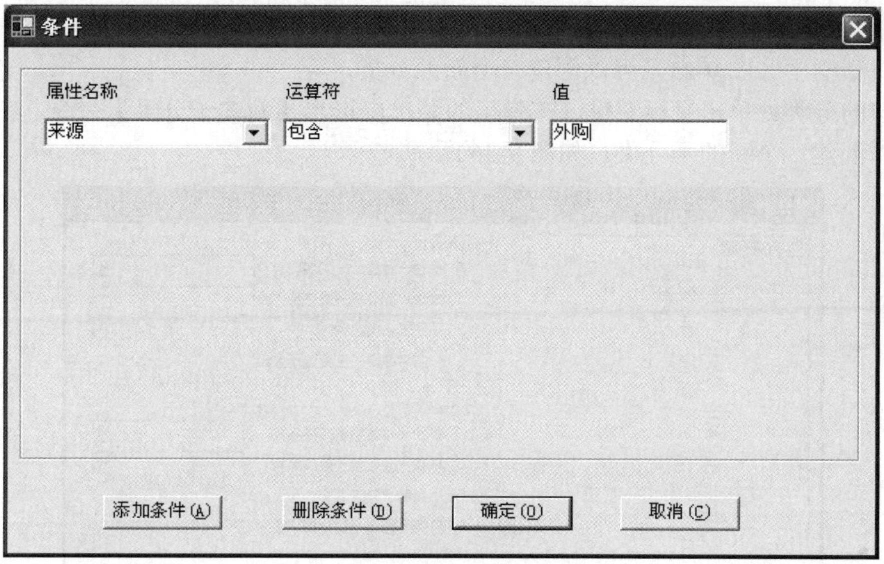

图 9-21　添加条件

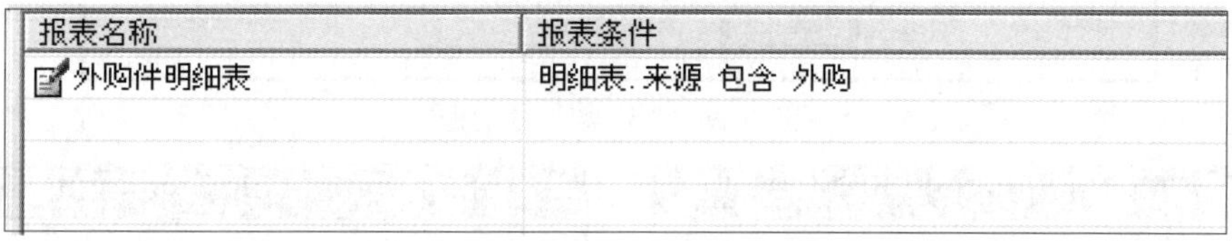

图 9-22　报表中显示定制完成的报表条件

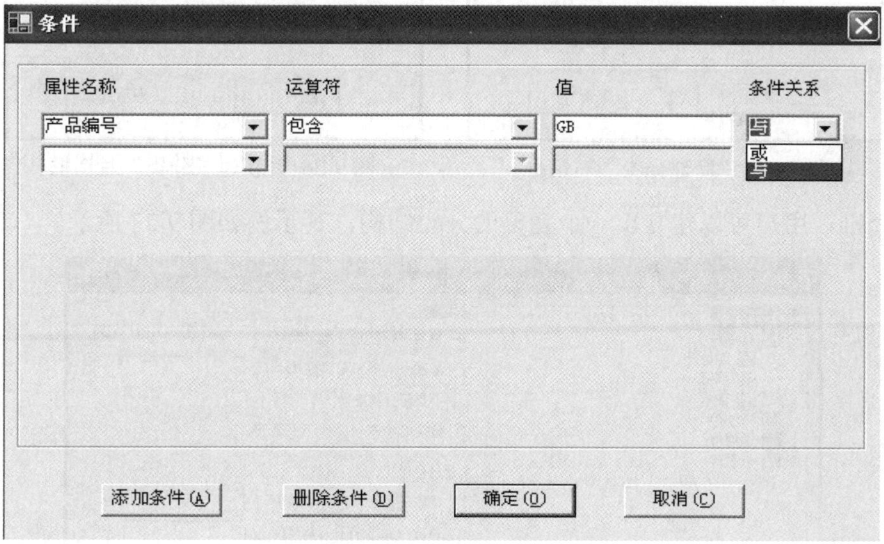

图 9-23　继续添加条件

②分类，可以为整个报表定义汇总分类形式。单击“分类”图标，会弹出“分类”对话框，如图 9-24 所示。

注意：在“分类显示”与“子分类显示”区域中，可以设置分类的显示形式。这里的设置是在报表的内容信息不为空的前提下进行的。

在“分类列表”处单击鼠标右键，在弹出的菜单中选择【新建分类】命令，在打开的“新建分类”对话框中（图 9-25）可以创建一个新的分类。

在新建的分类处单击鼠标右键，在弹出的菜单中选择【新建子分类】命令，在打开的对话框中可以创建一个新的子分类，如图 9-26 所示。

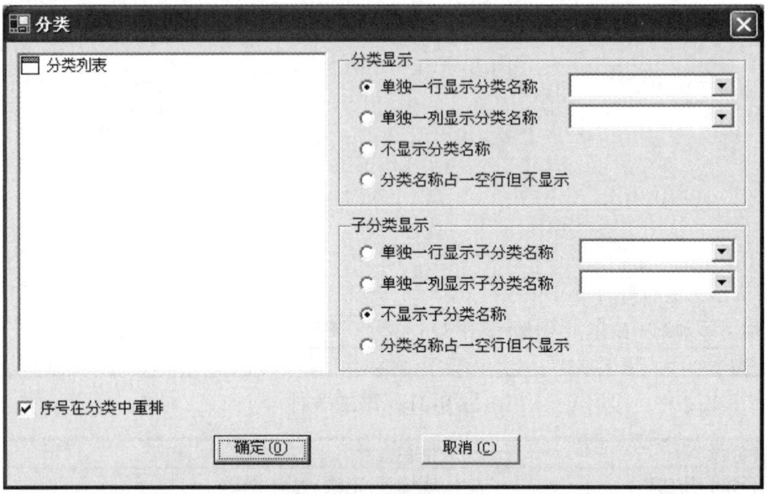

图 9-24　“分类”对话框

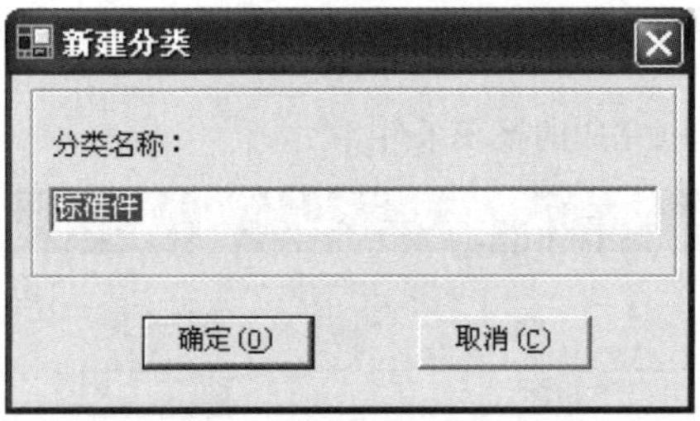

图 9-25　“新建分类”对话框

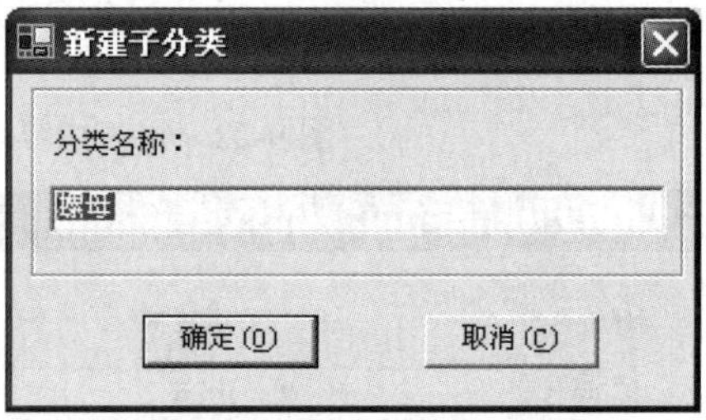

图 9-26　“新建子分类”对话框

依此类推，用户可以建立出一个完整的分类结构，其示例如图 9-27 所示。

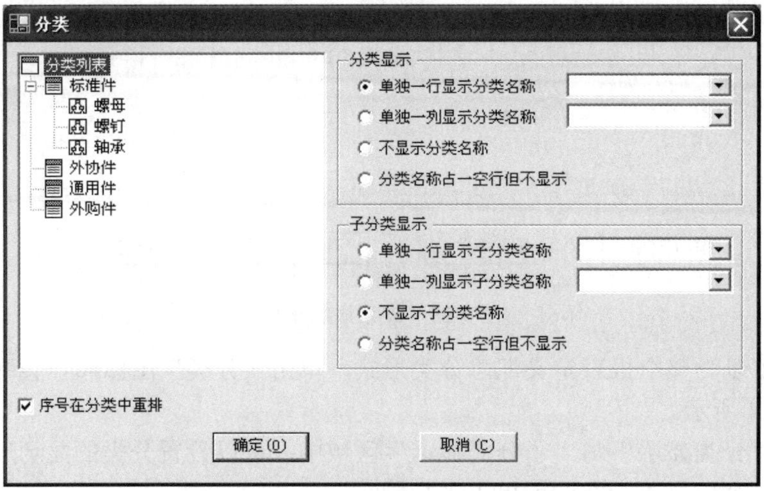

图 9-27　完整的分类结构示例

在新建分类结束后，可以通过鼠标右键快捷菜单对分类进行编辑。

③排序，为后期的报表显示定义排序方式。

3）输出编辑区。

①报表名称：输入所定制的报表名称。

②输出序号：设置在输出报表时是否输出序号的选项。

③隔行插入空行：在原有记录基础之上隔行插入空行。

确定完成新建报表的参数后，单击【确定】按钮结束新建报表的操作。

（2）定制报表的表头信息　产品汇总信息最终是要通过 Excel 格式打印输出的。在报表表格中会需要一些表头项，这些表头项的主要内容是产品信息，例如“产品型号”、“产品名称”等。因此，在定义汇总报表模板时我们可以直接在模板中定制这些表头项，这样就可以将这些表头项内容直接输出到 Excel 报表表格中。

在“CAXA　数据库定制”界面左侧结构树中选择“外购件明细表”中的“表头信息”，单击鼠标右键，在弹出的菜单中选择【添加查询项】命令，如图 9-28 所示。

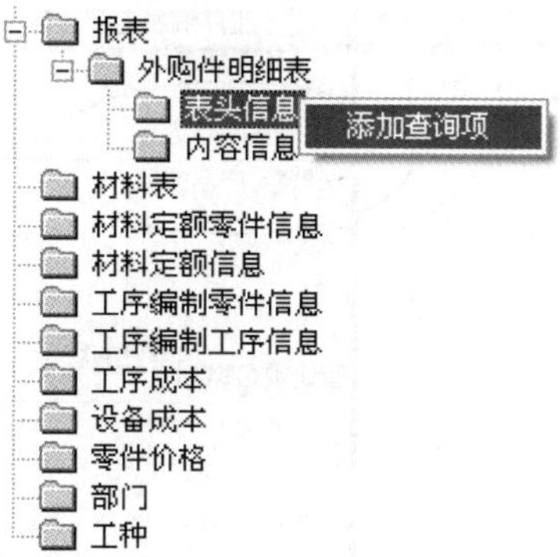

图 9-28　选择“添加查询项”

在“添加查询项”对话框的“查询项名称”文本框内输入“产品编号”，如图 9-29 所示。

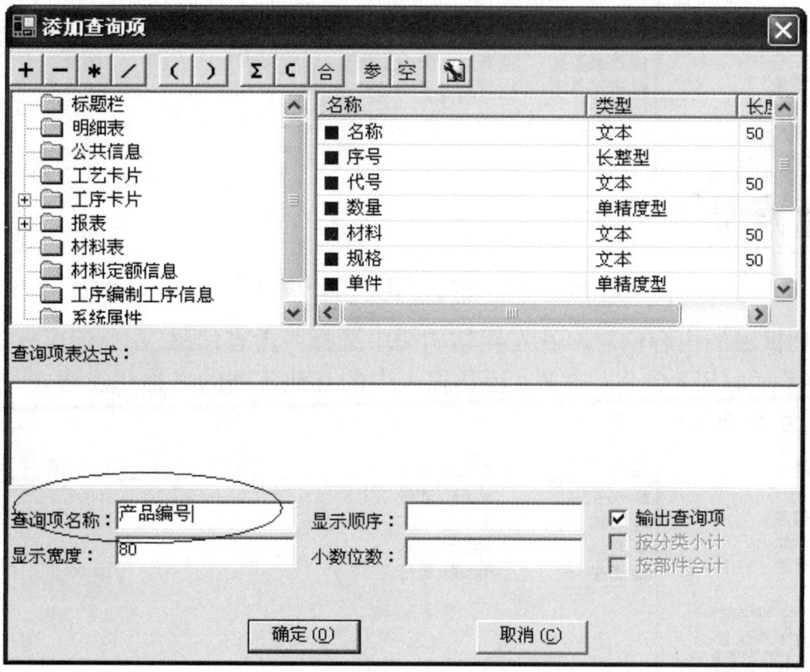

图 9-29　输入“产品编号”

在“添加查询项”对话框中，选择左侧结构树“标题栏”选项，会在右侧出现“标题栏”的属性名称，双击“产品编号”，在“查询项表达式”栏中自动生成表达式“标题栏.产品编号”，如图 9-30 所示。

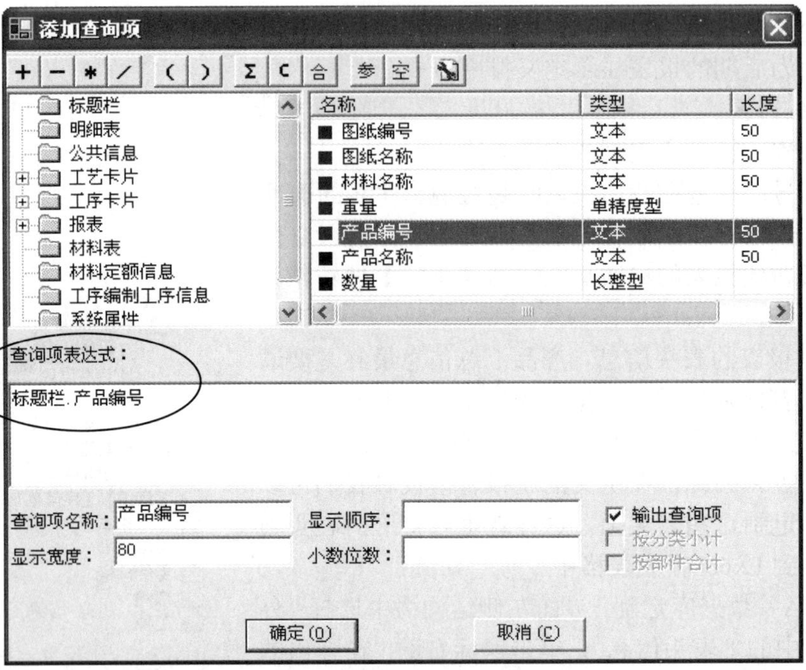

图 9-30　添加查询项

使用相同的方法定制“产品名称”。定制完成后的表头信息如图 9-31 所示。

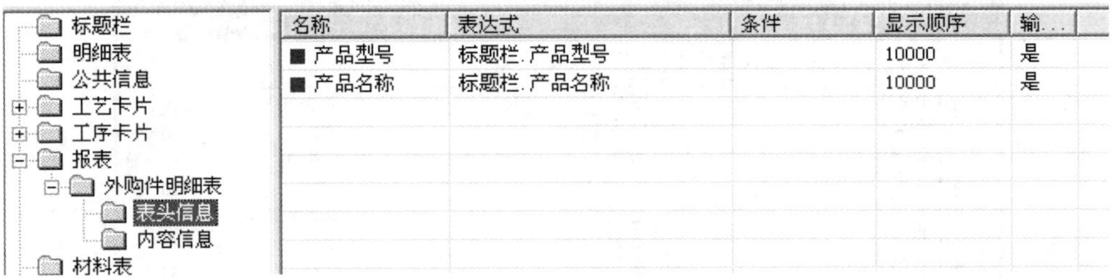

图 9-31　定制完成的“表头信息”

（3）定制报表的内容信息　在左侧结构树中选择“内容信息”，单击鼠标右键，在弹出的菜单中选择【添加列】命令。定义并添加报表中的其他各列的名称和表达式。定制完的“内容信息”如图 9-32 所示。

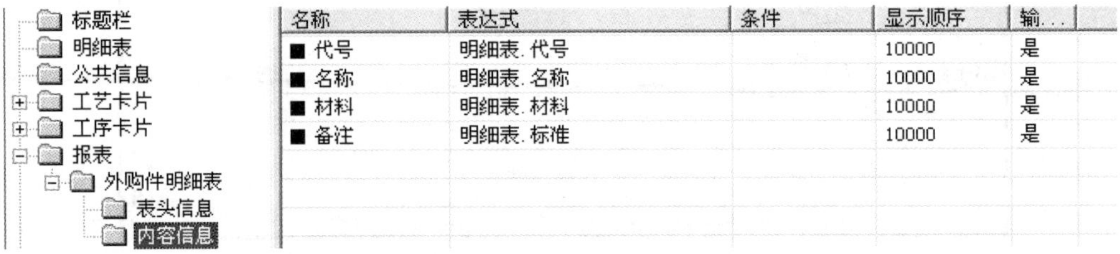

图 9-32　定制完成的“内容信息”

（4）设置 Excel 输出格式　为了方便数据输出，最好为相应的报表在 Excel 中定制一个打印模板。该模板需要在 Excel 中自行绘制。

该模板只有存放在该软件安装目录下的 Template 文件夹中才可以进行定制使用。存储路径为\CAXA\CaxaSum\Template。如安装到 C 盘，其路径为 C：\CAXA\CaxaSum\Template。图 9-33 所示就是定制好的“外购件明细表”Excel 报表模板。

需要说明的是，Excel 报表模板的工作表一定是唯一的，例如，图 9-33 所示的工作表只有一个。

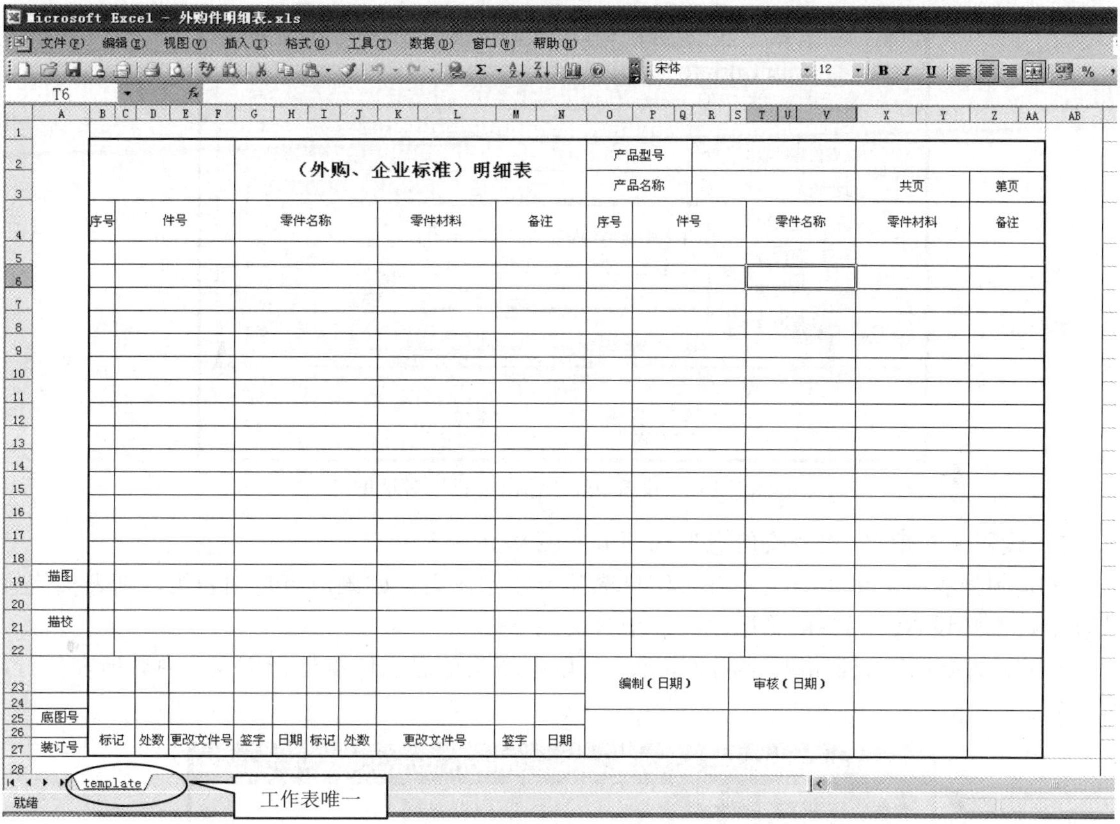

图 9-33　Excel 模板的工作表是唯一的

在结构树中选择“外购件明细表”，单击鼠标右键，在弹出的菜单中选择【设置 Excel 输出格式】命令，如图 9-34 所示。系统自动弹出“设置 Excel 输出格式”对话框，如图 9-35 所示。

在“设置 Excel 输出格式”对话框中有三个选项卡：报表、表头信息和内容信息，软件默认为“报表”选项卡。分别单击“表头信息”选项卡和“内容信息”选项卡进入定制界面。

1）设置报表信息，“报表”选项卡如图 9-35 所示。

报表内容行数：指每页输出的记录数。若每页输出 10 个记录，如果超过 10 个则系统自动转入下一页。

行步长：指在相应 Excel 模板中同一项内容在列中出现的次数。在填写步长时，必须全部为数字。

每列输出次数：在同一 Excel 表格模板中，列信

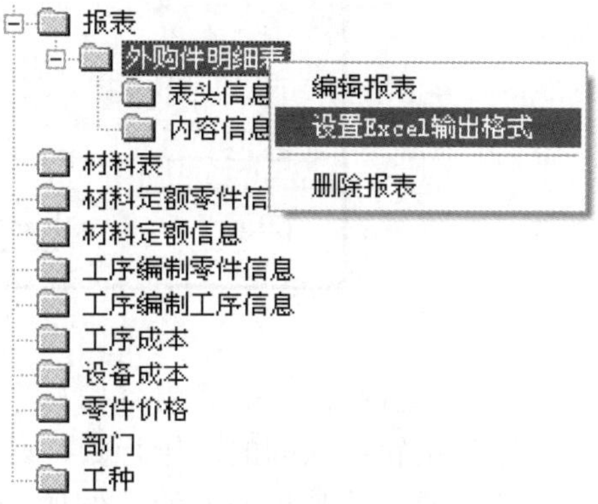

图 9-34　选择“设置 Excel 输出格式”

息的输出次数。

共　页位置：总页数在 Excel 表格模板中的行列位置。

第　页位置：具体页号在 Excel 表格模板中的行列位置。

Excel 文件名：Template 文件夹下所存储的 Excel 表格的名称。

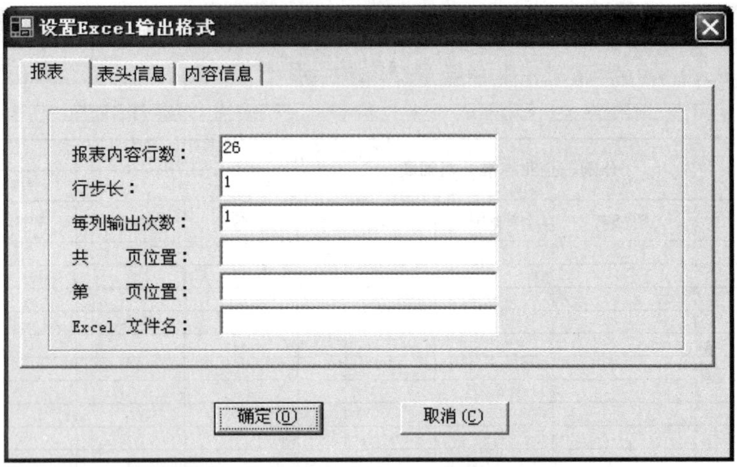

图 9-35 “设置 Excel 输出格式”对话框

2）设置表头信息，“表头信息”选项卡如图 9-36 所示。

在定制报表时定制了表头，表头信息选项卡才起作用。如果没有定制表头，则表头信息选项卡可不必设置。表头信息选项卡各项含义如下：

位置：如果在定制表格时定制了表头，可以在表头信息的位置处指定表头内容所在的行、列位置。

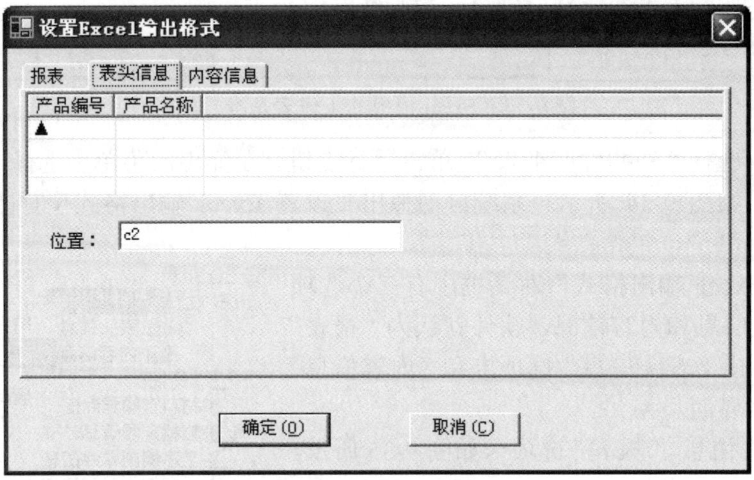

图 9-36 设置表头信息

3）设置内容信息，“内容信息”选项卡如图 9-37 所示。

起始位置：该列的起始行数，必须全部是数字。

列位置：该列步长的值，例如 A,B−O。（如该单元格占用多列，则以该单元格的第一列为准。例如 “产品名称”占用了 E、F、G、H 四列，在输入列步长时，只写 E。）

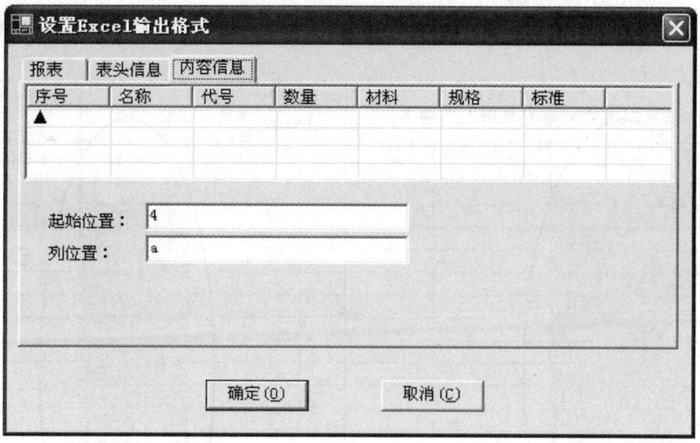

图 9-37　“内容信息”选项卡

4）设置报表

①报表内容行数。从图 9-38 所示的 Excel 表格可以看出报表内容行数。点中填写汇总内容信息的首行行号 5，向下移动鼠标，直到填写内容的最后一行 22，表格自动显示行数 18R，如图 9-38 所示。那么在“报表内容行数”文本框里就应该填“18”。

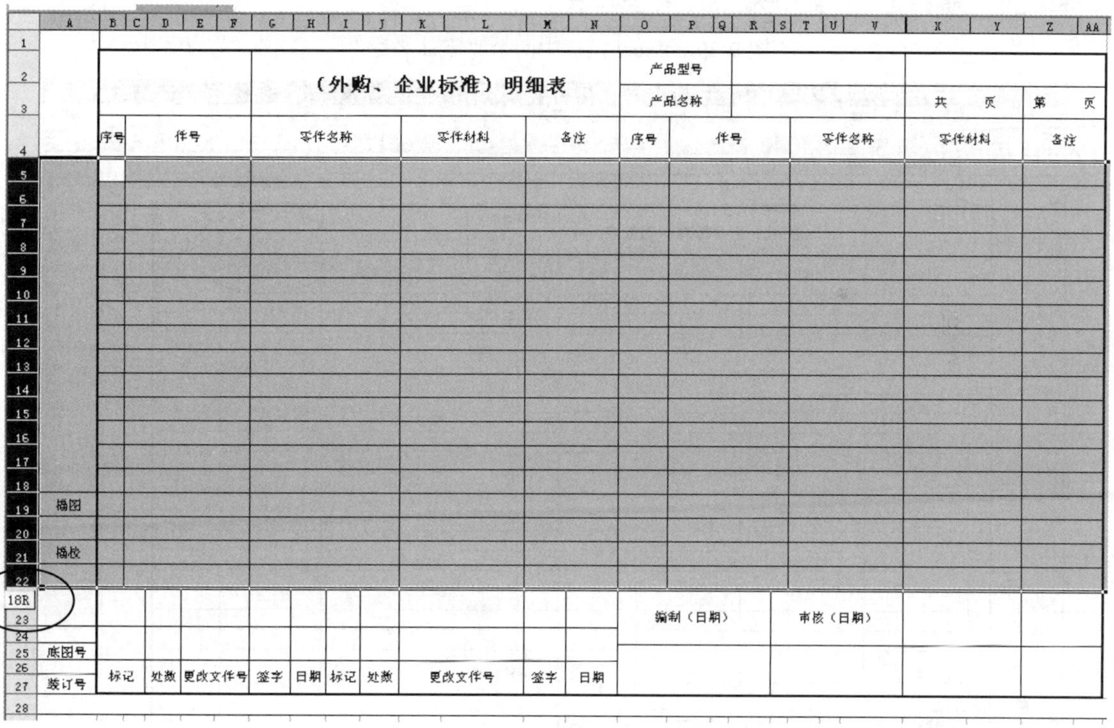

图 9-38　报表内容行数

②行步长。以图 9-39 所示的模板为例，明细表中“零件名称”列在报表模板中出现了两列，那么在同一行就有两个“零件名称”显示，则行步长填写为“2”。

③每列输出次数。在这里列信息输出两次，所以填写“2”。

④共　页位置。在图 9-40 所示模板中可以看出“共　页”位置为“W3”，那么在“共　页

位置”文本框中就应该填写“W3”，这样总页数会自动填写到模板相应的位置。

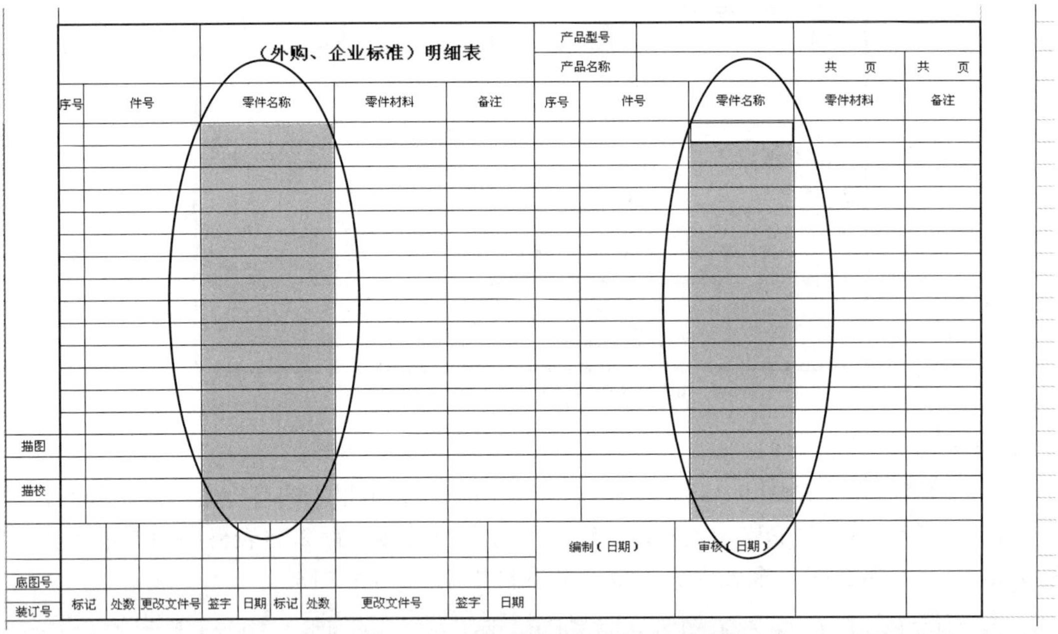

图 9-39　Excel 模板中两个“零件名称”

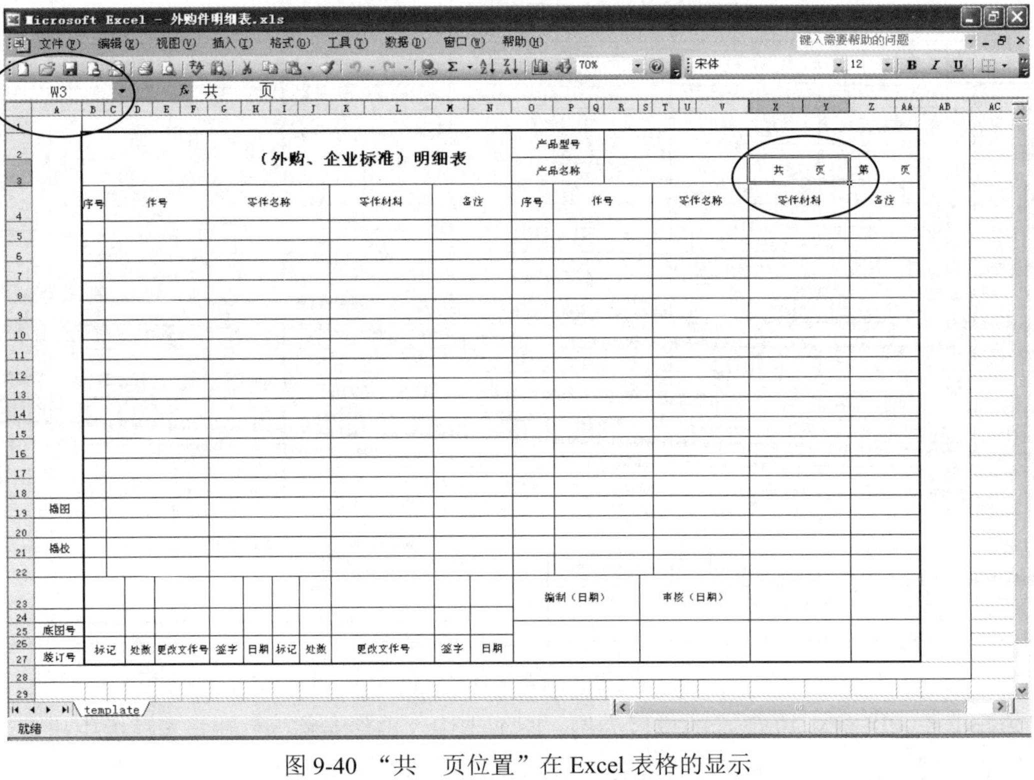

图 9-40　“共　页位置”在 Excel 表格的显示

⑤第　页位置。“第　页位置”跟“共　页位置”相似。“第　页位置”中应该填写“Z3”。

⑥Excel 文件名。在此文本框中输入的文件名一定要带扩展名 “.xls”，否则无效。这里

填写“外购件明细表.xls”。

最终设定“报表”信息如图 9-41 所示。

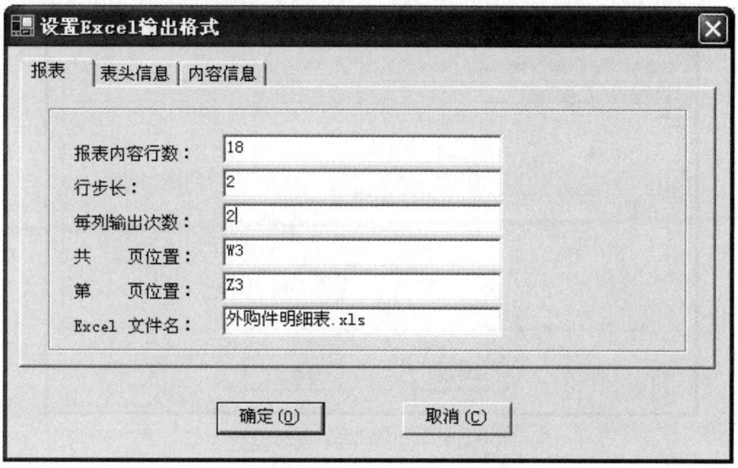

图 9-41　设定“报表”信息

5）设置表头信息。在“设置 Excel 输出格式”对话框中选择“表头信息”选项卡，“表头信息”设置格式，如图 9-42 所示。

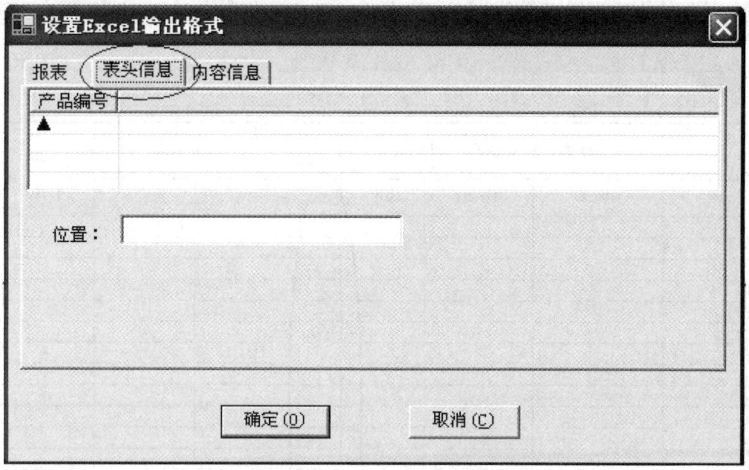

图 9-42　“表头信息”设置格式

Excel 表格表头的位置如图 9-43 所示。

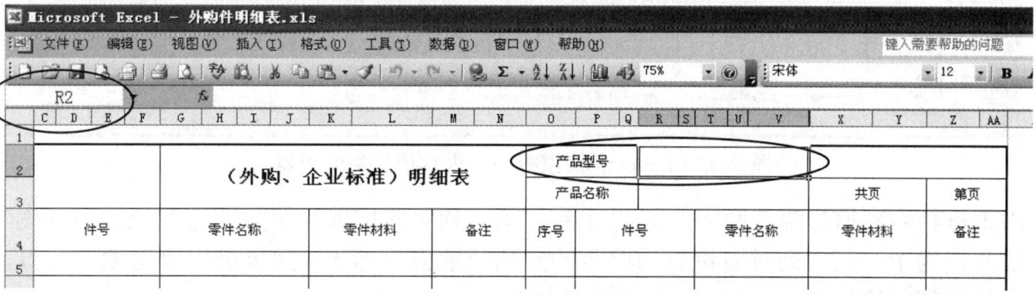

图 9-43　Excel 表格表头的位置

根据 Excel 表格表头的位置，设定“产品编号”的位置。在“表头信息”选项卡中的“位置”文本框中输入“R2”，如图 9-44 所示。

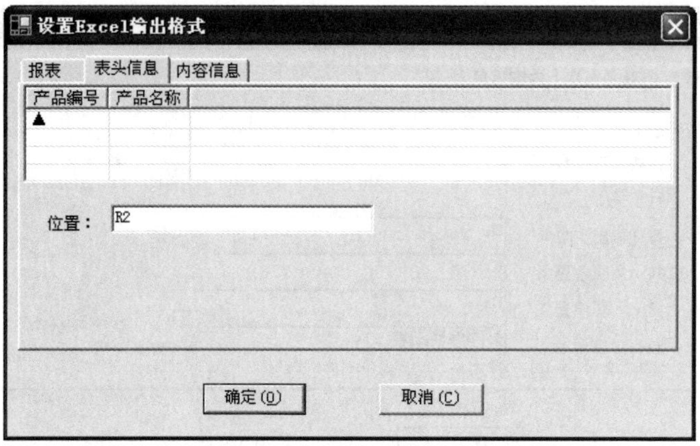

图 9-44　“产品编号”设置

用同样的方法，找到“产品名称”的位置为“R3”，在产品名称的“位置”处输入“R3”。

6）设置“内容信息”。Excel 表格模板中“序号”分为两列，分别是第 B 列和第 O 列，且起始填写的行为第 5 行，如图 9-45 所示。

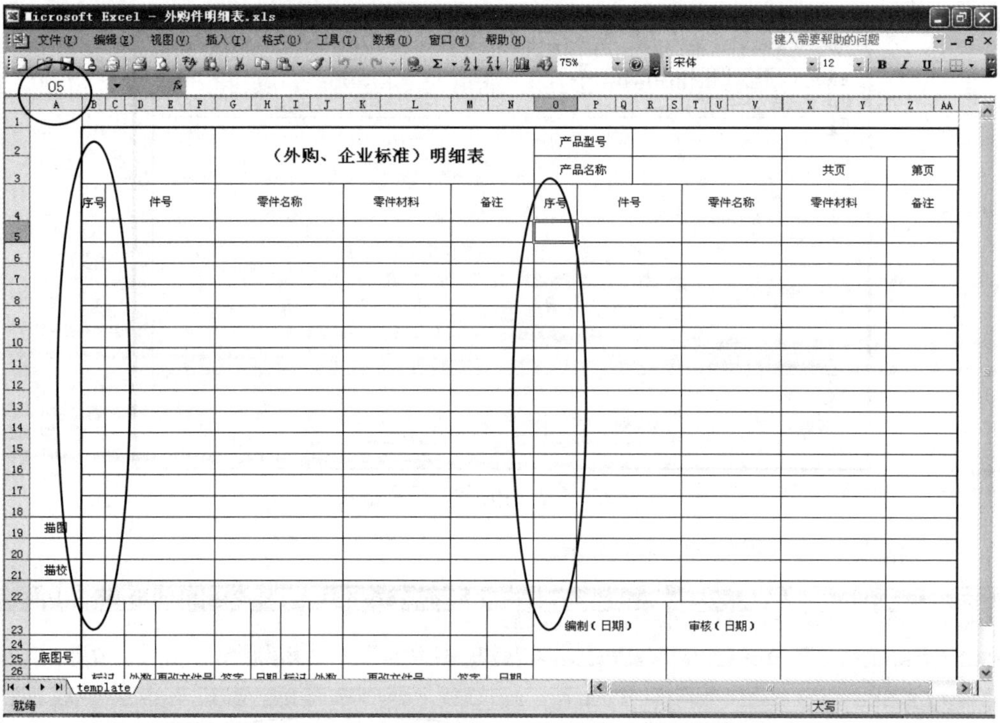

图 9-45　Excel 表格模板中“内容信息”的设置

由于每种内容信息都有两列，如“序号”第一列对应位置为序号的起始位置应该为 5，列步长的值为 B；第二列对应位置为序号的起始位置应该为 5，列步长的值为 O。所以，设定“序号”的起始位置应该为 5，列步长的值为 B-O，如图 9-46 所示。

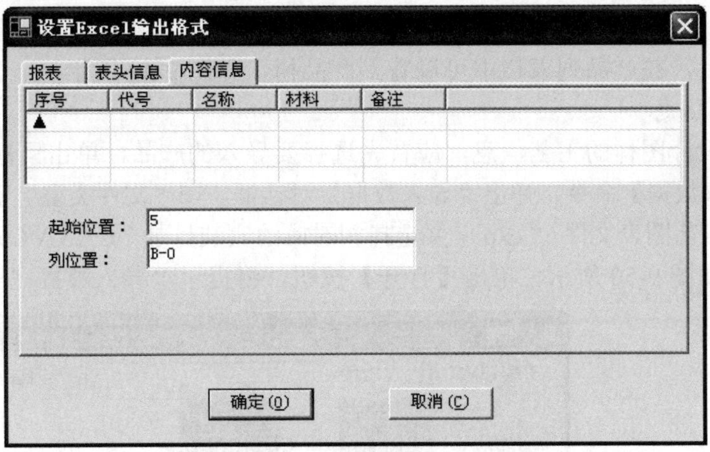

图 9-46　设置“起始位置”和“列位置”

根据上述方法设定其他列的输出格式。单击【确定】按钮完成报表定制。

9.3　汇总与输出

通过前面的介绍，信息汇总所需要的数据和汇总所需要的报表模板都已经定制完成，接下来就是如何利用报表模板对一套图样信息进行汇总，并将汇总后的信息输出到 Excel 表格中或者用 XML 格式直接打印出来。

1. 导入总装图

在工艺汇总主界面左侧结构树中选择“产品列表”，单击鼠标右键，也可双击桌面上的“CAXA 工艺汇总表”，选择【导入总装图】命令，在弹出的“导入总装图”对话框中，选择图样的文件类型为“电子图板文件（*.exb）”，并找到图样所在的位置（安装目录下\CAXA\CaxaSum\Samples\Mng），选择总装图“Pic0.exb”，如图 9-47 所示。单击【打开】按钮，弹出如图 9-48 所示提示框，并单击【确定】，导入数据完毕。

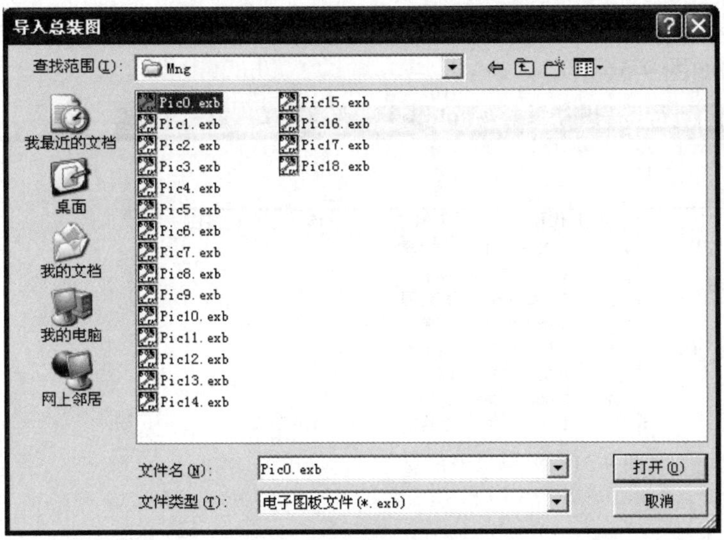

图 9-47　选择总装图

图 9-48　提示导入数据完毕

2. 生成产品树

导入总装图后，在产品列表栏中可以看到产品树，如图 9-49 所示。

3. 导入工艺信息

导入对应于设计图样的工艺信息，应首先选择要导入的产品，单击鼠标右键，在弹出的菜单中选择【导入数据】命令，弹出“导入数据”对话框。在“文件类型”下拉列表中选择工艺文件的类型为工艺图表文件（*.cxp），并选择相对应的安装目录（\CAXA\CaxaSum\Samples\）下的工艺文件，如图 9-50 所示。单击【打开】按钮，将提示“导入数据完毕”。

图 9-49　产品树

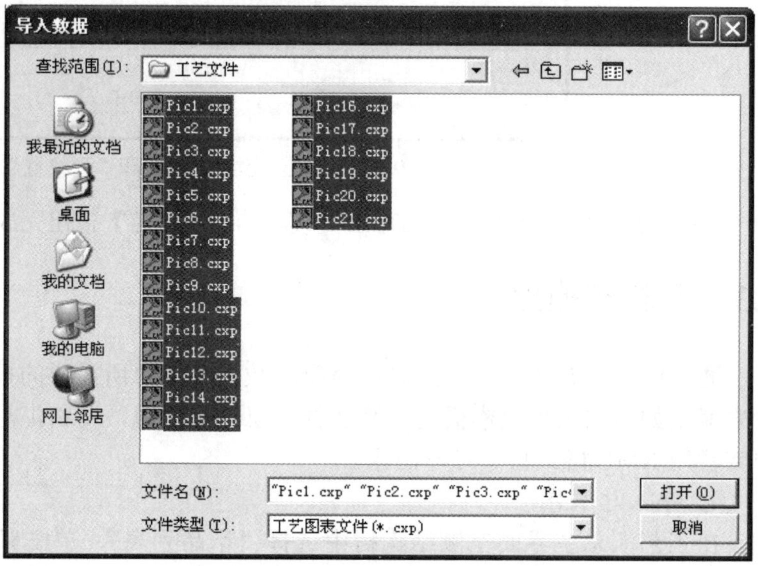

图 9-50　选择对应的所有工艺文件

4. 汇总报表

导入设计图样信息和工艺信息后，在产品树中相应产品处单击鼠标右键，在弹出的菜单中选择【汇总】命令，将会自动进入“汇总”界面。

在“外购件明细表”处单击鼠标右键，在弹出的菜单中选择【汇总报表】命令，程序自动汇总出所需要的报表信息，如图 9-51 所示。

图 9-51　汇总报表信息

5. 汇总表输出

在“汇总”界面下的相应的报表处单击鼠标右键，在弹出的菜单中选择【输出 Excel】命令。选择保存路径，键入文件名，再单击【保存】按钮，如图 9-52 所示，系统提示“输出完毕”。

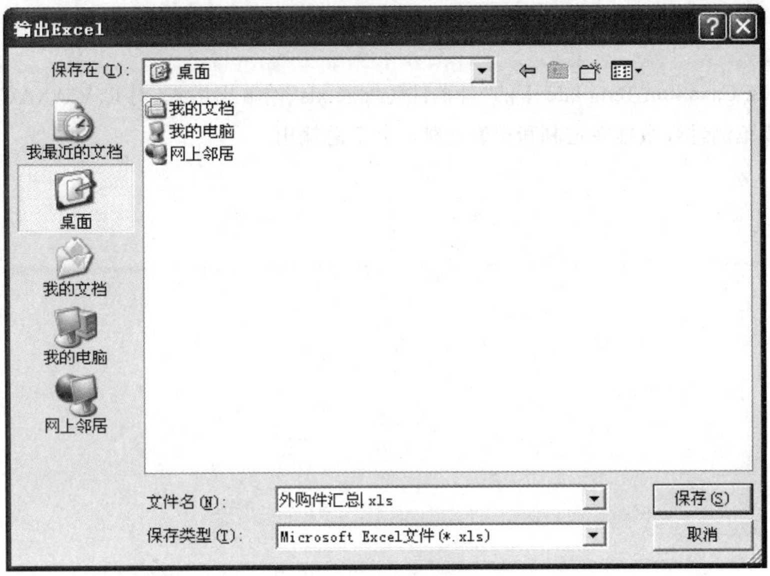

图 9-52　选择保存路径

输出完成后，可以在保存路径中找到相对应的 Excel 表格，打开后可以看到报表中的数据已经完全输出到 Excel 表格中，如图 9-53 所示。

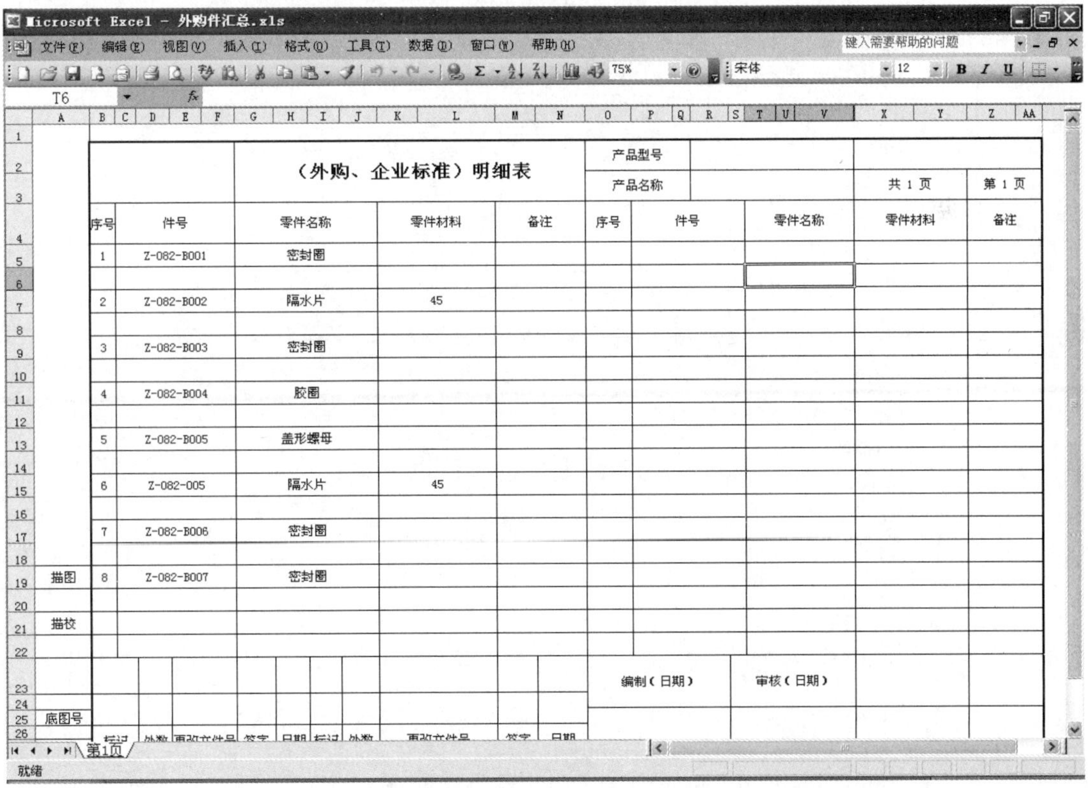

图 9-53　报表数据输出结果

到此，一个工艺汇总报表已经完成。

思考及练习

根据 C:\CAXA\CaxaSum\Template 下的“外购件明细表.xls”的输出格式，对 C: \CAXA\CaxaSum\ Samples 下的航空杯注射模范例进行数据库定制和报表定制，并汇总输出。

参 考 文 献

[1] 邵小英. CAPP 及其应用技术的现状[J].机械制造，2002，40（452）：23-25.

[2] 魏松. 走出 CAPP 误区——实施篇[J/OL]. [2003-7-2]. http://www.articles.e-works.net.cn/capp/Article10484.htm.

[3] 陈宗舜. CAPP 应用与实施三部曲[J].微型机与应用, 2007, 26(1)：102-106. http://www.tymie.com.cn/news/2006-5/200652692429.htm.

[4] Kiritsis D. A review of knowledge-based expert systems for process planning: methods and problems[J].Int J Adv Manuf Technol,1995（10）：240-262.

[5] Scombe A M, Toncich D J. A geometrical approach to computer aided process planning for computer-controlled machine tools[J]. Int J Adv Manuf Technol, 1996（11）：83-90.

[6] Van Zeir G, Kruth J P,Detand J. A taxonomy for interactive and blackboard based CAPP[C].Proc International conference on manufacturing automation, Hong Kong：1997.

[7] Amrani A K, Sferro P, Handelman J. Critical issues in design and evalution of computer aided process planning system[J]. Computers in Ind Engng, 1995, 29（1-4）：619-623.

[8] 黄乃康，张振明，许建新，等. CAPP 技术发展的新阶段与智能化的工艺信息系统(IPIS)构想［J］.机械科学与技术，2000，19（4）：631-634.

[9] CAPP 技术文档[EB/OL].[2008-05-08].http://tech.it168.com/erp/2008-05-08/200805080909566.shtml.

[10] 成组技术[EB/OL]. [2010-01-08].http://wiki.mbalib.com/wiki/%E6%88%90%E7%BB%84%E6%8A%80%E6%9C%AF.

[11] 美国军工（含航天）企业的质量和标准化工作研究航天情报研究系列报告第八卷［R］.北京：航天工业总公司航天科技情报研究所，1993.

[12] 郭燕红.多品种小批量生产与成组技术[J]. 航天制造技术，2002（3）：38-41.

[13] 曾泽斌, 李仁旺.成组技术与我国机械制造业[J].建设机械技术与管理，2001，4：1-4.

[14] 蔡建国.成组技术与我国机械制造工业的重组[J].工业工程与管理，1998，3:10-16.

[15] Hayong Shin， Gustav J. Olling， Yun C. Chung，et al. An integrated CAPP/CAM system for stamping die pattern machining[J]. Computer-Aided Design，2003，35（2）：203-213.

[16] Zhang Z. and M. Sarhadi. An Integrated CAD/CAM System for Automated Composite Manufacture[J]. Journal of Materials Processing Technology，1996，61（1-2）：104-109.

[17] Gyoo Park Hwa， Chel Go Young，Sang Lee Gyu，et al. A Modeling Data Conversion System as a CAD and CAM Integration Enabler[J]. Computers Industrial Engineering，1998，35（1-2）：355-358.

[18] PDM 在 CAD/CAPP 集成中的应用[EB/OL].［2000-01-08］.http://www.mw35.com/article/apply/11938.html .

[19] 吴 敏，赵卫东.基于 XML 技术的 CAPP 和 PDM 系统的集成框架[J].计算机应用研究，2005（6）：93-95.

[20] 杨海成.基于制造工艺核心解惑 CAPP 集成价值[EB/OL]. [2008-08-25].http://sz.xyinfo.gov.cn/show.asp?id=15493 .

[21] 李存良，许建新，田锡天，等. 基于 PDM 的网络化 CAPP 系统研究[J]. 机械与电子，2007（6）.

[22] Stanislaw Zietarski.System integrated product design，CNC programming and postprocessing for three-axis lathes[J]. Journal of Materials Processing Technology，2001，109（3）：294-299.

[23] 张胜文，赵良才.计算机辅助工艺设计——CAPP 系统设计[M]. 北京：机械工业出版社，2005.

[24] 张涛，陆晓春，凌晨，等.CAXA-CAPP 工艺设计与数据管理教程[M]. 北京：北京航空航天大学出版社，2004.

[25] 钱祥生，陈万领，袁惠敏，等. 开目 CAPP 软件自学教程［M］. 北京：机械工业出版社，2003.